U0151158

DevOps
落地与转型

提升研发效能的方法与实践

蒋星辰◎著

DevOps Implementation
and Transformation

Methods and Practices for Improving R&D Effectiveness

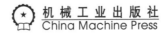

机械工业出版社
China Machine Press

图书在版编目（CIP）数据

DevOps 落地与转型：提升研发效能的方法与实践 / 蒋星辰著 . —北京：机械工业出版社，
2022.10
ISBN 978-7-111-71759-1

I. ① D…　II. ①蒋…　III. ①软件工程　IV. ① TP311.5

中国版本图书馆 CIP 数据核字（2022）第 185037 号

DevOps 落地与转型：提升研发效能的方法与实践

出版发行：机械工业出版社（北京市西城区百万庄大街 22 号　邮政编码：100037）

责任编辑：董惠芝		责任校对：史静怡　李　婷	
印　　刷：涿州市京南印刷厂		版　　次：2023 年 1 月第 1 版第 1 次印刷	
开　　本：186mm×240mm　1/16		印　　张：18.25	
书　　号：ISBN 978-7-111-71759-1		定　　价：89.00 元	

客服电话：（010）88361066　68326294

版权所有 · 侵权必究
封底无防伪标均为盗版

研发效能是近两年的热词，事实上，它与敏捷开发以及 DevOps 一脉相承，但在数字化时代有所拓展。研发效能的火热与数字时代背景相关。

数字化转型的核心是将 IT 技术真正融入业务，成为业务发展的持久动力。这一目的，仅仅由 IT 驱动是无法实现的，需要双向融合，即让业务团队具备科技思维，让技术团队具备业务思维。

这里我们看到有两条主线：一条是业务主线，包括业务互联网化、移动化、社交化、数字化；另一条是技术主线，包括云计算、微服务、容器化、大数据、物联网、人工智能、区块链。

数字化转型不仅仅是将新技术简单运用到生产过程中，更应该通过不断积累和技术融合形成业务的护城河，为企业源源不断地创造价值。数字化转型的本质是业务转型。新一代信息技术应该成为使能器，赋能传统商业模式、管理模式、业务模式的创新和重塑。

在业务主线和技术主线之间，还有一条研发主线。研发起到承上启下的作用，对技术进行构建、组合以支持业务需求。而研发效能团队所考虑的，就是让研发加速的同时保障研发质量和可持续性。

"**快速并且可持续地交付高质量且有价值的产品、服务给客户**"是研发效能团队的目标，也是其显而易见的价值。这里面有几个关键词：快速、可持续、高质量、有价值。

快速："在我们这个世界，你只有拼命奔跑，才能留在原地。"天下武功唯快不破，这是快鱼吃慢鱼的时代，快节奏的创新、瞬息万变的业务前景以及新型技术趋势迫使企业以迅捷的方式做出转变。度量研发效能正是组织内部不同团队之间将业务敏捷性贯穿于协作、沟通与整合工作的重要手段。

可持续：可持续意味着兼顾长期收益的良性循环，而非只顾眼前利益的恶性循环。所以，可持续需要架构愿景、业务需求、优先级和资源约束达到平衡，并非盲目迁就业务需求而忽视技术的熵增，也不是一味追求技术卓越而罔闻市场需要。

高质量：交付速度和交付质量可以兼得。高效能的组织不仅做到了高效率，还实现了高质量。高效的 IT 团队比低效的 IT 团队交付速度更快，交付质量更好。

有价值：创造客户价值是企业存在的意义，我们要做能卖得出去的产品，而不是卖能做出来的产品。研发效能强调在不断追求经济效益的同时，与业务指标挂钩。价值快速交付的同时，通过客户反馈对已交付产品进行真实价值判断并调整策略。

高的研发效能需要将业务主线、技术主线和研发主线相互交织并深度融合，形成合力。同样，这也是 IDCF（国际 DevOps 教练联合会）一直以来所秉承的宗旨。

本书作者具有多年实战经验，曾帮助多家互联网公司从 0 到 1 组建 DevOps 团队，搭建 DevOps 平台，实践 DevOps 理念，并解决了技术团队软件交付效率方面的诸多难题。

同时，他也是 IDCF 多年的伙伴。书中借鉴了 IDCF 的 DevOps 5P 框架，并在此基础上进行了扩展和深化。

这是一本能够结合日常工作场景快速实践 DevOps 的书，强力推荐给各位，相信一定能够对您有所助益！众人拾柴火焰高，也希望大家一起共建国内技术社区，互通有无、乐于分享，继续推动国内的研发效能实践前行。

姚 冬

华为云应用平台部首席技术架构师，IDCF 社区联合发起人，

中国 DevOps 社区 2021 年度理事长

很高兴看到星辰的佳作问世。本书不是各种概念或高深理论知识的堆砌，而是作者多年实践、思考的总结。

研发效能的提升不仅是技术问题，更是组织、管理、工程问题。从业务需求孵化到软件交付验收，及中间各环节的拆解、转换，从产品、研发、测试、运维到运营各职能的协同流转，以及研发模式的不断进化，从业务数字化及产研协作流程规范的沉淀、迭代到承载公司研发流程、技术规范、质量标准的一站式工具体系建设，最终构建出一套机制，使得技术驱动业务长期、高效、高质量地演进。

无论你的目标是提升研发效能、完善软件质量体系，还是保障系统可用性，书中给出的经作者多年检验的实践及心得，都值得各位同行学习、借鉴。

黄强元

瑞幸咖啡研发部门负责人

互联网经过几十年轰轰烈烈的发展，已经覆盖到所有长尾用户，以及用户生活的方方面面。无论数字内容还是互联网产品，都已经处于供给严重过剩阶段。与此同时，无论用户量还是用户使用时长，都已经处于停滞增长状态。也就是说，互联网的发展开始从增量时代迈入存量时代。

在竞争激烈的存量时代，先进的生产力和先进的工具能够发挥更大的作用。这是因为，谁掌握了更先进的生产力，谁就能够对用户的需求进行更快的响应；谁使用了更先进的工具，谁就能够更快地迭代自己的产品，就更有可能在激烈的商业竞争中胜出。

星辰不仅有着极强的开发能力和丰富的项目管理经验，还经历了多个公司和多个岗位的历练。相对于大多数工程师，本书作者具备更加全面的视野，对研发过程中的痛点有更加深刻的洞察。作者在其现在所处的公司从 0 到 1 组建了 DevOps 团队，搭建了 DevOps 平台，主导了 DevOps 的落地，积累了丰富的实践经验。我很欣喜地看到，作者不但亲自实践 DevOps 理念，还将自己的思考和实践经验分享出来，让更多人看到 DevOps 的优势和潜力。

在这本书中，作者完整地介绍了 DevOps 相关的方方面面，包括优秀的工程实践方法、全链路平台的建设，以及 DevOps 转型和研发效能提升全景图。书中介绍的方法和实践，与腾讯的研效工作不谋而合。例如，书中强调产研团队必须进行测试左移，这也是腾讯一直推广的测试方式。这是因为，一方面开发工程师对自己编写的代码和逻辑最为清楚，这就好比我们自己最了解自己的想法，测试工程师再专业，也不可能比开发工程师自己更了解自己的想法和实现思路；另一方面，因为有测试工程师的存在，就给开发工程师留下了不充分测试的理由。测试左移强调的是开发工程师自己进行测试，对自己的代码负责到底，不找任何理由和借口。没有任何甩锅的机会，反而能够倒逼开发工程师写出更具可测试性和更高质量的代码。前面只是一个很小的例子，书中很多理念、方法和工具正被各大一线互联网公司采用。通过作者书中介绍的方法论和实践案例，我相信每个公司都能找到适合自己的 DevOps 落地方式，提高研发团队的整体战斗力。

    本书非常适合技术管理者阅读，为技术管理者提升研发效率和研发质量提供了完整的方法论；本书也适合研效工程师阅读，为研效工程师提供了可行的实践案例；同时，本书还适合寻找先进生产力的开发工程师和在校学生阅读，通过学习和了解更加先进的生产力和工具，以便在竞争更加激烈的互联网下半场中取得商业上的成功。相信这本书会成为读者的良师益友。

赖明星

腾讯技术总监

Preface 前　言

人不自由时感到不满，自由时感到惶恐。

——马丁·海德格尔

DevOps 在各大互联网公司已经成为技术团队开展数字化转型和研发效能提升的可行实践框架和指导方法。同时，研发效能顺势成为近些年被频繁提起的热点。如今，各大互联网公司都在招聘研发效能工程师和 DevOps 工程师。对于就业者来说，这何尝不是机会呢？

不过，什么是 DevOps 呢？一千家公司可能有一千个定义，当然也有不少于一千个实现方案，这就是 DevOps 落地形式上的差异性和模糊性。读者在实践 DevOps 前，一定要找到最小可行性方案，并且该方案中的框架和方法等要能够容易地应用到实际的产品研发场景中。

如何开展和实施 DevOps？其实，我们理解的 DevOps 就像敏捷一样，它是一种理念，关键是如何利用这种理念帮助团队解决当前问题。至于我们实施的 DevOps 是不是对的，这就要看我们解决的问题是不是你们当前面临的难题或阻碍点了。

先别急着在本书中寻找"答案"，且读如下几个片段，了解笔者实践 DevOps 的背景和写作本书的初衷和目的。

实践背景

近几年，我曾就职于两家创业期的互联网公司，团队业务形态变化较快，并且不断追求软件交付效率。随着人员规模的不断扩大，CTO 发现技术团队的管理越来越不受控，主要表现如下。

1）集中交付的研发模式导致大部分上线工作持续到深夜，团队内部因频繁加班不断抱怨。

2）PMO 和技术部门频繁爆发冲突，双方在目标管理上经常产生分歧。

3）业务团队和技术团队间开始出现不对等对话。大量项目延期交付导致业务团队不断抱怨技术团队影响业务计划的正常实施。

上述问题在中小型互联网公司内部基本都会存在。技术团队如何改善这一现状？经过一个月的全方位参与，我发现如下几个重要问题。

1）各职能部门间出现沟通障碍，70% 的项目在验收阶段因业务、产品和研发人员对需求理解不一致而延期。

2）技术团队的改进往往是头痛医头、脚痛医脚，陷入局部优化的困境。

3）技术团队缺乏有效的研发协作管理平台的支撑，并且平台间没有形成一定的价值关联性。技术团队尚未掌握通过平台度量驱动业务团队改进的方法，并且研发管理模式比较粗放。

针对如上这些问题，你所在团队是否也深陷其中而无法自拔，并且也有强烈的欲望去改变这一切？且继续往下看我们的效能团队当时给 CTO 的解决方案吧！

有一天，我主动找 CTO 汇报这些问题，CTO 对我提出来的问题很有感触。于是，我在白板上画了一幅蓝图，主要想说明结合人、流程、工具来实践 DevOps 的理念，提供一套一站式研发协作交付新模式，如下图所示。

聊完后，CTO 问："需要多少人？多久能实现？需要哪些资源支持？"我粗略构思后回复："需要 10 人左右，明天就可以开始。我可以先在线下将流程运行起来，半年内可见效果。"

自此，效能团队成立，技术团队开启了研发效能提升之旅。

上述实践背景的介绍，主要是想让读者了解我们推行 DevOps 时所处的环境。DevOps 的落地实施过程千人千面，我们面临的问题可能不是你所在团队当前的痛点，但解决问题的思路可供参考。了解这些背景有利于读者融入场景去思考我们的解决方案。

后续章节中会频繁提到下页图中涉及的平台，篇幅所限不会介绍各平台的实现及其提供的功能，但读者可以通过各平台中的真实图例来了解 DevOps 平台的全貌。当然，我在这里假设读者具备基础的产品研发协作管理能力，因此不再大篇幅介绍简单的技术语言和基础知识，比如：编写单测用例，编写测试用例，编程实现接口自动化测试，进行需求拆分，敏捷的含义，瀑布模型的含义，等等。

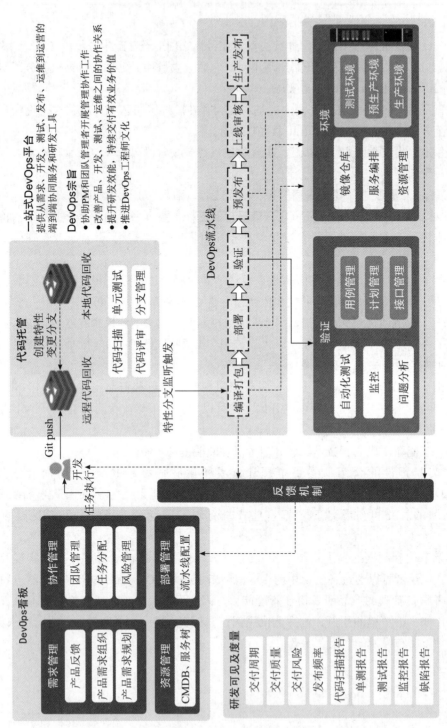

为什么写这本书

在 DevOps 领域工作这些年，我曾帮助多家互联网公司从 0 到 1 组建 DevOps 团队，搭建 DevOps 平台，实践 DevOps 理念，解决了技术团队软件交付效率方面的一些难题，为业务数字化转型做出了一些微薄贡献。

其间，自己不断扩展知识边界。每年我差不多都会精读 5 本以上的书，而读完这些书后，更坚定了我写书的决心。我萌生了分享带领团队从 0 开始做 DevOps 所积累的经验的想法，希望能帮你解决实践 DevOps 过程中遇到的问题。

首先看一下我读过的书的一些共性。

1）内容上大多介绍理论或者结合实践抽象出来的理念和方法。这类书籍让没有经历过 DevOps 实践的读者很难理解，文字读起来比较晦涩难懂，而且没有可见的实物，没有实际产品研发过程中解决过的场景案例做支撑。对于 IT 领域的一线管理者、从事精益敏捷的教练、致力于数字化转型以及软件价值交付模式转变的变革者来说，他们无法将这些理论或方法快速结合日常工作场景开展和实践 DevOps，更无法将 DevOps 快速融入长期规划。

2）形式上主要围绕软件研发生命周期中的主要活动进行模式框架和方法论的总结。因此，具体到一个实际场景问题，比如如何提升技术中心团队的代码质量，相信绝大多数读者很难结合这些方法论"拼凑"出解决方案。此外，书中有很多难以理解的内容，往往会导致读者在读懂的路上半途而废。

3）趣味性上缺乏故事剧情。很多书没有真实的故事主线和上下文剧情，比如读者不知道为什么需要做元数据管理，缺乏让读者身临其境的场景。

当然，这类书对我们的实践还是有很强的指导意义的。但是，刚涉猎 DevOps 领域或者没有实战经验的读者，更需要一本能够结合日常工作场景快速融入实践的书。这也是我写作本书的动力之一。

如何阅读本书

本书将参考畅销书《走出硝烟的精益敏捷》的结构，以实际工作场景为主线，通过丰富有趣的故事情节带领读者理解和掌握切实可行的实践方法。书中根据日常产研过程中的真实场景，结合经验证有效的工程实践方法与全链路协作管理平台，重点阐述 DevOps 的运作落地模式，进而提炼出 DevOps 转型的最小可行性方案。希望本书能给读者带来沉浸式的阅读体验。

本书分为 3 篇，共 8 章。

第一篇为工程能力实践，包括第 1 章和第 2 章，重点分析了技术团队需要具备哪些基础的工程实践能力以及如何驱动团队改进。若你所在团队正在为基础技术工程实践能力的提升而努力，可以阅读第一篇。

第二篇为平台体系搭建实践，包括第 3~5 章，重点阐述了如何利用 DevOps 全链路平台间的联动性，通过度量、监控、预警等消息触达手段反馈团队的问题，通过事件管理驱动团队问题的解决。若你所在团队正在为技术团队问题的发现、反馈和及时解决而发愁，可以阅读第二篇。

若你所在团队正在计划根据自身的业务形态快速搭建 DevOps 全链路平台，进而提升团队的自运维能力、在线协作能力、可视化管理能力、自动化能力以及工程实践能力，可以阅读第一篇和第二篇。

第三篇为管理模式实践，包括第 6~8 章，重点阐述了如何通过不断提升团队影响力，结合不同的管理模式和平台管理功能，让具有共同目标的部门联合开展有效的项目管理，并在最后为读者勾勒出一幅 DevOps 转型和研发效能提升的全景图。若你所在团队正处于转型阶段，无论从研发转向管理，或者从传统管理转向敏捷管理，还是从瀑布式研发模式转向更敏捷的研发模式，或者希望改善技术团队与业务团队间的关系，都可以阅读第三篇。

若你是技术管理者，想让团队提高软件交付效率或研发效能，想结合工程实践方法、平台、DevOps 文化理念等，全方位地促进团队 DevOps 转型和敏捷转型，你最好通读全书。

读者对象

- 想通过 DevOps 转型提高技术团队交付效率，进而改进团队研发模式、管理方法和协作方式的管理者，一般是一线管理者或者技术骨干，当然也可以是处于高速发展期的技术高管。一线互联网公司大多数推崇团队自治，通过小组自管理提升使用工具的能力，减少纯职能团队，培养全栈工程师，因此掌握书中的方法和实践，可以在技术管理、团队管理上更上一层。
- 想了解 DevOps 运作模式的研发效能经理、项目经理和敏捷教练。敏捷意味着业务团队管理的快、准、狠，也意味着价值交付的效率，消除团队间的职能壁垒，一手抓业务价值，一手抓价值快速验证。在这个过程中，工程实践能力和全链路平台建设能力将是此类工作者重点关注的内容。
- 一线产品、开发、测试和运维人员。不要只埋头使用工具，应站在更高点思考如何利用工具和理念拓宽自己的知识边界。只有知道为什么，才能知道如何做，进而思考如何更进一步。
- 布道者。DevOps 不像敏捷开发那样，结合一定的管理框架和理念，通过"看板"就能线下组织运作起来，它需要结合工程实践方法、平台、文化理念等多维度去推广和宣传。

声明

本书讲述的内容是我所在效能团队在两年内实施 DevOps 时不断修正、调整的成果，只代表着一种实现方式，不是唯一的实现方式。本书旨在抛砖引玉。

本书中所讲的一切观点仅为笔者个人观点，不代表我过往公司以及现在公司的任何意见。在谈到公司组织结构的时候，本书将以公司集团、企业组织、技术中心、业务团队、技术团队、技术部门、团队、小组、一线产研人员等名称进行阐述。其中，技术中心包含技术团队下各技术部门、技术支撑部门、项目管理部门等。在谈到公司 DevOps 相关平台名称的时候，本书将以大众化的名称去命名和说明。

书中涉及相关领域专家的书籍内容、课程分享内容、名人名言的引用均有特殊说明和备注。若出现"共同理念"而让你误以为未特殊标注之处，你可以主动与我进行讨论，说不定就是"英雄所见略同"之处。

资源与勘误

本书将通过链接提供大量日常产研协作过程中遇到的场景案例和实践方法供读者参考。这些共性问题的解决和实践方法，可让读者更容易理解各章提出的观点和 DevOps 落地实践思路。

链接：https://pan.baidu.com/s/1b5SYkzL20qE7onWf9kY-9g?pwd=l0k0。提取码：l0k0。

读者若有疑问或者想进一步沟通，可以添加我的微信 jxcxiada 或通过邮箱 jxcxiada@126.com 进行交流、学习。

致谢

至厦十年有余，其间游闯于南京和杭州。从一线研发到致力于软件价值交付领域的实践与研究，一路走来需要感谢的人太多，因为在每个职位上都有并肩作战、齐力共进的伙伴。

首先，感谢我的家人。他们的额外付出让我拥有大量可独立享用的时间和空间，能够心无旁骛地去思考、实践、体验，同时升级自己的思维和认知。在杭州工作的前半年，太太在异地撑起一个家，我深知她的不易与坚强，对她的感激无以言表。我能够安稳地在外工作，特别要感谢一直在老家照顾爸爸和奶奶的妹妹，她将是我一世的牵挂。

其次，感谢一路走来给我指导和促使我改变的老师们。从开始改变我对知识更高层次认识的韩越和孙伟老师，到引领我对精益、敏捷、管理理论更深层次实践的姚冬、乔梁和刘建国老师，再到进一步拓宽我对研发效能领域更广范围实践的何勉、石雪峰、张磊和赵成老师，他们的分享让我更容易地将这些可信的原则映射到 IT 价值流中。特别感谢本书出版过程中提供支持的编辑董惠芝和杨福川，是他们的努力让这本书描述得更准确、更有说服力。

最后，感谢 DevOps 实践联盟的战友们。感谢我的老领导李青原、张钧和黄强元，有了他们的指导和认可，我才更有信心带领团队去实践 DevOps。特别要感谢一群能够互相理解、主动分享、自主创新、热衷于研发效能提升、致力于 DevOps 文化传播的战友们，是他们的一次次"打怪升级"成就了效能团队。

没有最后，只有数不尽、畅谈不止的努力瞬间。让"曼巴"精神继续充斥着我们的灵魂吧！

Contents **目 录**

工程能力实践

Chapter 1 第 1 章

如何提升技术团队代码质量

习惯是在习惯中养成的。

——普劳图斯

对于技术团队而言，代码质量的重要性不言而喻。本章以提升技术团队代码质量为出发点，通过专项治理项目的形式推进技术团队研发效能周期性的提升。项目执行过程中，如何通过 DevOps 模式改善技术团队的研发习惯，提升它们发现和解决问题的能力，进而落实技术团队代码质量保障制度和规范，将是本章重点探讨的内容。

通过本章的介绍，读者可将重点放在如何通过工程实践方法、流程规范以及平台相结合的理念，促进项目持续高效地运转和落地，从而掌握此类问题的一般解决方法。

1.1 故事开启

铛，铛，铛!

随着 CTO 办公室的门被敲开，我们的 DevOps 故事正式开始。

1.1.1 故事背景

效能团队开始是向 CTO 直接汇报，中间经历多次组织架构调整，汇报对象也历经多次变更，但是 CTO 一直比较关心技术团队研发效能的提升。这也是效能团队工作比较好开展的原因，不过离"权力"太近，导致和一线研发人员在形式上形成一种"向下管理、向下施策"的错觉，也导致和技术部门负责人之间形成一种"命令传达"的关系。

所以，我们第一步就是消除这种错觉和隔膜，说白了就是要和一线研发人员线下打成一片，辅助技术部门负责人发现问题和解决问题，以便当我们开展工作的时候，大家能够齐心协力地解决问题，而不是形成故意刁难的错觉。

我们第二步要解决效能团队接下来工作的重点问题。

敲门的前两天，我们说技术团队效能提升能够在半年内见效果。话都说出去了，接下来该怎么做？我们心想若能像产品人员一样找业务人员聊聊需求，可能这事就没那么难了。不过但凡 CTO 和各部门负责人有解决招数，肯定不会组建一个"三方"团队来解决问题了。再加上目前效能团队人力严重不足，招人也需要一段时间。于是，这两天我整理了技术团队遇到的问题，预估了各个问题的解决难度和投入产出比，决定先把代码质量提升上去。

于是，我们主动找到 CTO 进行沟通，旨在达成如下两个目的。

1）让 CTO 独立授权效能团队去做代码质量提升，让技术团队各负责人配合我们一起做改进，每个迭代能够留给技术团队一定比例时间去偿还技术债。

2）让 CTO 退出代码质量提升群。这个用意大家应该知道，就是不想让他的权力潜移默化地影响我们和一线研发人员之间的关系。

1.1.2　故事内容

我们：今天主要是给您看一下下个季度效能团队要做哪些工作？

CTO：好嘞，说下你的思路和想法。

我们拿出笔记本，花了 10min 简单讲述了技术团队的三大问题，以及每个问题的解决方案和实施方法。（这些内容下文都会有讲解，这里不再详细描述。）

……

CTO：可以啊，考虑得挺周到。（先试试吧，看看效果再说。）

我们：综合考虑这些问题的紧急程度和技术团队现状，团队现阶段的代码质量问题亟待解决，不然随着时间的推移，一些可重构的业务逻辑代码很难再去更改了。（引出话题。）

然后，我们详细罗列出代码质量方面的问题。

CTO：确实，技术团队也很重视代码质量，但缺乏一些流程规范和查缺补漏的方法，你们可重点从这两点做起。

我们：好，我们下个季度先从这两方面入手，下周针对性地制订一个详细方案和规划。

CTO：正好这个季度你们团队的人力也不足，可以先带着大家把代码质量提升的氛围带动起来。（说到心坎上了吧！）

我们：是，是，是。（思考 2s，回顾一下我们进门时的目的。）对了，我们还有一个问题，能否组建一个技术中心代码质量委员会，让技术负责人都能参与进来，以便专项治理和协调解决代码质量问题。不过，我们希望代码质量问题能够在研发核心例会（CTO 主持的例会）上再向你汇报。

CTO：可以，你们会前先组织技术负责人把常规问题解决掉。

......

我们：好的，那我们先去忙了。

1.1.3 故事结论

以上对话透露出 3 个重点信息，也是我们后续制定方案时要考虑的。

首先，技术团队的代码质量确实是管理者头疼的问题，一线研发人员对提高代码质量没有太高的兴致，缺乏良好的氛围。

其次，技术团队在提高代码质量上没有形成一定的制度和规范，无章可循。

最后，技术团队缺乏度量代码质量的手段，大家都知道要提升代码质量，但不知道代码质量现在差到什么程度，需要朝哪个方向努力。之前，技术团队基本是靠线上是否有 Bug 来判断代码质量的好与坏。

好了，故事讲到这里就结束了。下一步，我们要制定解决方案和实施方法了。让我们行动起来吧！

1.2 为什么要先做代码质量提升

为什么我们认为代码质量提升是当前亟待解决的问题？这不只是因为这个问题比较严重，更是因为在团队不同角色视角下，问题解决具有可行性。

1.2.1 站在开发者视角

软件开发从业者作为一线研发人员，往往是被动接受命令的角色。在日常产品研发活动中，他们经常遇到各种各样的问题，但大多数情况下感到"羞愧"的事情就是代码质量差。

说得明显一点，一线研发人员必须关注并重视代码质量问题。

1.2.2 站在技术负责人视角

部门技术负责人都是从程序员走过来的，当提到部门人员编写的代码质量差时，自然知道这种脊梁"冒寒气"的感觉。他们会联想：谁何尝不是从一线研发人员走出来的？说我团队人员编写的代码质量差，不就是说我不行吗？

代码质量好坏的评估包含代码规范、代码设计模式、面向对象编程、技术重构等方面。这些评估内容都是技术负责人的核心职责，作为部门技术负责人做不好这些事情，向上是无法交代的。因此，提到提升代码质量，技术负责人会默默支持。

1.2.3　站在 CTO 视角

CTO 应该会将核心能力放在前沿技术研究和战略规划上，天天揪着技术负责人解决代码质量问题，很烦！即使 CTO 很重视代码质量，但每周看着一直没有改进的低能代码，也会焦虑如何支撑公司亿万级的并发访问量。

CTO 心里可能琢磨着为什么技术负责人都不能和自己感同身受，脑海中浮现和技术负责人交涉的画面。

技术负责人：您天天追着赶进度，业务需求都做不完，哪还有时间整改代码质量问题。要给我们点还债时间。

CTO：你们若天天都写高质量代码，还能出现这些问题吗？若你们这些技术负责人每次都严格审查代码，还能有这些面向过程的编码吗？这些事要是天天都需要我去追问，我还能干什么？

既然技术负责人针对代码质量问题避而不谈或避重就轻，CTO 就想退出代码质量管理过程，让效能团队来管理并汇报，这样自己可以安心去做其他更有价值的事情。

1.2.4　站在旁观者视角

有人哭，有人笑。

PMO：终于有人帮助推进解决代码质量问题了，项目终于不会逾期了，线上问题也可能会少点。后续在向效能团队要一些数据，也能做些通过度量驱动项目改进的事情了。

产品人员：业务人员终于不用追着我问，研发人员有没有写出有问题的代码了。

测试人员：代码质量提升，提测质量高，我们稍微再测试一下就能上线，终于有精力去做自动化测试了，好省心。

既然代码质量提升能够让大家各安其好，那就让我们效能团队通过专项治理项目来解决。

1.3　怎么启动项目

我们将通过项目的形式推动技术团队的代码质量提升。

一个完整的项目管理一般会有立项、启动、过程跟进、结项以及复盘等环节，这里不着重描述。本节重点看一下启动项目的一些关键环节。

项目启动是项目管理的核心环节，关系着项目价值能否得到团队认可以及项目能否在团队内顺利开展。虽然它一般有固定的模式和方法，但也会因环境、管理者、参与人不同而不同。

我们的项目启动策略是通过有趣的手段，让一线人员积极地参与进来，赋能他们解决方法，持续小批量地解决增量和存量问题。下面通过一些关键活动给大家解释清楚。

1.3.1　快开始，慢启动

项目启动的重点就是让核心成员（项目干系人）了解项目背景、认同项目要解决的问题、了解项目的推进策略、掌握项目实行过程中解决问题的方法、配合项目负责人达成阶段性目标。

其实，项目启动还有另外一个目的，就是让项目负责人能够得到授权，这就需要请来有"权力"的人。另外，若想让核心成员积极参与，可能需要让参与者尝到一些"甜头"，包括精神和物质方面。一个项目的失败，往往是开头没有做好这些，导致管理过程中项目负责人被动妥协，目标倾斜而失败。

综上所述，项目启动前要邀请有"权力"的人，整理好项目的背景和现状，告诉他们最终要达成的目标，一起商议好阶段性里程碑目标和实施策略，愉快而不失礼貌地将整个过程节奏掌控好。这样项目的启动就算成功了。

那就启动呗！

会前，我们准备了 PPT，邀请了 CTO 和各团队核心成员，整理了问题和初步的里程碑目标，申请了项目经费，买了水果拼盘、小零食和矿泉水，通过会议邀请把大家约到了一个会议室，约定 1h 内结束。会议分 4 个环节，各环节已分配好时间。

1.3.2　站个台，明目标

此过程 10min 以内，最好 5min。主持人的节奏把控很重要。

邀请 CTO 的目的很明确，就是让他强调为什么技术团队要做代码质量提升。会前，我们已经给他发邮件介绍过我们的方案以及要提升的指标。会上，他将加工后的想法介绍给大家，重点强调了项目的阶段性目标，并隐晦地点了几个代码质量比较差的团队，以及明确后续所有团队需积极配合效能团队做好代码质量提升。

看形势差不多了，主持人说道：CTO 说得很重要，代码质量是我们程序员的底线，突破底线，岂不是很难堪。非常感谢 CTO……（6min 拿捏得刚刚好。）编写代码虽然是我们最拿手的，但也是我们最容易出错的，接下来我们详细讨论一下如何提升代码质量，大家可以先吃点水果，都是绿色产品。

顺利进入下一个环节。

1.3.3　观现状，探预期

此过程约 20min，我们主要是观察现场反应，试探性地提出技术中心整体的代码质量问题。

此过程中，我们主要给大家展示技术团队代码质量现状。项目启动时，我们效能团队还没有任何管理平台，如下指标数据是通过 Sonar 平台汇总得到的。当时，技术团队的重点项目中大约有 3000 个固定的项目分支。

主持人：大家吃好喝好了吧？让我们一起通过如下 3 个核心指标，分析技术中心所有 Git 项目分支的代码质量现状。

1）项目分支代码安全性。技术中心 3% 的项目分支有严重的安全漏洞问题，而修复每个漏洞平均需要 4 天左右（Sonar 平台评估计算得出）。

2）项目分支代码可靠性。技术中心 52% 的项目分支存在一般代码缺陷，11% 的项目分支存在严重代码缺陷，而修复每一个缺陷平均耗费 40min 左右，随着时间的推移，发现和修复这些缺陷的时间会更长。

3）项目分支单元测试覆盖率。技术中心 86% 的 Java 项目分支代码单元测试覆盖率小于 30%，并且有 8% 的项目分支没有任何有效的单元测试用例。（单元测试简称为"单测"。）

随后，我们又按照部门维度进行了相关指标的分析。

……

大家现场看到这些数据还挺震惊的，很多技术负责人都不敢相信这是自己部门的代码质量情况，有些人比较质疑指标计算精准性，有些人不理解指标含义，有些人甚至对指标的计算公式提出了挑战。这些都是我们预料到的，会前特别准备了如上指标的计算方法、含义和使用方法。这些声音很快都被压下去了。

若有些场景和问题一时不能应对，这句话可以帮你解围——就算指标的计算不精准或者指标维度不够丰富，但大家使用的都是同一套指标；至少从这方面来说，大家都是公平的；更何况大家不是为了计算的精准性，而是为了发现问题，不是吗？

一定要记住，启动会不是为了即刻说服大家，目的是让大家了解我们要干什么，大致如何去做。相信我，一切都会随着时势而变化，并且一定会变。这种代码质量提升方面的项目很容易被叫停，因为代码质量问题在一段时间内不会严重影响到业务。若技术团队出现人员调整、业务变动等，第一时间要暂停的项目可能就是不直接产生业务价值的项目。所以，项目工作要集中进行，并且要在一定程度上影响到技术团队。

技术团队若出现开始关注代码质量的信号，可能在一定程度上说明业务的发展速度已经允许技术存在短暂的缓歇，进一步说明业务在一段时间内得到了验证，相对稳定。

1.3.4 扣本质，强烙印

此过程约 20min，如上隐晦地说明了技术团队研发人员代码编写能力不足的问题，下面强调一下引起这些问题的根本原因 —— 技术负责人的代码设计能力和评审能力不足。

主持人：刚才的提问引发了大家深入的思考，我相信大家对这些指标反馈出来的问题应该有目共睹了。接下来让我们看看代码设计方面的问题。（这里不再赘述问题的细节，下文会逐步展开。）

主持人：我们随机抽查了技术中心的 10 个项目，涉及所有团队。通过这些项目发现了代码设计、代码框架方面普遍存在一些问题。

1）代码架构扩展性差。只要有新需求，开发人员基本是在原来代码的基础上进行修改，后续若需要重构此部分业务逻辑代码，就需要回归整个流程，比如项目 A、B。

2）面向过程编程。很多项目表现出臃肿的 Service 层，比如项目 C、D。

3）代码命名无规范。应该禁止使用拼音，尽可能体现业务含义，比如项目 E、D。

4）代码注释无规范。类、方法、变量都要写注释，比如项目 F、H。

5）代码日志规范没有统一规范。日志级别乱用，比如项目 J、K。

……

随着主持人的现场展示，现场气氛渐渐凝重起来。

主持人故意暂停 1min，缓解一下大家紧张的心情，随后又笑着说：这些问题想必各团队多多少少都会有，还是那句话，重要的是我们要想办法分阶段去解决这些问题。

此时，大部分技术负责人频频点头（意识到了问题严重性），他们是我们的帮手，要重点"协助"和"扶持"。但还有些技术负责人不在乎，认为团队的核心职责是面向业务交付，面向老板"编程"，配合大家就行。我们后续要拉拢这些人，要花时间帮助他们树立信心。还有些技术负责人看到 CTO 已经走了，开始高谈阔论，比如会讲一些之前他所在的公司怎么做的，领头羊互联网公司怎么做的。对于这些人，我们后续尽量争取，尽量协助，若确实搞不定，就交给 CTO 去解决。

当遇到第二类和第三类负责人时，我们首先不要回避甚至逃避，更不要放弃他们；其次要去争取他们团队下的小组负责人和一线研发人员，通过对一线员工的赋能，一样可以达成目标。

所以，代码质量提升的手段需要下沉，培养一线研发人员良好的研发习惯才是重点。

主持人：想必大家对代码质量都有了深入的认识，接下来我们看一下如何分阶段改进和提升吧！

此时，主持人将 PPT 翻向最后一页，也就是我们整理好的比较粗略的项目里程碑目标。

1.3.5 重过程，有效果

此过程约 10min，重点要强调我们启动项目不只是随便说说，效能团队是认真的，不只是跟进度、做汇报，会告诉大家发现问题、分析问题以及解决问题的方法，并定期通过度量来帮助大家分析和改进，同时会深入具体团队，跟进问题的解决情况。

主持人：大家再整体回顾一下这些代码质量问题，我们整理了能反映这些问题的指标。

……

主持人：我们根据技术团队的现状和工作安排，初步梳理了这个季度的项目里程碑目标。

……

主持人：长远的项目目标和计划现在整理出来肯定不太现实，甚至我们觉得上面的里程碑计划也会随着大家的工作调整而发生变动。所以，我们先看一下下周大家要一起做的事。

……

这样，主持人带着项目核心干系人认识到了问题的严重性，初步制定了项目里程碑目标，详细说明了眼前要干的事情。最后，我们制定了沟通机制（比如，每周一下午 2 点开周会），并建了一个信息同步群，后续演变为了代码质量提升委员会的问题协调群。代码质量提升项目也算成功启动了。

1.4　如何可视化管理代码质量

项目启动后，接下来的紧张气氛来到了我们效能团队这里。我从其他团队临时拉了两个研发人员来配合工作，这也是效能团队的初创成员。

技术债务又称技术债，是编程及软件工程中的一个比喻，指开发人员为了加速软件开发，在应该采用最佳方案时进行了妥协，改用短期内能加速软件开发的方案。不过，许多我们归咎于技术债务的事情实际上根本不是债务。例如，随着系统使用年限增加，团队无法一直保持最佳的编码实践，在这种情况下团队增加额外工作量是正常的，不是债务。

首先，我们的第一件大事就是量化每个团队的技术债务。

1.4.1　静态代码质量量化指标

SQALE（Software Quality Assessment based on Lifecycle Expectation，基于生命周期期望的软件质量评估）是一种支持软件应用程序源代码（静态代码）评估的方法。它是一种通用方法，独立于语言和源代码分析工具。

研发人员肯定都知道 SonarQube（简称 Sonar）平台。该平台就是基于 SQALE 方法，通过设置代码规则和指标统计来分析和评估代码质量的，并能够量化项目技术债务。

我们使用的是 Sonar 社区版本，其中很多功能受限，比如不支持多分支扫描、无法配置新增指标计算的开始时间等。这些功能实现网上都有一定的替代方案，这里不再详细讲述。

关于指标计算和代码质量等级划分，这些是一线研发人员最爱钻牛角尖的地方，所以我们必须要先搞明白。

1. 代码质量规则配置

通过 Sonar 平台，我们可针对不同编程语言设置代码质量规则，并对代码质量问题进行分类。代码质量问题可分为漏洞、缺陷、坏味道。通过分类及相关的指标反馈，我们可评估代码的安全性、可靠性和可维护性。

2. 代码质量指标以及计算方法

技术债务、技术债务比率、单测相关指标、重复数等可反馈出代码质量问题。

（1）技术债务

Sonar 平台通过扫描项目静态代码，按照一定公式进行项目技术债务的计算。技术债务反映出修复所有代码问题（不仅包含扫描出来的静态代码问题，还包括代码运行时的逻辑问题）耗费的时间。该指标值以分钟为单位，存储在数据库中。（一天按照 8h 计算，默认修复一行代码耗时 30min，可以在平台的技术债务配置选项中修改这个基准值。）

（2）技术债务比率

该指标值是开发软件的成本与修复技术债务的成本的比（默认开发一行代码的成本为 0.06 天，可以在平台参数配置中修改这个基准值），反映解决技术债务所付出的成本。

（3）单测相关指标

单测覆盖率 =［可覆盖行 + 可覆盖分支 –（未覆盖代码行 + 未覆盖分支）］/（可覆盖行 + 可覆盖分支）

该指标值反映单测覆盖了多少源代码的行和分支。

可覆盖分支具体解释如下。

❑ If 语句中一个条件被认定为两个分支，即一个 if 语句的分支数 = 条件数 ×2；

❑ 一个 for 循环被认定为两个分支；

❑ ||、&& 运算符被认定为（操作数 ×2）个分支。

单测用例数：单元测试的用例数量。

单测耗时：执行所有单元测试用例所持续的时间。

（4）重复数

重复数包括重复文件的数量，重复代码的行数。

在检测重复时，忽略缩进和字符串文字的差异。

3. 代码质量等级划分

详细内容可参考官方文档：https://sonar.yummy.tech/documentation。

（1）代码可靠性级别

通过缺陷数可划分代码可靠性等级，具体如下。

A：可靠性为 A，没有缺陷；

B：可靠性为 B，至少有一个次要缺陷；

C：可靠性为 C，至少有一个重要缺陷；

D：可靠性为 D，至少有一个严重缺陷；

E：可靠性为 E，至少有一个阻断缺陷。

（2）代码安全性级别

通过漏洞数可划分代码安全性级别，具体如下。

A：安全度为 A，没有漏洞；

B：安全度为 B，至少有一个次要漏洞；

C：安全度为 C，至少有一个重要漏洞；

D：安全度为 D，至少有一个严重漏洞；

E：安全度为 E，至少有一个阻断漏洞。

（3）代码可维护性级别

根据修复代码异味计算出来的技术债务比率，我们可进行代码可维护性评级，具体如下。

A：比率 ≤ 5%，评级为 A；

B：比率在 6% 到 10% 之间，评级为 B；

C：比率在 11% 到 20% 之间，评级为 C；

D：比率在 21% 到 50% 之间，评级为 D；

E：比率超过 50%，评级为 E。

所以，我们可以将对项目多维度下的代码质量等级要求，作为项目代码质量提升的目标。

1.4.2　搭建可视化数据分析平台

Sonar 平台是针对项目维度进行分析的，而我们还会在技术中心、部门、人员等维度进行统计分析，若想进行多维度分析，需要搭建可视化数据分析平台。此时，效能团队开启了平台规划之旅。

最初，我们为了快，仅仅把 Sonar 平台中的数据进行打标签和字段扩展，经过数据二次加工后转存到新的数据库，通过 Grafana（一个跨平台的开源度量分析和可视化工具）进行前端展示。因为平台的使用比较简单，此过程相对比较顺利。

大概经过 2 个月时间，我们发现一个很大的问题：随着度量指标计算越来越复杂，若要整合计算一个指标可能需要跨库进行多表关联查询，执行效率和查询体验非常不好。比如一个需求下 P0 级别的测试用例通过率，需要联动项目管理平台、测试平台以及流水线平台中对应的数据库，经过复杂的表关联逻辑计算得到。

经过一段时间的尝试，以及考虑到 DevOps 全链路平台的可扩展性，我们规划了一个所谓的"数据中台"（其实就是一个数据仓库），这样以后规划的各平台都可以通过这个中台获取并存储数据。此部分内容将在第 4 章进行详细讲解。

接下来，我们就要选取指标了。

如图 1-1 所示，这些指标是经过与技术团队多次讨论，并通过实践证实可有效度量的指标。可将这些指标作为代码质量度量的指标体系。

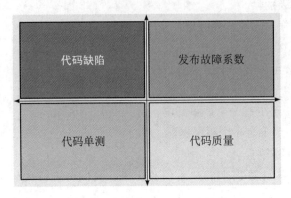

图 1-1　代码质量度量指标体系

1）代码缺陷：代码质量可以通过观察服务运行时的效果来判断，最直接的就是分析测试出来的缺陷。

服务运行时的效果可反映出业务逻辑的正确与否。若代码质量较差，线上环境下问题就会很多。于是，我们可以在不同的时间段，按照团队、项目、产品线等多维度分析缺陷情况，并分析各维度指标的趋势，如图 1-2 所示。代码缺陷是一个全局性指标，用来初步识别和筛查问题。

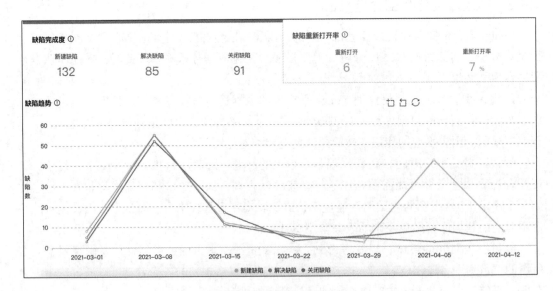

图 1-2　代码缺陷概况分析

我们还可以根据优先级和运行环境进行缺陷分布分析。图 1-3 所示为根据优先级进行缺陷分布分析。

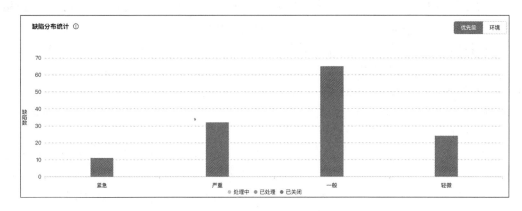

图 1-3　缺陷分布分析

2）发布故障系数：聚合分析指标。

服务发布故障系数 = 服务累计发布次数 / 服务累计上线工单数，

其中，服务的一次部署和发布需要通过至少一次上线工单申请。

团队发布故障系数 = 团队服务累计发布总数 / 团队服务累计上线工单总数

发布故障系数反映了一段时间内某团队或服务在生产环境下一次性部署和发布成功的能力。所以，这个指标主要用来指导团队进行问题的回顾和复盘。

发布故障系数不为 1，则说明服务上线过程中出现多次部署情况，也说明出现了代码质量问题。不过，我们也需要多维度去分析问题产生的原因，比如，人为操作失误、沟通不充分、测试不到位、中间件故障、环境不稳定、部署平台故障等。

团队维度下的发布故障系数示例如图 1-4 所示。

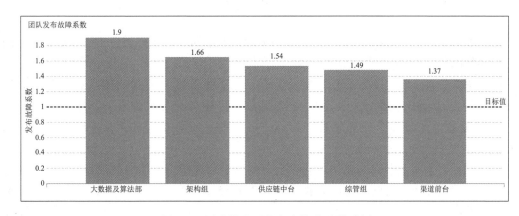

图 1-4　团队维度下的发布故障系数示例

3）代码单测：代码单元测试相关指标。

我们将单元测试覆盖率指标独立出来，是因为这个指标不仅是一个局部性指标，也是一个持续性和多维度指标。该指标进一步可细化为 5 个指标：全量代码单测覆盖率、新增代码单测覆盖率、单测用例数、单测用例执行耗时、代码行数。

该指标用来引导研发人员了解哪些业务逻辑代码被单测用例覆盖到。对于未被覆盖到的代码，测试与开发人员需着重进行测试和关注。按照金字塔分层测试模型，单测指标也可反映技术团队最基础的自动化测试水平。其中，单测用例执行耗时指标的考量在于：某个项目的单测用例执行耗时较长，将导致项目构建流水线的整体耗时较长，进而使研发人员因等待时间过长而失去频繁构建的信心。

一般来说，单元测试工程实践在技术团队不好落地。第 2 章将会详细讲解实践方法。

我们可按照团队、项目分支、不同时间段以及不同指标维度进行单测指标分析。图 1-5 所示为团队维度下代码单测覆盖率分析示例。

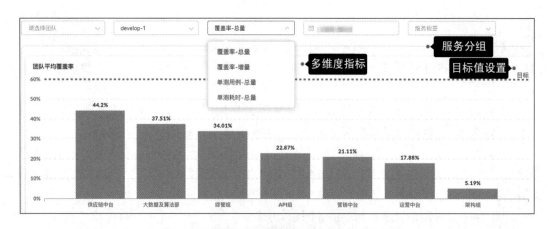

图 1-5　团队维度下代码单测覆盖率分析示例

4）代码质量：引入能通过 Sonar 平台扫描统计出来的静态代码质量指标，核心选取的指标包括代码漏洞数、缺陷数和坏味道数，进而评估各团队的静态代码质量等级。

通过在可视化平台上设置代码等级要求，将一些不符合要求的团队、项目、分支过滤出来。比如 ABB 等级（安全性 A 级、可靠性 B 级、可维护性 B 级）代表代码质量良好的服务。这是一个局部过程性指标，可协助一线研发人员多维度分析代码质量问题。

与此同时，研发人员可点击可视化平台上的每个服务链接，了解此项目对应分支的最新一次代码质量详情；而点击分析结果中的任何一个问题，Sonar 平台可给出问题产生的原因和建议的解决方法。

团队维度下代码质量分析示例如图 1-6 所示。

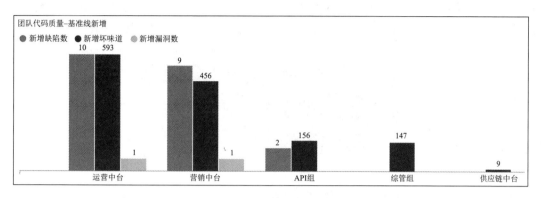

图 1-6　团队维度下代码质量分析示例

1.4.3　代码质量可提升的故事

一个故事至少得有两条线：一条主线和一条辅线，主辅线交织，方能有效控制节奏，一张一弛才能讲出生动的故事。我们要能站在旁观者视角，根据故事的发展情节，协助主角厘清情节发展脉络、寻找问题根因、提供解决方法。为了加深观影者的视觉感知和记忆（抑或警示），我们还需要周期性地植入回忆片段。

下面我们先梳理一下代码质量提升故事的主线和辅线，根据故事的情节发展，让各角色都能合理地参与进去，即为各角色选取合适的观察指标，让他们能够根据可视化平台自助分析团队问题，通过趋势图分析和团队历史改进情况，协助各团队持续改进。

1. 故事主线之代码生命周期

代码生命周期一般包括 5 个过程：编写、编译、打包、运行和下线，这也是从需求交付到价值交付的全过程，如图 1-7 所示。

图 1-7　代码生命周期

前 4 个过程对应的核心活动为：编写单测用例、发现和修复代码问题、测试发布上线、观察线上运行效果。

此时，代码单测、代码质量、发布故障系数以及代码缺陷（包含线上问题）等指标，就是我们要关注的核心指标，如图 1-8 所示。通过这些指标值和发展趋势，我们便可驱动技术团队发现问题，并能够根据不同角色和不同场景提供相应的解决方法。所以，周期性地改进技术团队工程实践方法，并合理地改善这些指标值是我们的使命。

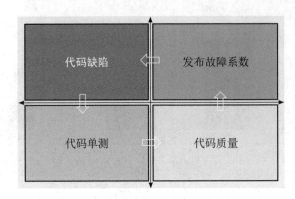

图 1-8　围绕代码生命周期的代码质量指标

于是，我们和技术团队之间也有了共同的目标：让每次代码的发布上线都能满足业务需求并稳定运行，并形成以代码生命周期的过程管理为主线，以各阶段的全局性和局部性指标改善为辅线的故事发展态势。

2. 故事情节之面向"对象"实施不同的策略

各个角色如何参与到故事中非常重要，如何协调各角色参与到不同的故事场景也很重要。我们负责合理地安排不同角色参与到不同场景，并帮助解决场景中的问题。这样才能基于故事的主线，顺利推动故事情节发展。

下面让我们介绍如何面向"对象"实施不同的策略，对象具体包括 CTO、部门负责人、团队负责人或小组负责人以及一线研发人员。

1）首先是 CTO，他一般不关注细碎的指标、问题解决的具体过程以及采用了哪些详细的解决方案。

所以，我们与其沟通并选择了 3 个"上层建筑型指标"，告知每个指标背后的含义。从此，这 3 个指标就作为代码质量委员会每次周会的议题。有了 CTO 的加持，成功的概率变大。

选择的 3 个指标为发布故障系数、优秀单测项目的比例、高质量代码项目的比例（支持下钻分析各部门、团队、产品线维度的指标），这些指标都是全局指标。当然，选择的这些指标会不断地变化，以突出不同时期关注的重点。且不同时期对优秀（比如全量代码单测覆盖率超 60%、单测用例平均执行耗时小于 200ms）、高质量（比如新增代码质量级别达到 ABB、线上 P0 级 Bug 小于 10 个）的定义和标准也可能会发生变化。

从此，CTO 对技术团队的要求为：每个 OKR 周期，3 个指标要提升到什么程度，对应各技术部门和团队的 OKR 应达到什么程度。

2）其次是部门负责人，他们关注的是整个部门以及部门下各团队的代码质量问题。

所以，我们整理了一些部门内和部门间相关的指标，与其沟通并选择了 3 个指标作为部门负责人在后续代码质量委员会周会上汇报的内容。有了各部门负责人的协助，成功的脚步变快。

选择的 3 个核心指标为技术债、代码缺陷、发布故障系数（支持下钻分析团队、产品线、服务等维度的指标）。

同时，我们选择了 3 个辅助性指标：代码单测、代码质量等级、代码质量，协助多维度分析部门整体情况。

从此，部门负责人向上可承诺每个 OKR 周期部门要提升的指标以及改善的环节等；向下可基于各团队现状要求提升哪些指标，提升到什么水平，进而根据指标决定引入哪些工程实践，提升团队哪方面的能力。

从部门管理者视角看，有时候向下管理可能比向上管理更需要"证据"。当发现团队有问题时，部门负责人不能只说团队差，要说出具体差在哪里。而效能团队在一定程度上帮助部门负责人解决了找"证据"的难题。

3）接着是团队负责人或小组负责人，他们需要关注各小组所负责的服务的代码质量。（对于微服务，一个系统包含多个服务，一个服务的维护可能需要多个开发成员，一个系统基本是一个底层"作战单元"。）

选择的 3 个核心指标为代码质量、代码单测、发布故障系数（支持下钻分析服务、人员等维度的指标）。

上文有详细的示例图，这里不再详述。

有了这些指标，团队负责人或小组负责人可实时感知具体哪个系统中的哪些服务出现了哪些方面的问题，找到改进的方向。他们作为战斗单元的"游击队长"，可根据指标现状，灵活调整改进方案，及时向上汇报改进效果。

4）最后是一线研发人员，他们需要关注自己负责的服务（一般一个研发人员负责一个服务，能力强者可能会负责多个服务），并且需要关注每个服务的代码细节问题。

所以，我们整理了 3 个核心指标：代码质量、代码单测、流水线构建耗时。

流水线构建耗时长非常影响研发人员频繁构建的信心，同时长时间等待也会让研发人员误认为是 CI/CD 平台的性能问题等。流水线构建耗时长的原因需要结合 CI/CD 平台、Kubernetes（简称 K8S）集群、代码问题、单测质量、基础镜像等多维度进行分析。

同时，我们选择了 3 个辅助性指标：新增代码质量、新增代码单测覆盖率、新增代码技术债。

针对存量代码规模比较大的服务，我们很难在一段时间范围内一次性解决所有问题，因此给出的策略就是：重点把控新增的问题，小步解决存量问题。

从此，一线研发人员可根据与各团队负责人达成的目标，设置好每周新增和存量代码的质量改进指标；同时，可以结合效能团队培训的工程实践方法，提高自身的工程实践能力，拓宽知识边界。

畅想一下：在各位"游击队长"的带领下，有底层"民众"的支持，再加上高智慧的"计策参谋"，肯定可以在"将帅"的领导下走向成功。

3. 故事推波助澜之趋势图

就像看电影一样，在了解了故事的前后脉络，掌握了故事主线，知道哪些角色是坏人，哪些角色是好人，但我们还是会想不通："好人为什么会死？为什么阿珍会爱上阿强？"

我们脑海里不断回放电影片段，想去弄清楚原因。而随着时间的推移，我们很难再将这些片段拼凑成一个完整的故事。

如果我们在看完电影后，将主角参与的场景按照故事主线画一张发展趋势图，并将故事角色连成一个人物关系图，通过趋势图，即可找到事件发生的原委。

可见，趋势图可帮助推导出事件发生的前因后果，分析出团队代码质量的整体走向。比如，在某个时间段指标值整体偏低，可能是团队放松了代码质量要求；在某个时间点指标值出现波峰，可能是集中交付导致上线失败；指标曲线一直呈上升趋势，说明团队改进措施产生明显效果。

（1）发布故障系数指标趋势图（支持按照部门、团队、服务、人员维度进行分析）

从图 1-9 中可以看出，该团队整体的代码质量非常不稳定，时好时坏，说明团队成员的能力参差不齐。这种团队应提升工程实践能力。

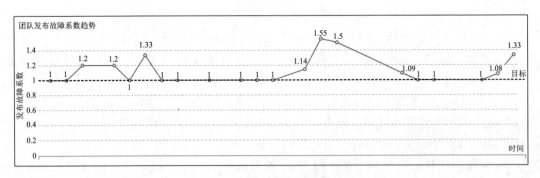

图 1-9 团队发布故障系数趋势图

（2）代码质量指标趋势图（支持按照部门、团队、产品线、服务维度进行分析）

从图 1-10 中可以看出，该团队的代码质量在一段时间几乎没有改善，一直比较差，需要重点辅助。

（3）单测指标趋势图（支持按照部门、团队、服务维度进行分析）

　　从图 1-11 中可以看出，该服务在某时间节点前全量代码单测覆盖率和新增代码单测覆盖率都有提升，而在该时间节点后，团队单测覆盖率整体没有进展。这种团队需要周期性地鞭策和提醒。

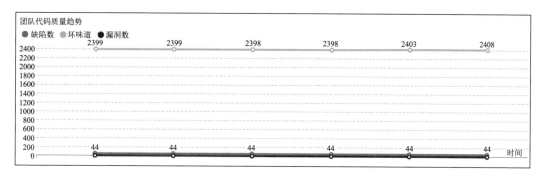

图 1-10　团队代码质量趋势图

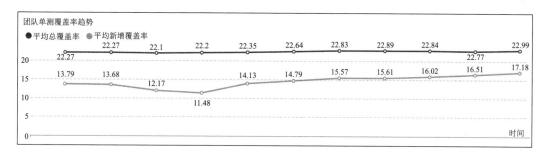

图 1-11　团队单测覆盖率趋势图

　　所以，趋势图可以帮助管理者多维度分析问题，及时调整改进策略。更重要的是，这些历史数据可以让部门负责人在代码质量复盘会上，大胆地展示团队的努力和战绩。不过，水能载舟亦能覆舟，不是吗？

　　谨记：度量指标的选取一定要和各层级负责人沟通并达成一致；指标不是一成不变的，它仅代表你在一段时间内为了解决痛点问题而做出的选择；在不同时间段，核心指标的重要性、优先级都要根据势态而调整；一定不要只盯着数据去推动研发人员解决问题，而是要协助他们寻找到解决方法，站在同一条战线。不要让研发人员认为你是一个"监督者"和"指挥者"，更不要让部门负责人认为你是驱赶羊群的"藏獒"，而要致力于成为一头协助"领头羊"找到方向的"牧羊犬"。

　　本节让各角色认识到：只要团队稍微不努力，指标数据和趋势图就会暴露出团队的问题。而这些数据都是可视化平台自动生成的，客观而真实，和三方团队本身没有直接关系。所以，技术团队各部门只能选择持续提高自身解决问题的能力。

　　只有度量指标选得合理，才能帮助团队发现并解决问题。一切让数据说话吧！

1.5 统一代码分支策略

想必大家看到这里，应该迫不及待地想看代码质量提升项目如何运转了。但就在这个时候，我们发现一个非常棘手的问题，若这个问题不解决，很难让各团队进行有效配合，更难对各指标采用同一个评估标准。

既然可视化平台展现了各团队的指标数据，这就意味着开启了团队间的比较；既然我们把这些指标和趋势图搬到了代码质量委员会上，就要确保这些指标是准确的。否则，效能团队肯定会遭到质疑，进而导致项目推进受阻。

所以，先不着急，在运转项目前，我们先把这些影响指标数据准确性的因素找出来，然后和所有团队达成一致意见，按照统一的标准行事。这是很重要的。

1.5.1 往往简单的问题最复杂

基于当前现状，我们在做代码质量指标计算时，遇到如下问题。

1）技术团队有 4 个部署环境，分别是开发环境、测试环境、预生产环境和生产环境，多环境将导致分支策略和指标统计规则的复杂度增加。

我们想度量部署到各环境中的代码质量，因各团队使用的触发分支不一致，而无法使用统一的指标统计规则。若针对不同环境和团队设置不同的分支策略，可视化度量平台设计成本就会增加。所以，触发分支策略和各环境相对应很重要。

2）各团队的分支开发模式不一致，导致指标计算方式比较复杂。

比较常见的 3 种分支开发模式为主干开发、分支发布，分支开发、主干发布，主干开发、主干发布。统一分支开发模式很重要。图 1-12 所示为分支开发、主干发布模式。若采用这种分支开发模式，我们只需设置在分支代码合并到主干时触发指标计算即可。

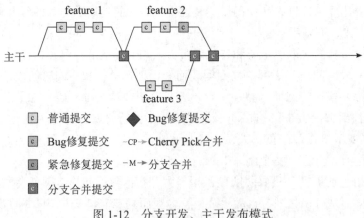

图 1-12　分支开发、主干发布模式

3）各团队分支工作流使用不统一，导致部署在不同环境中的代码指标重复计算多次。

技术团队使用的代码管理工具是 Git。基于 Git 使用最广泛的分支工作流有 Git Flow、GitHub Flow、GitLab Flow。其中，GitLab Flow 是一个基于环境分支属性的工作流程（适用于为不同的部署环境创建不同分支的项目，所有的代码都要在不同环境中测试通过），如图 1-13 所示。其中，master、test、pre-prod、production 这 4 个分支分别为主干分支、测试分支、预生产分支和生产分支。若采用这种工作流，我们可能只需在触发测试分支部署到测试环境时计算指标；在部署到其他环境，构建流水线时，无须再重复计算相关指标，因为此代码已经在测试环境中验证过。

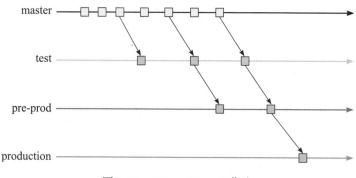

图 1-13　GitLab Flow 工作流

我们原本计划随意选择一个工作流，然后找各技术部门负责人做评审，尽早达成统一；但当我们在小范围内调研时，结果大吃一惊：80% 研发人员投了反对票。我们不得不停止此事的推进，还需要再深入了解他们的业务场景和痛点。

经过如上分析不难看出，若使用标准的工作流，各分支采用统一的命名规范，并为每个分支名赋予一定的意义，同时将相应的触发分支绑定到不同环境，这样看似能把所有问题都解决。但实际上，由于各研发人员在不同的文化环境下养成的研发习惯不同，这种代码分支策略很难实行。

先看一下在实际的代码管理过程中，我们经常遇到什么问题。

❑ 合并后的代码若其中一个分支出现问题，需要回滚所有分支的代码。

❑ 线上版本出现 Bug，若此时需要快速发布，得及时清理出一个满足线上发布的"纯净"版本。

❑ 紧急需求插入，导致上线计划调整，部分已经合并的分支功能需要摘出来延后上线。

基于这些现状，有的团队比如前端团队就很难接受 Git 工作流。前端团队是一个技术团队各部门共用的强职能团队，它们需要对接所有的后端研发团队。在代码管理过程中，如它们每天都会遇到以上问题。若使用 Git 工作流，它们每天可能需要花费很长时间在分支开发和分支发布的沟通协调上。这对于它们来说就是一场噩梦。

我们将代码分支规范、分支开发模式以及分支工作流问题归结为代码分支策略问题。这件事看起来简单，但我们来回折腾了一个月才与技术团队达成一致意见。接下来就让我们针对代码分支策略的不统一问题给出解决方案吧！

1.5.2 适合自己的才是最重要的

这期间的几周，我们每天都辗转反侧，若这个事情不能达成一致意见，代码质量提升还如何推进？改进期间，我们采用的临时策略是：只固定采集 develop 分支触发构建的代码，develop 分支默认对应开发环境的构建和部署，其他都不限制，先让工作开展下去，再想后续如何统一策略。

读到这里大家可能会想为什么选择 develop 分支？因为对于研发人员来说，他们的编码和调试活动除了在本地进行外，还需要在开发环境进行频繁构建和部署来验证问题。

我们结合调研信息，想了一天一夜，终于想清楚了他们的痛点（研发的要求），并给出解决方案和策略，如表 1-1 所示。

表 1-1 研发人员的要求和我们的要求

研发人员的要求	我们的要求	最终解决方案	策略
分支和环境不要绑定那么严格，比如不要限制只有 develop 分支才能部署到开发环境	分支和环境绑定就行，develop 分支作为指标采集分支	开发人员只需简单记得 1）develop 分支对应开发环境 2）develop-1 分支对应测试环境 3）release* 分支对应预生产环境 4）在 release* 分支上打标签对应生产环境	综合 GitLab 的工作流和 Git 的分支命名规范
分支命名的限制不要那么严格	分支的命名要规范，分支数量要有限制；分支名要包含版本信息	限制分支数量和制定版本信息规则	防止项目下分支泛滥，给平台设计带来困扰
分支工作流的限制不要那么严格	基本不做限制，比如不限制必须先部署开发环境，才能部署测试环境，进而才能部署生产环境等	GitLab 工作流中不同环境需创建对应分支	分支和环境绑定后，在一定程度上就是给出了分层部署顺序

GitLab 平台针对项目分支做如下检查。（以下数值和限制不一定适合所有团队，思路供参考。）

（1）项目分支命名规范检查

源码库只接收符合如下项目分支命名规范的分支。

1）所有分支名称中只能包含（0-9|A-Z|a-z|-.），不可出现中文或特殊字符，各变量都统一保持小写；

2）版本号：A.B.C（AB 产品定义，C 研发定义，都必须是数字），例：V1.2.333；

3）master：主分支；

4）develop：开发分支；

5）develop-1：测试分支；

6）hotfix：修复 Bug 分支，hotfix-yyyyMMdd-{ 版本号 }；

7）feature 功能分支：feature-yyyyMMdd-{ 版本号 }；

8）release 版本分支：release-[v]{ 版本号 }-{release 内容描述 }；

9）tag 分支：release* 分支打标签，全大写或全小写的项目名称格式为 -[tag|TAG]-[v]{ 版本号 }。

各分支来源可按照 Git Flow 规范获取，比如 hotfix-* 分支来源于 master 分支。

（2）限制项目远端分支总数

1）远端 release-* 分支总数不多于 5；

2）远端 hotfix-* 分支总数不多于 5；

3）远端 feature-* 分支总数，需小于等于团队写权限人数（忽略继承 Git 组中的写权限成员），feature 分支总数小于 10 不做检查；

4）项目分支总数需小于"项目写权限人数 + 21"（21 = 1 个 master 分支 + 5 个 release 分支 + 5 个 hotfix 分支 + 10 个 feature 分支）。

（3）限制触发分支和环境绑定

1）生产环境：在 master 或者 release-* 分支上打标签；

2）预生产环境：绑定 release-* 分支；

3）测试环境：绑定 develop-1 分支；

4）开发环境：绑定 develop 分支。

同时，一些特殊分支有如下限制。

1）配置 develop 和 develop-1 分支为保护分支；

2）只允许 hotfix-* 分支合并到 develop、release-* 分支。当合并到 release-* 分支时，需校验提交的代码已经合并到 develop 和 develop-1 分支，否则合并失败；

3）只允许 feature-* 分支合并到 develop 和 release-* 分支。当合并到 release-* 分支时，需校验提交的代码同步合并到 develop 和 develop-1 分支，否则合并失败。

分支若不符合规范，控制台会提示错误并终止远端代码合并，此时不会触发流水线执行。检查效果示例如图 1-14 所示。

图 1-14　项目分支规范检查效果示例

在和研发团队达成一致意见后，之前的问题都已得到解决。

1）部署到各环境中的代码质量都可以进行指标度量，特别是开发环境中对应的代码质量。（若平台已经实现了一次打包、多次部署功能，部署到后续环境的代码质量已经在开发环境度量过了，无须重复度量。）

2）代码质量指标的统计方式已经统一（比如平台采集所有项目的 develop 分支代码进行质量分析等），意味着各团队的代码质量指标可以在同一个平台进行对比、查看和分析。

3）并行开发分支冲突以及分层部署验证（所有的代码都要在各环境中测试通过）问题，我们将在第 3 章讲述解决方案，不过也需要基于统一的代码分支策略。

经过一个月的苦战，我们不仅解决了指标度量问题，也解决了技术团队代码分支策略问题，提升了与研发团队的沟通协作效率，同时增进了与研发团队的信任。

此时，效能团队规模达到 5 人，已处在人强马未壮阶段。

接下来，让我们一起把项目运转起来吧！

1.6　怎么运转项目

无论团队管理还是项目管理都需要一个运转机制。就像内燃机一样，通过内能和机械能的相互转化，驱动车轮向前、向后开动。我们常见的汽油机是活塞式内燃机，它将燃料和空气混合，在汽缸内燃烧，释放出的热能使汽缸内产生高温高压的燃气，推动活塞做功，再通过曲柄连杆将机械功输出，驱动从动机械工作。

目前，我们已经具备了气缸（平台）、活塞（度量指标）、燃料（从上到下的支持）和空气（分支策略）这些必备条件，只欠"外力点火"和"周期性柄杆驱动"这股东风。

所谓"外力点火"，就是我们主动去激发一线研发人员去发现问题，寻找问题的解决方案，联动各技术负责人寻找最优解。所以，我们启动了频繁构建实践，帮助研发人员找到解决方法。

所谓"周期性柄杆驱动"，就是我们联动技术团队从上到下，按照一定的规范和频率将内部齿轮转动起来。所以，我们通过分层会议落实技术团队代码质量保障工作。

当技术团队不再认为代码质量提升是额外任务（工作量）的时候，这些规范就可促使工程师们形成研发习惯。当这些规范经过沉淀后，研发习惯则逐步演变为工程师文化的一部分。

下面通过项目场景分析法逐步剖析，如图 1-15 所示。其中，业务流程和用户行为已经在上文分析完毕。接下来，我们将重点讲解实施原则和改进方法，为读者展示一幅完整的代码质量提升解决方案画卷。

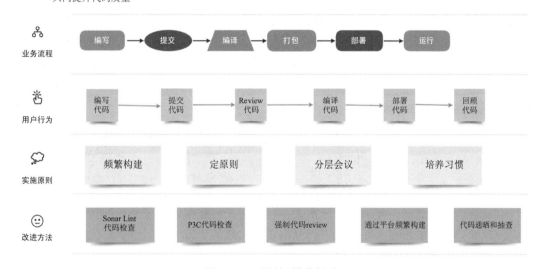

图 1-15　项目场景分析法

1.6.1　频繁构建，持续发现

项目启动一个月后发现，虽然我们已经将指标和代码分支策略与研发团队达成一致意见，但从每周的数据趋势图可看出，代码质量问题总数量还在呈小幅上升趋势。前两周大家还抱着一腔热血去解决问题，但随着增量代码一直新增问题，导致问题总量看起来整体变化并不大。一个月过后，大家的激情也快退却了。

于是，我们想起上文提到的研发辅助性指标，立即改变了策略，将之前的辅助性指标作为核心指标，让研发人员先解决增量问题，先把流程走起来，流程走顺了之后，再去解决存量问题。

当时，我们以为找到了"良药"，但项目运转两周后发现另外一个现象：研发人员每次提交的增量代码中问题也很多。他们遇到紧急上线情况时，不管那些坏味道问题，只要不影响业务核心逻辑，那就按时上线。这件事情也很好理解，研发人员与其延期交付，不如先将代码质量问题放一放，下次迭代再解决。

幸运的是，我们很快发现了这个问题，并深入经常出现这类问题的团队进行调研，发现一个致命问题——研发人员集中提交代码，即代码在本地积累一段时间后批量提交，并在同一时间进行合并。

这个问题为什么严重，我给大家举一个例子。假如我想减肥，于是定了一个小目标：一个月减 10kg。设想一下，我能否在每天不锻炼的情况下，到月底最后一天通过一天一夜的跑步减掉 10kg ？答案是肯定的：不能。假如我坚持每天跑步锻炼，每天只需要减重0.33kg 即可达成目标。从可实现性上看，显然第二种方式比较容易达成目标。

虽然以上案例非常不健康，但它说明一个浅显易懂的道理：做事情要天天坚持。代码质量问题的发现和解决也是，需要分配到每天去做。

这也是持续交付的一种思想：通过频繁构建，持续发现问题，每天小步解决，持续试错。有了方法论做支撑，下面我们看看如何实施吧！

1.6.2 找方法，定原则

基于当前的严峻形势，我们紧急召开了代码质量委员会，组织各部门技术负责人一起讨论了问题的严重性，达成如下两个一致性原则。

1. 坚持每天构建一次流水线原则

会议达成一致意见，要求所有研发人员必须每天将在本地验证通过的代码，在下班前提交到远程分支并触发流水线构建，直至构建流水线的代码质量门禁强制校验通过，方可认为当日代码质量通过。

下面将为研发人员提供本地代码验证方法以及质量门禁检测方法。

1）每天每个开发人员对新增代码在本地进行检查并确保通过。

若你的 IDE 是 IntelliJ IDEA，可执行如下操作。

① 一线研发人员将本地代码提交到远程 Sonar 服务器，并通过 Sonar 平台获取本地代码质量指标。我们会将详细配置步骤以及获取指标方法给到研发人员。之后，研发人员可到 Sonar 平台根据对应项目和分支名找到静态代码质量分析结果。

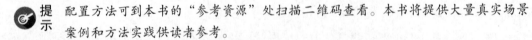

提示 配置方法可到本书的"参考资源"处扫描二维码查看。本书将提供大量真实场景案例和方法实践供读者参考。

② 在 IDEA 中安装 SonarLint 插件，配置并获取远程 Sonar 服务器中各语言的代码检查

规则，手动操作获取或者通过配置实时获取当前文件和当前项目的代码质量报告。其运行
效果如图 1-16 所示。

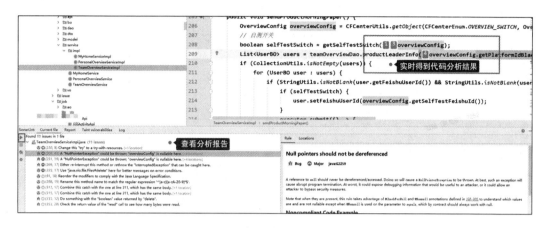

图 1-16　代码质量实时分析效果

2）将本地代码提交到远程分支，并通过质量门禁强制检查。

起初，我们通过 Sonar 平台统一配置各项目的质量门禁，并将代码检查接入 GitLab 流
水线。如图 1-17 所示，当研发人员将本地代码提交后，流水线构建会自动触发；构建结束
后，GitLab 会发送一封邮件给到触发者。

图 1-17　GitLab 平台构建流水线

几个月之后，我们将实现频繁构建的这些功能落实到自运维管理平台，并基于 GitLab
平台的底层逻辑扩展了其他功能。之后，我们便可以进行质量门禁设置和校验检查。运行
效果如图 1-18 所示（和图 1-17 是同一个执行流程）。

图 1-18　自运维管理平台构建流水线

当团队养成每天至少构建一次流水线的习惯时，你还会担心他们不会每天频繁构建流水线吗？他们会慢慢发现频繁做这件事的"红利"。

2. 坚持今日事今日毕原则

会议达成一致意见，要求所有研发人员必须解决当日流水线构建时出现的所有问题，方可认为当日工作完成。而效能团队作为提供解决方案的友好"供应商"，必须做好实时响应的准备，具体做法如下。

1）通过汇总的消息驱动各研发团队负责人跟进团队当日工作完成度。

各研发团队（小组）负责人在下班前，将收到平台发送的一个汇总报告消息。同时，平台将各部门的指标发送到部门负责人；而一线研发人员在下班前将被告知：当天流水线被构建了多少次，还有哪些流水线未通过。

汇报信息包含部门（团队）当天"流水线通过率"和成员的"平均构建次数"，并可超链接到平台，以便负责人进一步下钻分析哪个团队（小组）、哪个服务、哪个负责人、哪条流水线未通过（点击流水线可查看未通过的原因）。

图 1-19 展示了质量门禁校验未通过，导致流水线构建失败。

2）通过大屏播报，推进研发团队及时发现和解决当天积累的问题。

大家在学习精益管理时，想必都听过丰田公司的"安灯系统"。公司每个设备或工作站都装配有安灯系统，如果生产过程中发现问题，操作员（或设备）会将灯打开引起注意，使得问题得到及时处理，避免生产中断或减少问题重复发生。

这里有一个非常重要的概念是：安灯系统并不是我们理解中的叫停产线，而是在出现问题的地方"亮灯"，呼叫支持团队及时来解决问题。

我们吸收了这个理念后，对平台设计进行了思考。

图 1-19　平台流水线质量门禁校验失败

我们在每个集中办公地点设置了一个大屏显示器，这个显示器一定要摆放在最显眼的地方。该显示器可显示我们的平台页面，目前功能比较简单，只能轮播各团队的流水线和代码质量情况。当团队负责的流水线执行失败且未解决的流水线总数超过 5 时，系统会发送一个信息给相应团队负责人，同时播报，如 ×× 团队 ×× 个流水线执行失败，请团队负责人 ×× 及时协助解决。

团队负责人或指定的小组负责人听到播报后，必须及时过来关闭播报窗口，并立刻协助团队成员解决积累的问题。

这个举措效果非常好，我们看到线下沟通现象增多，一线研发人员遇到的问题也能在团队负责人的帮助下及时得到解决。大屏显示促使各团队成员产生"比赛"心理：你们做得好，我们要做得更好。这也能够让我们始终保持活力，并保持对数据的敬畏。

不过，前期也有人反对此事，他们觉得播报会打断开发人员的工作。所以，前期需要多调节触发播报的阈值，找到一个合适的冒红灯频次，目的是想让一线研发人员遇到的问题能够及时得到解决，并不断加强此氛围。不过，对于频繁被播报的团队，我们会私下约负责人和 CTO 沟通。

代码质量问题如何解决、单测覆盖率如何提升等，我们将在第 2 章详细讲解。

若质量门禁设置合理，所有代码质量通过检查，就能够直接部署到对应环境。运维岂不是可以节省时间做更有价值的事。运维是这么想的，我们也是这么想的，这些功能的实现将在第 3 章详细讲解。

倘若当前研发人员能够坚持做到频繁构建，并可驾驭自运维管理平台，也知道如何解决这些问题，如何让这个流程持续运转起来？如果研发人员只能坚持一段时间或者技术负责人带着小组成员去做其他事情，代码质量提升是不是要搁置了？我们会定期组织分层会议，让这件事情持续下去。

1.6.3　分层会议，周期性运转

我们举行会议的目的是让技术团队从上到下都能够参与到代码质量治理过程中，通过 3 个不同层次的会议持续运营，以分层指标和解决方法分享推动 CTO、部门负责人、团队负责人、一线研发人员持续关注代码生命周期中不同阶段的问题，进而落实项目（本书"参考资源"的第 1 章"场景案例"中提供了样例）。

1. 代码质量委员会

会议的目的是让部门负责人持续关注代码架构设计、代码模式设计、代码质量问题，代码的可扩展性、可读性和规范性，并将其作为部门核心 OKR，推进技术重构和代码架构评审等实践的落实，解决存量代码问题。

该会议在每周五早上 10 点开始，持续时间约 1h，由 CTO 主持，我们做记录。

会议大致流程如下。

- ❏ 我们整理 CTO 和各部门负责人关注的核心指标，初步做出分析，时间约 5min。
- ❏ 各部门负责人依次说明部门产生问题的原因、后续解决方案、何时能达标、谁牵头负责，时间约 15min。
- ❏ 每周轮流派一位负责人针对存量代码中某一核心业务逻辑模块，进行代码设计等方面的问题总结和改进反思，时间约 30min。
- ❏ 我们随机抽查一个项目的一个模块，针对代码设计原则和代码质量等方面的问题进行总结，时间约 10min。

该会议前期由 CTO 主持，当部门间主要矛盾解决后便退出，交由我们主持和协调。该会议后来合并到每周的代码质量保障协调会，每次持续 20min 左右，可见技术团队对代码质量的重视程度。

2. 代码质量治理会

会议的目的是让团队负责人重视代码质量和代码设计，交流解决方案，相互赋能，从而做到知识共享，共同提升，推进代码评审和质量门禁实践的落实。

参会对象是每周问题较多的项目所属的团队负责人，以及想了解其他组解决方法的团队负责人。

该会议每两周举行一次，一般在周五下午 2 点（早上部门负责人刚开完会，明确了问题，此时他们急需解决方法），持续时间约 1h，由我们组织并做记录。后续各部门每隔一个季度轮流主持并做会议纪要。

会议大致流程如下。

- ❏ 我们整理项目问题，按照部门、团队进行问题分析。构建数据分析平台后，主持人只需打开平台页面即可直接分析，时间约 10min。
- ❏ 各小组负责人轮流说明各团队（项目）出现问题的原因、后续解决方法、何时达标、

谁牵头解决，时间约 20min。

❑ 上周遇到问题比较多的小组进行解决方案分享，保证每次会议都有输出，时间约 20min。

❑ 我们整理近一周各团队遇到的共性问题并分享解决思路，时间约 10min。

以上流程会随着当周问题的多少、严重程度等适当调整。

3. 代码质量分享会

会议目的是让一线研发人员解决各种场景下的代码质量问题，学会如何结合平台与工程实践方法提升个人的技术水平和解决问题的能力，推进研发人员落实单测等实践。

会议形式是"在线会议 + 飞书直播"，还可录屏后分享。

该会议不定期举行，一般在周三下午，项目前期比较频繁，后续慢慢减少，每次持续时间约 40min，由我们组织。目前，我们已经积累非常多的解决方案并放到知识库中，供所有研发人员参考。持续两个 OKR 周期后，该会议合并到技术培训组组织的技术分享会中，不再单独召开。

会议大致流程如下。

❑ 我们整理各场景下代码质量问题的解决方法并进行分享，持续时间约 20min。

❑ 各研发人员提问，我们进行答疑和讨论，持续时间约 20min。

这些原则、流程和实践方法达成一致时，就形成了默认的规范，进而构成研发生态链。

1.6.4 构成生态，养成习惯

对代码生命周期中每个关键活动（见图 1-20）的质量检查，相当于为进入下一个活动设置了门槛（质量关卡）。当代码通过层层筛选和把关后，我们认为这些代码是可靠的，是具有鲁棒性的。这些检查活动按照顺序依次执行下去时，便形成了技术团队研发流程；这些原则和方法整理成文时，便形成了技术团队研发规范。

图 1-20 代码生命周期中的关键活动

下面介绍代码生命周期中不同的关键活动阶段的代码质量检查。

（1）代码编写阶段

该阶段的代码质量检查可自动化执行。研发人员可在 IDEA 上通过 SonarLint 实时查看代码质量问题，及时发现，及时解决。

（2）代码提交阶段

该阶段的代码质量检查可自动化执行。效能团队在 GitLab 上配置阿里代码检查工具 P3C。代码未通过检查，将无法提交，进而无法触发流水线的构建。同时，GitLab 会向代码提交者发送消息和邮件，详细描述代码哪里不符合规范，修正后可再次提交。

（3）代码评审阶段

该阶段的代码质量检查需人工执行。效能团队在 GitLab 上配置合并请求（Merge Request）。团队负责人必须对研发人员提交的代码进行评审，评审通过后方可合并并触发流水线的构建。

该阶段的目的是让各团队负责人关注代码设计模式、代码业务逻辑等方面的问题。

在评审之前，首先需要建立团队的技术规范和标准，让每个决策都有依据；其次需要加强流程上的管理，建立周期性的技术架构评审机制，对架构的修改进行评审，一方面规避问题，另一方面根据问题完善规范和标准。

（4）代码构建阶段

该阶段的代码质量检查可自动化执行。研发人员通过自运维管理平台频繁构建流水线，持续发现并解决代码质量、性能和规范方面的问题，将技术债解决行为日常化；明确技术规范，加强管理，通过技术债务的可视化驱动一线研发人员分布式解决问题。

同时，设置质量门禁。研发人员必须解决掉所有增量代码问题，这样构建的流水线才能被执行，进而触发不同环境的代码部署。该过程由各团队负责人指导实践和落地。

（5）代码回顾阶段

每周组织一个部门进行代码通晒，主要针对代码块问题的解决方案进行分享与分析。同时，效能团队每周随机抽查一个业务代码模块，主要从技术架构、技术框架、代码设计等方面进行分析，驱动各部门主动进行代码重构。

技术负责人在部门内部持续驱动存量代码重构时，主要考虑以下几点问题。

❑ 因认知不足或成本高而产生架构设计或代码设计差的问题。

❑ 因能力或认知不足而选择非最优技术框架的问题。

❑ 因成本高或进度慢而没有完成代码测试的问题。

随着分层会议周期性运转，以及各层级负责人把控代码质量检查成为每个研发人员的工作习惯。从此，代码质量也成为研发团队周会、站会以及日常沟通交流的话题。

1.7 效能团队实施策略

当项目可以运转时，我们显得越来越"多余"。所以，我们先选择赋能部门负责人、技术团队负责人去管理各自团队下的代码质量，然后慢慢从项目管理流程中退出，将有效的解决方法平台化，通过平台进一步赋能一线研发人员，让他们通过简单的配置实现研发流程自动化，进而实现代码质量过程管理的可视化和自动化。

有了平台，我们还需要配合实施一些策略，才能促进项目在技术团队更平滑地落地。

1.7.1　项目前期：学会走，建立团队信任

在项目启动前期，我们将精力放在拉齐各部门、各层级负责人、一线研发人员的认知和目标上；过程中要定义各职能职责，缩小项目范围，注重增量代码的质量提升；原则上要懂得抓大放小，及时协助一线研发人员解决问题，注重项目的时效性。（站在帮助团队解决问题的视角，让各部门负责人自愿、及时地协助我们推进项目。）

此过程中，我们的主要做法如下。

1）整理代码质量的常见问题、共性问题以及解决方法，对研发团队进行统一培训。

2）先在自己团队内实施，带着效果争取一个试点团队，全力投入，快速见效。

3）前期与各部门负责人协商好代码质量提升的业务范围，可主要集中在核心业务链。一定不要将全部业务都纳入改进范围，因为这样的改进无法快速、明显地得到效果反馈，进而无法催生持续改进的动力。

4）只关注项目的增量问题。

5）及时收集各研发团队遇到的问题，协助他们解决问题，并将共性问题汇总成知识库。

6）通过分层会议周期性地运作项目，每周公开鼓励改进明显的团队，以此增强其他团队改进的信心。

如上做法坚持 2 ～ 3 个季度，将会收到良好的反馈。

1.7.2　项目中期：小步快跑，增强团队信心

项目中期，大部分团队对代码质量问题已经没有明显疑问和顾虑，此时可扩大业务逻辑代码的检查范围，逐步将此过程中的工作流程演变为技术中心的代码质量保障制度和规范（形成高度的认知共识），具体做法如下。

1）逐步扩大每个团队的业务代码检查范围。

2）各技术团队负责人通过平台度量模块观察和分析小组代码质量情况。

3）同步培训一线研发人员通过平台频繁构建流水线，约定原则。

4）消息机器人每天从早到晚、从下到上定时发送汇总报告，进一步驱动团队改进。

5）重点帮助改进效果不显著的团队，通过缩小检查范围、培训、深入团队一对一解决等手段，逐步提升。

6）项目管理过程中，切记一个指标"打天下"，每个团队要合理选择度量指标。

以上做法坚持两个季度，我们可将各团队拉到同一水平线。此时，我们可以"退出"，作为旁观者。

1.7.3　项目收益期：降增量，顾存量

当各研发团队可以通过平台进行代码质量过程管理，并能够通过平台进行指标分析，进而落实 OKR 提升时，项目已经进入收益期。此时，我们可以考虑解决存量代码问题。但这不是绝对的，一切以各自团队当时的人力、专业度、执行力和研发环境综合判断。

此过程中，我们的主要做法如下。

1）存量代码问题要区别考虑。比如已经运行非常稳定的业务逻辑代码没必要一定要进行单测用例覆盖，这样可能会让研发人员觉得为了做而做。所以，单测覆盖率是一个针对不同项目而设定的指标。

2）重视趋势图分析。观察一段时间内的改进趋势，从中发现问题，并让团队负责人具备这种分析能力。

3）定期组织上层相关会议。将各部门取得的成果展示出来，坚定各团队的信心，获得领导的认可。

4）灌输代码质量提升是一个长期活动，能够持续给团队带来效益。

在此阶段中，我们作为旁观者，周期性地提醒各部门负责人重视代码质量。

到了该阶段，这个项目基本完成。其实，在我们心底这个项目已经结项，但对于技术团队来说，这个项目还在持续进行，并且没有终点。

接下来，我们要将实践成果总结一下，一是为了当初的承诺，二是为了后续顺利开展更重要的项目。

1.8　效能团队落地实践成果总结

随着代码质量保障项目的持续推进，技术团队基本形成了稳定的代码质量保障工作框架。在项目执行过程中，代码质量委员也会根据各部门的业务压力，适当调整水位线和目标值。两个季度中，项目经历了 3 个迭代周期，并取得不错效果。

1.8.1　落实工作框架，形成制度和规范

项目立项通过并得到授权之后，我们持续协助各层级负责人发现和解决问题。随着项目的持续迭代，我们基本落实了技术团队代码质量保障工作框架，如图 1-21 所示。

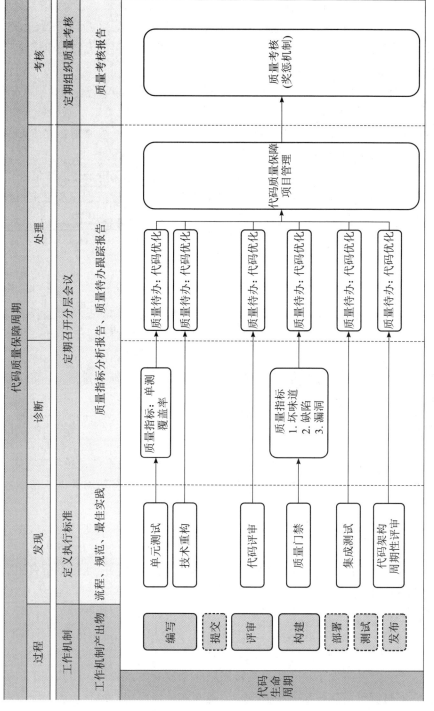

图 1-21　代码质量保障工作框架

代码质量保障工作框架主要包括 4 个阶段。

1）在发现阶段，我们落地单元测试、技术重构、代码评审、质量门禁等，协助技术团队制定研发质量规范，提供代码质量解决方法，并围绕代码质量提升，提供多维度可视化分析平台。

2）在诊断阶段，我们周期性举行分层会议，通过指标度量来驱动各部门和团队发现问题。

3）在处理阶段，技术团队负责人基于平台按照统一的分支策略，通过频繁构建方法，解决阻碍性问题；坚持"降增量、顾存量"和"今日事今日毕"等原则，逐步增强其他团队解决问题的信心；以跟踪质量待办为抓手，周期性地推进问题的解决。

4）在考核阶段，我们通过每月的质量考核，促进代码质量保障工作持续推进。

当代码质量保障项目运转几个季度后，项目执行过程中的规范也逐步落实到技术中心的产研规范中，作为质量保障的一部分，形成代码质量保障制度和规范（本书"参考资源"中第 1 章"场景案例"提供了参考样例）。

1.8.2　趋势图分析，少而精

在第 3 个迭代周期中，静态代码质量提升目标为代码漏洞和缺陷清零、代码坏味道整体降低 80%、全量代码单测覆盖率达到 30%、新增代码单测覆盖率达到 50%、单测用例平均耗时在 300ms 以下。

当时，我们结合第 3 个周期的目标，向 CTO 汇报了各个团队改进情况。如下是其中一个团队（A 团队）的指标分析报告。

1）两个季度后，A 团队代码质量提升非常明显。在持续新增代码情况下，代码质量问题整体降低 90%。

在第 1 周，A 团队当时还没有可视化数据分析平台，只是做培训，还没有数据。

前 1 个月，A 团队重点保证增量问题的解决，所以基本没有新增数据，存量数据维持在一定水平。

第 2 个月，研发人员将一些非常明显问题解决后，问题减少了约 40%；后半月，团队因研发压力大，将目标重点放在将代码漏洞降为 0 和代码缺陷控制在 10 个以内。

从图 1-22 可以看出，漏洞数和缺陷数降得非常快，因为这两个指标是所有团队的高优先级指标（横轴时间单位为周）。

第 3 个月的第 1 周，代码质量问题反而有所增加，代码漏洞数收敛为 0；后 3 周的代码质量问题相对第 1 周整体收敛约 80%，如图 1-23 所示。（横轴显示第 3 个月的改进情况，单位为天。）

第 4～5 个月，各研发小组对代码质量问题完全没有技术障碍，团队有了"喘息"时间。于是，它们打算将团队技术债降低 80%，强制要求每次代码提交后代码漏洞和缺陷数都要清零。

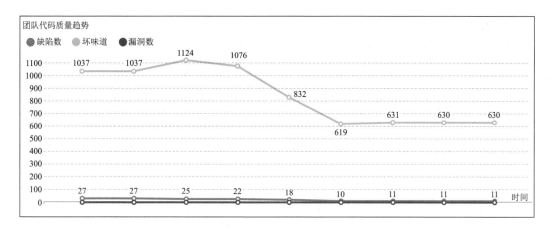

图 1-22　A 团队前 2 个月代码质量趋势

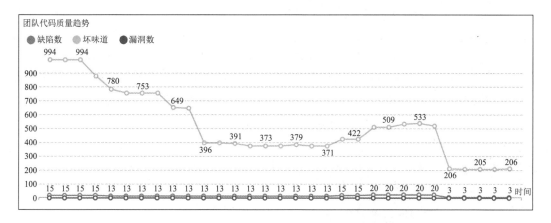

图 1-23　A 团队第 3 个月代码质量趋势

　　第 6 个月，当团队业务压力又加大时，代码质量提升非常大。从图 1-24 可以看出，最后 1 个月代码坏味道数已经降到 91。相对项目启动时，代码质量问题已经解决了90%。

　　2）两个季度后，A 团队全量代码单测覆盖率达到 34%，已达标；新增代码单测覆盖率仅提升 18%，未达标（以项目启动时间作为新增指标计算的起始时间）。下面通过两个团队的指标数据进行对比说明。

　　❑　全量代码单测覆盖率：A 团队全量代码单测覆盖率为 34%，达到目标；B 团队全量代码单测覆盖率为 21%，尚未达标，主要受基于开源项目进行二次开发的影响（开源项目未执行单测）。我们发现这个问题后，在下个季度对 B 团队做指标上的特殊考量。

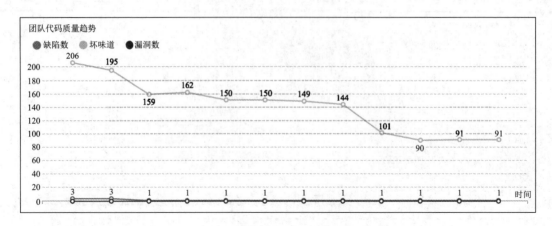

图 1-24　A 团队第 4 ～ 6 个月代码质量趋势

❑ 新增代码单测覆盖率：A、B 团队相应指标均未达到 50%，可见单测执行起来还是有难度的，如图 1-25 所示。进一步分析，A 团队的新增代码单测覆盖率值小于总量代码单测覆盖率。可见在项目启动前，该团队中有部分项目的单测覆盖率已经很高，但在项目执行过程中增长缓慢。（此阶段 A 团队的新业务需求增多，研发压力大，团队将重点放在了需求的准时交付）。B 团队新增代码单测覆盖率比总量代码单测覆盖率高一些。可见，B 团队非常重视新增代码单测覆盖率。

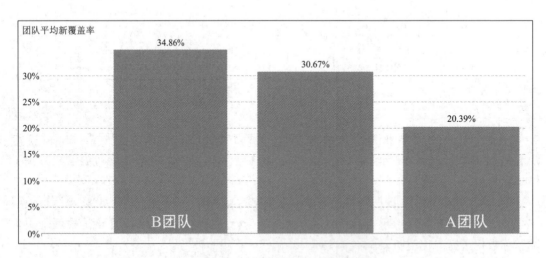

图 1-25　技术团队新增代码单测覆盖率

不过，A 团队核心流程全量代码单测覆盖率都达到了 46%，基本达到了要求。

❑ 单测用例平均执行耗时：A、B 团队单测用例平均执行耗时均小于 300ms，均达标。

3）A 团队发布质量改善非常明显，最后两个月基本可实现一次发布成功，如图 1-26 所示。

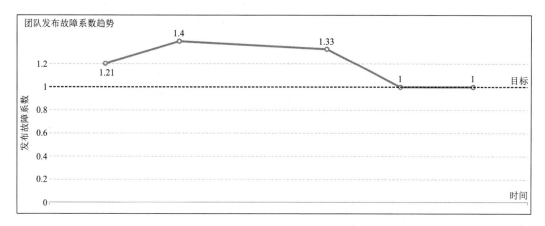

图 1-26　A 团队发布故障系数趋势图

4）A 团队全量环境下构建和部署流水线频率逐月新增并趋于平稳，说明团队已经基本养成频繁构建流水线的习惯，如图 1-27 所示。

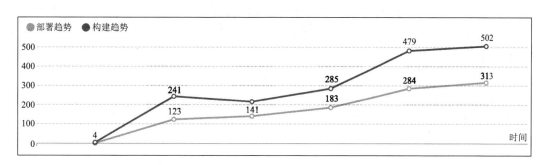

图 1-27　A 团队全量环境下构建和部署流水线频率

5）A 团队在全量环境下产生的缺陷总数逐月降低，如图 1-28 所示。

我们将所有团队的数据分析完成后，看到 CTO 频繁点头，心里才有底。在我们还在窃喜的时候，CTO 提出一个问题："两个季度以来，技术团队还有没有其他方面的问题？"

我们结合当时技术团队整体的规划，将其总结为"211 问题"。

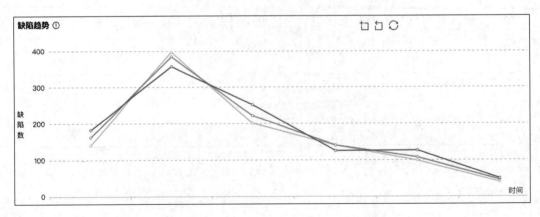

图 1-28　A 团队全量环境下缺陷总数趋势图

1.8.3　基于"211 问题"，伺机而动

背景是技术团队在规划上云，开发、测试和运维人员数量比例为 4∶1.5∶1。

"211 问题"具体如下。

（1）2 个信号

1）业务需求增多，X 和 Y 两个技术部门疲于应对；

2）经调研，只要留有 20% 的研发时间，80% 的研发团队愿意偿还技术债。

（2）1 个建议

目前，技术团队缺乏能够提高各角色协作效率并能够支撑需求全链路持续交付的平台。该平台也是实现技术团队自运维管理，加快上云步伐，节约成本的优选项。而团队间的高效协作需要线上和线下结合，双向管理、同步发力，这样才能提高研发效率。

（3）1 个警示

研发效能的提升可以让有价值的需求得到验证，也能加速无价值需求的恶化。

聊完这些之后，CTO 又问了一句："听你们分析，我们技术团队的研发效能还有很大提升空间，有没有可快速提升的解决方案呢？"

看到我们没说话，CTO 提示到："就像代码质量提升一样，平台和实践可以先进行规划、实施。"他补充说："你们还可以想一想平台如何支撑上云。技术团队初步评估过，以我们现在的业务体量，上云后能节省很大的基础设施建设成本和人力成本。"

这时，我们才警醒过来，原来他是想要规划技术团队研发效能的短期目标和长期目标。而对于上面的"211 问题"，他是想让我们伺机而动，因为这是一个长期改进的过程。

一周后，我们基于之前的规划图进行了调整，重点规划未来技术团队在云环境下的研发协作与交付模式，如图 1-29 所示。

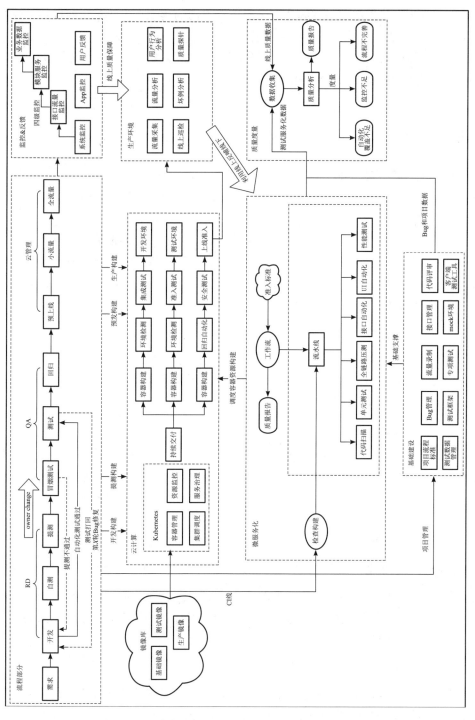

图 1-29　技术团队在云环境下的研发协作与交付模式

针对短期规划，我们将重点继续放在工程实践方法的落地上。针对长期规划，我们将重点放在平台改造以适配上云、全链路功能补齐上。

读到这里，你可能觉得上述实践经验无法让你"上瘾"，觉得缺少一份总结清单。

对，我想这就是所谓的"深度思考"吧！

1.9 深度思考

1.9.1 知识工作者的管理方法

1. 转变管理理念

软件开发本质上是不可预测、不可知和不可塑的，具有一定的创造性。管理知识工作者必须学会聆听和尊重，辅导团队自我管理，协助解决障碍性问题。根据权力矩阵划分好自己与团队的权力范围，根据员工的能力和意愿决定管理是支持、辅导、授权，还是发放指令。管理者要树立权威，但不能只靠吼。

2. 重新审视软件开发

管理者和团队之间要有一个大的管理规范，让有创造力的人在约束条件下自由工作，这样团队才会做出有价值的事情。将估算思维转换为预算思维，不要去想做一件事要花多长时间，而是去思考团队愿意花多长时间去做一件事。

3. 多元化思维决策

感性和理性相结合，避免陷入非此即彼、仅倾向证实心中已有的选择、无法克服自己内心冲突、过度自信的怪圈。很多时候，决策需要大量试错才能制定出来。有的时候，越精专的人往往越容易钻进牛角尖，因为他听不进任何建议。科斯定理提供了一种做决策思路：不做别人已经做得很好的领域，只在自己做得好的领域加大投入。有的时候就是需要停下来思考：做还是不做。

4. 发挥管理者的价值

管理者的价值是放大团队中每个成员的价值，而不是让自己成为团队唯一最有价值的。管理者不能日复一日在沉默中寻找安全感，要对新技术保持开放心态，接受团队的"变异点"，永远要认清自己的认知是有限的。

5. 建立"第二大脑"

不断总结经验，使用概念搭建一个网状决策模型，不断记录这些关联点，使之成为自己的"第二大脑"。人的第一大脑擅长创意，第二大脑擅长记忆。

6. 不要让 OKR 变质

团队目标管理大家都知道 SMART 原则，但很多时候达不到目标对齐。目标对齐不仅要对齐上层目标，还需要驱动团队花时间讨论以对齐水平团队目标。若整体的目标是按照部门来制定的，管理者要学会拆分目标。OKR 在互联网公司还有一个作用是去中心化，使个体与组织可持续发展，将"要我做"思维转变为"我要做"思维。

7. 避免进入敏捷开发误区

一个公司的敏捷开发需要从上到下的职能角色支持，不仅需要各职角色意识和行为上的转变，还需要工程实践和个人实践方法的转变。同时，敏捷开发对团队成员的能力素质要求比较高。所以，能够将瀑布研发模式转化为敏捷的小瀑布研发模式，并和业务团队建立起契约迭代交付模式，对于团队来说已经迈出很大的一步。

8. 不要鼓吹创业文化、画大饼

一切一直不和工资挂钩的画大饼行为，在一定时间内可能会让团队对管理者失去信任。

9. 协同不同角色和部门

保持和不同角色和部门的持续沟通，一定要让团队的目标与绩效挂钩，让团队成员能够提供专业的能力输出，让平台成为不可替代品并能让公司持续受益。

10. 做好向上管理

学会换位思考，支撑管理者做更好的决策；辅助管理者做决策，让团队目标更好实现。

1.9.2　高效能团队模式

1. 团队优先的思维模式

该模式需要以团队为中心，而不是以工具为中心。建立流动式团队、赋能团队、复杂子系统团队、平台团队，提炼协作、相互促进的团队交互模式。当面临新的挑战时，组织应看到不同类型团队之间的不同交互模式。

2. 逆康威定律

组织结构的设计限制了给定系统的可行架构的数量；软件交付的速度也会受到组织设计中团队依赖项的直接影响。不要盲目地为组织选择单一的工具和架构。很多公司通过组织的频繁重组来降低康威定律的影响。

3. 团队优先的边界策略

我们应认识到团队的认知负荷、团队间协作问题遵循两个披萨原则，降低团队管理成本，减少非必要沟通；在业务、技术、合规、变更、风险等维度找到团队间的"破裂面"，进行重组和拆分。

4. 工程实践是基础

技术团队需要加快引入被验证过的工程实践，比如持续交付、测试左移等，可以通过改变思想来影响行为，也可通过改变行为来影响思想。

5. 组织文化是催化剂

人员能力、软件架构、流程机制、组织激励以及非可控事件等都会影响组织文化。健康的组织文化、清晰的业务愿景、上下对齐的工作目标、左右拉通的团队间协作都是组织管理成功的必备要素。

个人管理要注重短板的管理，意识不到自身的短板终将不会有质的提升。

1.10　本章小结

本章以提升技术团队的代码质量为出发点，以代码生命周期的过程管理为故事主线，以各环节的全局性和局部性指标的提升为辅线，通过项目制形式推进故事剧情的发展，重点以真实的案例阐述了代码质量提升过程中的实践方法和落地运作方式。

在代码质量保障工作中，我们始终遵循如下原则和理念进行过程管理。

（1）持续交付双闭环模型

始终锚定技术团队为我们的业务方，持续探索业务方提出的问题的根因；与技术团队一起发现问题的解决方法；通过频繁构建持续发现问题；根据平台数据指标的运行情况以及业务问题的及时反馈，决策和改进解决方案和实践方法。此处有借鉴乔梁老师在《持续交付 2.0》书中提倡的持续交付双闭环模型。

（2）"PPT"理念

始终坚持 People over Process，Process over Tool 的理念，以解决技术团队各层级人员的问题为出发点，提升技术团队的工程实践能力，协助技术团队梳理并制定流程规范和制度，通过平台赋能技术团队实现自运维管理等。

（3）"三不要"原则

原则一：别把自己太当回事，不要拿着鸡毛当令箭，赋予我们项目管理的权力是为了解决问题，而不是"强迫"和"恐吓"技术团队去改变。

原则二：不要深入技术团队当"领导"，架空部门负责人。

原则三：不要试图去改变某个职能角色，可以试图通过流程、工具等去影响他们的行为；别只站在个人角度去思考问题，懂得换位思考。

第 2 章 *Chapter 2*

如何驱动测试左移

团队整体对质量负责胜于测试人员独立把关质量。

——《敏捷测试宣言》

当研发人员已经养成频繁构建的工作习惯时，质量保障团队还处在手工测试阶段。为了让测试人员能够适应新的开发模式，产研团队必须进行测试左移。

为了促进产研间的高效协作，保持高度一致的工程实践，我们需结合产研团队的现状，找出团队间的阻碍点，并通过 DevOps 模式驱动团队发现和解决问题，打破部门墙。

对于本章的学习，读者可将重点放在如何从全局视角改善产研团队的协作方式；如何通过频繁测试、快速验证实现能力的提升，让测试人员能够快速、顺利地适应产品开发流程，以此增强团队整体的质量意识，进而协助质量保障团队共建一套测试左移方案。

2.1 故事承接

2.1.1 第一天欢喜

大家应该还记得我们和 CTO 汇报时候的对话，当时我们差不多了解了 CTO 的想法，这让我们心头一热，乐乐呵呵。

当天，我们回到办公室，回想着这段日子过得很充实，收获也很多。这个时候团队的氛围非常好。在团队得到认可后，大家都遗忘了那段不情愿地被我拉过来的场景。

"所有人一杯热咖啡，外加一个大披萨"，我兴奋地说道。就这样，团队结束了愉快而充实的一天，而等待我们的是团队规划和未来重点工作的思考。

2.1.2 第二天思考

我组织了一次回顾复盘会，其中一个重要的议题就是：透析 211 问题，想想近期规划。此时，团队包括我在内有 6 名成员，其中有 3 名开发人员、1 名产品人员、1 名测试人员。大家各抒己见，毫无遮掩。

唐钰（开发）：我觉得咱们团队刚组建不久，最重要的问题是快速搭建平台，既能帮助团队解决问题，也能让团队拥有"固定资产"。不然，我们可能随时没事情干。

黑猫（产品）：确实，我们深入研发团队的时间比较多，大部分时间花在帮助他们解决问题上，还没有从整体上规划我们的产品，这样很容易陷入局部开发、全局失效的困境。要不下个季度我们从产品架构和技术架构上规划我们的平台？也给团队留出一定的休整时间和沉淀时间。

汤姆（测试）：我上家公司的测试团队主要是协助开发团队实现自动化测试脚本，通过 Jenkins 调度实现自动化测试，没有平台也能做效能提升的事情。不过，有平台会更好。

我：这确实是一个问题，但这两件事并不冲突，我们一直倡导流程重于工具，应该以用流程解决研发人员最棘手的问题为先。平台可以同步开发，只是下个季度咱们的重点可能不在全链路平台的规划上。

巴特（开发）：现在咱们的开发、测试和运维人员比例失调确实是一个大问题，质量保障团队的人数马上和开发团队差不多了，运维也不少。要想想怎么提高它们的工作效率，减少不必要的人员招聘，上次 CTO 也多次提到人员不足的问题，我觉得这也挺重要。

我们点点头，确实随着业务的扩张，通过提升技术团队整体的测试和运维能力，可减少测试和运维人员的招聘，在一定程度上达到人员配比平衡。这也是技术团队在业务扩张前必然要思考的问题。

麒麟（开发）：上周 PMO 一直追着我们要项目报表，咱们现在平台还不支持，要想个办法。

我：他们要报表是为了推进项目？用报表做什么呢？

麒麟（开发）：他们主要是看项目需求进度、任务进度、Bug 解决进度，通过这些数据更好地去推进开发。

我：嗯，核心诉求可以让黑猫再去了解一下。若仅仅是这些，我们可以做一个 BI 工具，先定制一些报表，等能够固定一些项目统计报表时，再进行平台化也不迟。

他们点点头。其实，这些需求都是紧急但随时可能变更的，不能直接依靠平台实现。

黑猫（产品）：对了，上次大家讨论的时候提到了产品和业务人员沟通、协作不流畅问题。其实，我觉得这应该是技术团队和业务团队协作的问题。现在是 PMO 在做沟通桥梁，由它们组织协调两个部门的信息对接和同步。现在他们都是通过 Excel 和在线文档进行业务需求沟通，协作效率很低，让我们想想办法。

我：这应该不是一个平台能够解决的问题。两个团队间的协作沟通形式固化已久，团队目标由 PMO 定期组织沟通，并由产品经理对接业务方需求，PMO 在其中仅仅是组织协调角色，而不是流程管理角色，所以很难在短时间内通过平台推动两个团队进行线上化协作。同时，公司的发展主要由业务驱动，技术团队一直都是被动接受需求的角色。所以，我们也很难通过平台打通从业务端到研发端的全链路协作管理。

　　麒麟（开发）：你们有没有发现，两个紧密协作的团队竟然都不坐在同一个区域。

　　黑猫（产品）：现在这种状态还真不是一个在线需求管理平台（或在线协作平台）能够解决的。所以，PMO 提这种需求可能也只是缓兵之计罢了。

　　唐钰（开发）：是啊，公司现状就是这样，我们要顺势而为，而不是想着去改变他们的习惯，这个阻力太大，要慢慢来。

　　大家议论纷纷，之后达成一致：这个事情可以暂且放缓，不过在线协作平台是可以规划的，因为技术团队内部也是需要的。基于现状，业务团队和技术团队间的协作可以继续让 PMO 通过线下形式进行组织协调。

　　麒麟（开发）：现在技术团队在规划上云，之前都是基于虚机进行部署，现在要基于 Kubernetes 进行部署，研发团队都不了解 Kubernetes 背景知识，上云哪有那么容易。

　　唐钰（开发）：其实我认为这是一个好机会，之前我们学习过 Kubernetes 相关知识，还做过分享，云厂商也做过相关分享；我们可以通过平台降低掉云原生相关技术的学习成本，让研发人员几乎可以像之前一样使用平台，而无须关注底层技术的实现。

　　巴特（开发）：简单了解一些 Kubernetes 知识还是需要的，我们可以参考一些现有平台来设计，现在市面上很多这类产品，比如 Coding 和 Ones。云厂商现在也都有自己的 DevOps 平台，比如阿里的云效、华为的 DevCloud。

　　黑猫（产品）：这应该是必然的过程，只是咱们要不要现在就开始做而已。

　　……

　　整个会议持续了近 2h，大家已经精疲力尽，沟通了多方面问题，收获不少。

　　我们整理了几个问题做成卡片贴到看板上，先下班回家。

　　明天继续！

　　初步整理的几个问题如下。

　　1）要提升测试和运维人员的工作效率，需要重新梳理流程，需要提升工程实践能力，还是需要搭建工具平台？

　　2）技术团队的单元测试执行情况不是很理想，这个季度是否需要继续推进？

　　3）PMO 需要的报表如何实现，并且如何兼容后续开发的平台？

　　4）业务需求管理怎么做？我们暂不参与业务团队和技术团队之间的协作。

　　5）我们后续怎么跟进代码质量提升工作，跟进到什么程度，还是不是我们的工作重点？

　　6）技术团队在规划上云，如何配合改造自运维管理平台？

2.1.3 第三天计划

今天天气晴朗，万里无云，正是做计划的好日子。

早上，我们组织了一个筹划会，针对看板上的问题以及之前遗留的问题进行优先级排序，找出当前急需解决的问题。

为了提高效率和趣味性，并能够让全员参与进来，我们每次开这类会议的时候都会加入一个有仪式感的玩法。首先，我们都站在看板前，每人拿一个不同颜色的水笔进行以下 3 轮游戏。

1）第一轮，每个人选出 5 个自己认为最重要的卡片，按照优先级从 5 到 1 依次降低的分值写在卡片上。其间，大家不能讨论，不用考虑任何外部因素，纯主观判断。（没有分值的卡片记为 0。）

第一轮过后，我会统计出每个卡片的数值和，并按照优先级从低到高排序，贴在看板上。

2）第二轮，所有人针对得分前 80% 的卡片上的问题和解决方案进行讨论，比如，做这些会给团队带来什么效益，对平台有什么提升，对个人有什么帮助等。

讨论完后，大家从得分前 80% 的卡片中选出 3 个自己认为上面的问题最重要的卡片，按照优先级从 3 到 1 依次降低的分值写在卡片上。（没有分值的卡片记为 0。）

第二轮过后，我统计出卡片上的数值和，并按照分值从高到低排序，并从中选出得分前 30% 的卡片，并放入第二轮剩下的 20% 的卡片池子，然后将池子中所有卡片上的数值清除。

3）第三轮，所有人针对池子中的卡片，讨论卡片上的问题和解决方案。比如，做这些会给团队带来什么影响和后续规划的功能的重复点，技术团队现状能否支持等。

讨论完后，大家针对这些卡片做如下放置。

每人选出两个自己认为问题最不重要的卡片，放到 P3 区域（若自己选择的和别人一样，进行去重处理，不需再多选）。针对此区域中卡片上的问题，大家进行讨论，之后将没有达成一致意见的卡片移除。

接着，每人选出两个自己认为问题最重要的卡片，放到 P0 区域。针对此区域中卡片上的问题，大家进行讨论，之后将没有达成一致意见的卡片移除。

再接着，每人选出两个认为问题非常紧急的卡片，放到 P2 区域。针对此区域中卡片上的问题，大家进行讨论，之后将没有达成一致意见的卡片移除。

最后，大家针对剩下的卡片进行讨论，将没有异议的卡片放入 P1 区域，将有异议的卡片放入 P3 区域。

经过三轮讨论后，我们将卡片放入 2×2 决策矩阵上，如图 2-1 所示。此时，哪些问题是最紧急的，哪些问题是最重要的一目了然。

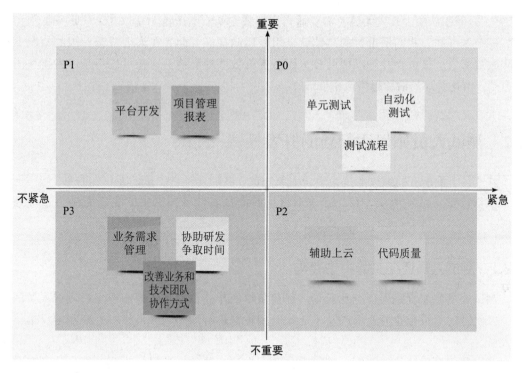

图 2-1 2×2 决策矩阵

筹划会后,我和黑猫、唐钰进一步讨论了原来的 DevOps 实施规划,基于提前规划的上云改造背景,重新规划了自运维管理平台、工程实践范围和可视化度量指标。

2.1.4 第四天行动

我们整理了技术团队现有问题以及我们团队自身问题,并在团队内部达成一致意见,下一步是和 CTO 沟通。

1)测试团队基本还停留在手工测试,规模较大。随着业务的稳定,测试团队的自动化测试能力需要提升。(和 CTO 意见一致。)

2)上个季度,50% 的研发团队的单元测试执行情况不是很理想,本季度可以针对性地提升。(和 CTO 意见一致。)

3)现在测试团队还在使用 Excel 管理用例,前期已经给它们搭建了一个开源平台过渡,但后续需要根据业务形态和技术架构开发一个测试平台。(和 CTO 意见一致,可以放缓。)

4)技术团队在规划上云,持续交付平台需要提前规划并做改造适配。(和 CTO 意见一致。)

5）效能团队缺少开发人员，需要适当招聘来支撑工作开展。（和 CTO 意见一致。）

每个季度初，我们最重要的事情就是引领团队找准方向，在人力资源有限的情况下让团队做最紧急、最重要并可以帮助技术团队提升效率的事情。这些可能不是读者所在团队的痛点，但还是那句话，思路最重要。

2.2 测试人员如何适配新的开发模式

其实，上面所有的铺垫都是为了让大家知道，我们要推进测试的左移和右移。

本章将重点放在测试左移，第 3 章将讲解测试右移。接下来，我们先做一个推理和分析。

2.2.1 测试人员还在夹缝中生存吗

测试人员的职责是保证产品质量。任何版本的产品在发布时都需要经过测试人员的检测，以便发现不符合业务要求以及不能长时间正常运行的问题，最终将这些问题反馈给开发人员。

若有些问题隐藏得比较深，测试人员没有发现，业务人员第一时间可能会找到产品负责人，产品负责人第一时间想到的可能就是测试人员，埋怨测试人员。

这时，项目经理可能会协调说，我们应该先想想如何解决线上问题，把风险和损失降到最低，但心里可能不平衡。

最终，日复一日，年复一年，开发团队和测试团队形成两大"对立派"。

以上场景虽有戏剧化成分，但我们发现测试人员非常被动。当代码质量比较差的时候，测试人员只能被动接受；但测试人员又是质量的保证官和责任人，若因代码质量问题引起线上问题，第一责任人肯定是测试人员。最终，所有的问题都归为测试人员没测出来。

测试人员面对多路夹击，唯一的出路就是改变。

很不幸，我们公司的测试团队也面临如此窘境。站在困难面前，我们选择和测试人员同进步。

2.2.2 不进则退

在持续交付和敏捷开发背景下，上述问题更加严重。因为这两个模式有一个共同特点，就是需要缩短产品交付时间，这对自动化要求非常高，留给传统手工测试的时间越来越少。短时间内，测试负责人可能会选择多招聘一些人来饮鸩止渴。

在极端情况下，所有环节可能都是自动化的——流水线测试通过之后，自动部署到线上环境。如果频繁构建出来的流水线（镜像）很难在短时间内得到验证，产品质量问题将越发明显。因此，测试人员能否跟上新开发模式的改变，是产品能否成功的关键。

此时，测试左移和测试右移的概念应运而生。在这些测试模式下，测试人员将拥有更多主动权。

什么是测试左移和测试右移呢？

对测试左移和测试右移的普遍理解就是把整体的测试范围从传统的测试节点中释放出来，向左扩展和向右扩展。

向左扩展就是将测试范围扩展到提测之前。测试人员要想避免代码质量低引起的问题，就要在技术方案和架构设计评审时，考虑到产品的可测性，并强烈要求开发人员进行自测，协助开发人员进行提前测试；同步进行测试用例和自动化测试的准备，为后续集成测试和回归测试打基础。

向右扩展就是将测试范围扩展到上线之后。测试人员可通过多种发布模式，在版本上线前在生产环境进行小范围验证，要求产品经理进行验收。同时，测试人员可通过监控系统和告警系统，在监控指标达到临界值前发现问题，将问题及时通知给开发人员。这样，测试人员不但有更多时间进行测试，还能在生产环境发现非生产环境下无法验证的问题。

其实讲那么多，我们就是为了让测试人员认识到问题，并能够一起改进，不掉队。接下来让我们看看测试左移过程中有哪些问题，要想解决这些问题，需要遵循什么原则。

2.2.3　测试左移的原则

 提示　如下原则可参考葛俊老师分享的课程《研发效率破局之道》。

原则一：不当手无寸铁的测试工

1）清楚测试人员的职责。测试人员的职责不仅仅是测出 Bug，他们是开发人员和产品人员的"附属"。研发团队负责人以及产品负责人都应该意识到这一点，减少彼此的矛盾。测试左移后，测试人员主要的职责应该是预防 Bug，协助开发、产品人员发现设计的缺陷，以预防为主。

2）打破传统的竖井工作模式，测试人员不做"背锅侠"。产品质量问题绝不只是测试人员造成的，需求开发的全链路角色都应该承担责任。有效的解决办法就是让所有角色对产品负责——若产品质量出现问题，所有角色的绩效都会受到影响。比如在项目制下，所有角色都应该为项目的按时高质量交付负责；在开发团队下，所有角色都应该为了某个特性的开发而努力。这种敏捷式管理让所有角色的利益绑定在一起，当出现质量问题时，大家第一直觉不是找测试人员，而是一起进行根因分析，找出问题，避免下次犯同样的错误。

可见，测试左移是指将全部角色的职责范围向左扩展，而不只是测试自身的职责范围向左扩展。

原则二：测试人员要尽快融入开发团队和产品团队

1）测试左移的第一步是测试人员尽快融入开发团队，参与架构设计、代码设计，了解功能实现过程，虽然不能像开发人员一样去编写业务逻辑代码，但要能够看明白代码的核心逻辑，能够评估出改动范围，进而准备测试用例进行业务逻辑覆盖，甚至进行代码覆盖，实施精准测试。

2）测试左移的第二步是测试人员要配合开发人员进行代码提测前的多维度验证，比如单元测试、接口测试等，鼓励开发人员进行自测，协助他们进行测试。比如流行的结对编程，一个开发人员和一个测试人员进行结对，开发人员负责业务逻辑的实现，测试人员负责业务逻辑的验证，同时提前熟悉代码逻辑。再比如有的测试人员在协助开发人员测试的同时，还能够提供测试工具，赋能开发人员进行测试。

3）测试左移的第三步是测试人员要协助产品人员发现设计阶段的问题。测试人员介入产品设计，除了能提前了解需求外，更重要的是能够评估业务逻辑的多面性、可行性，对需求进行评估。比如，比较流行的行为驱动开发（Behavior Driven Development，BDD）模式，它将产品、开发、测试活动紧密协同起来，促进产品人员在需求评审时更多地考虑测试。

原则三：频繁测试，持续验证

开发过程中包含频繁构建和持续集成，测试过程中就应该包含频繁测试和持续验证。

在传统测试过程中，测试人员要等到开发人员提测才开始测试。测试左移后，一切都需要提前，面对开发人员的频繁构建和频繁发版，测试人员如何应对频繁的业务代码变动呢？

1）将测试过程中重复、烦琐的步骤自动化，将重点聚焦到更有价值的测试过程。

2）制定持续测试的流程规范，对产品、开发、测试工作进行约束，关注每个环节的DoD（Definition of Done，完成定义）。

3）测试人员提升编程能力，做好代码规范和质量的检查。

4）提供快速反馈的路径，保证发现的问题及时得到解决。

当大家都认可这些做事原则后，我们需要协助技术团队理清研发测试流程，通过工程实践方法培养测试团队的自动化测试能力，进而通过平台赋能开发和测试人员，进一步提高工作效率和协作效率。

2.2.4 选择合适的工程实践方法

说到测试工程实践，肯定要提到分层测试，也被称为测试金字塔模型。结合公司业务形态、架构模型、开发模式、人员配比、人员能力等，我们可以了解什么类型的测试可以实现自动化。图 2-2 所示是典型的测试金字塔模型。

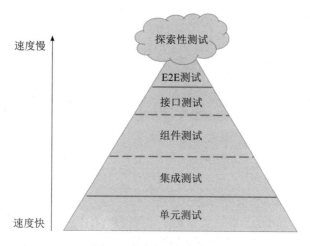

图 2-2　测试金字塔模型

大家都知道，从单元测试（简称"单测"）入手是一个投入产出比较高的选择，但实际情况并非如此：技术团队做到单测覆盖率 80% 是一件非常难的事情，且不说高覆盖率是好还是坏。经过两个季度后，我们公司技术团队整体的单测覆盖率才达到 30%。单测覆盖率是一个随着技术团队的压力而变动的指标，因此在有些公司单测寸步难行。不过，考虑到技术团队 80% 的服务（项目代码的运行态称为一个服务，一个完整的系统可能有多个服务）是 Java 后端微服务，并且技术团队已经有一定的实践能力，单测仍可作为测试自动化的重要组成部分。

UI 层测试是唯一能够模拟用户真实操作场景的端到端测试，关注模块集成后的联动逻辑测试，是集成测试的有效手段。但随着敏捷迭代速度的加快、业务逻辑频繁变更、UI 控件的变更，控件定位不稳定，增加了用例脚本的维护成本。所以，刚开始，我们没有选择集成测试自动化，而是由各团队自行决定，比如 App 开发团队，它们更关注页面的测试，这些由测试团队自行搭建平台进行测试即可。

综合考虑投入产出比、当前测试能力以及上手难易度，接口测试就成了自动化的最佳选择。技术团队基于微服务框架的前后端分离架构开发，对接口的依赖很大。

所以，我们采用了椭圆分层测试模型，以中间层接口测试为主，以底层单测为辅进行测试自动化实践。

2.3　如何让测试人员融入开发和产品人员的需求实现过程

若想为测试人员提供一个良好的协作环境，让各角色职能范围左移，首先必须为所有角色提供高效的产研协作流程，以规范和约束各角色职责以及协作方式；其次定义好上下游角色的完成标准，鼓励上游角色持续关注其工作对下游角色的影响，进而相互扶持，共同达成自动化测试目标。只有满足如上条件，测试人员才能够真正融入开发和产品的需求实现过程。

2.3.1 产研协作流程现状、问题及改进

每个公司都应该有自己的产研协作流程。

首先，一个好的产研协作流程有助于落实公司产品战略。回顾近年的工作经历发现，产品战略没有落地并非企业的产品战略规划做得不好，而是具体的产品研发流程没有与产品战略规划进行很好的衔接，以及存在资源投入不足、需求优先级评审失误和风险评估不够充分等问题。

其次，一个好的产研协作流程有助于搭建组织架构。互联网公司频繁调整组织架构，主要是为了规避康威定律带来的影响。大家对是流程决定组织还是组织决定流程一直争论不休。其实，流程和组织是相辅相成、相互影响的。流程解决了怎样分解和组织工作，以及分配给谁做的问题；组织解决了怎样把工作人员分成工作性质相近的单元的问题。工作分解模式决定了工作人员的类别，影响到职位设置。同样，产研协作流程的分解也要考虑到职位设置。

最后，一个好的产研协作流程有助于培养人才、提升团队能力。一方面，产研协作流程定义了产品、开发、测试、运维以及管理者等角色做什么工作，做到什么程度，各角色的职责；另一方面，产研协作流程还可看作人才和团队的培养体系。

综合来看，产研协作流程决定了各角色的协作方式和协作效率，也决定了各角色的职责范围和完成标准。

1. 产研协作流程现状

我们公司的产研协作流程是由 PMO 制定的，并由其周期性地执行督查。产研协作流程大致描述了各角色从项目启动到复盘阶段参与的核心活动和流程。另外，产研协作流程文档中描述了其适用范围、使用原则、角色职责、各阶段交付物以及各阶段决策会议机制。

同时，所有的流程都是按照项目管理过程进行梳理的。各团队必须参考产研协作流程进行协作。PMO 定期通过邮件以及订阅号推送给各团队，并组织新入职员工学习。

2. 表现出的问题

这种简单的并且没有经过实践验证的产研协作流程会产生两方面问题。

（1）管理粗放

公司成立前期，所有团队都配合 PMO 以项目形式交付，每个项目由一个专职的 PM 或者技术负责人负责，采用虚拟团队的形式，执行效率很高。当这种形式持续一年后，随着业务形态基本稳定以及各部门规模扩大，这种管理的缺点就逐渐暴露出来了，主要表现为如下几方面。

1）管理层面：技术负责人的管理能力被削弱，甚至有的技术负责人无须做管理，只以时高质量交付为标准，导致技术沉淀和员工成长得不到重视。一切由 PMO 兜底：日常项目例

会由 PM 组织，项目排期由 PM 负责，团队间协作由 PM 负责，任务逾期由 PM 检查、督促。

2）交付层面：项目开发模式和技术团队的研发交付模式不同导致产生冲突。项目开发是基于瀑布模式，技术团队内部实施的是持续交付研发模式，导致 PM 和开发、测试人员出现矛盾。

3）平台设计层面：技术团队应用的项目管理平台（效能团队成立之前已有）是根据 PMO 制定的项目管理流程以及如上提到的产研协作流程设计的。特殊定制的平台严重限制了一线产研人员的协作效率。

4）团队协作层面：项目管理流程是严格按照瀑布模式进行的，进一步加剧了各职能团队间的沟通障碍（所谓的"部门墙"）。现有的产研协作流程完全没有考虑到逐渐进化的产研交付场景，这也在挑战产品、开发、测试和运维团队之间的协作。

有人可能会问："矛盾点那么明显，难道没有人管，没有人提出？"

其实，一切问题都很清楚，只是碍于业务交付压力，各团队没有过多的时间与规范制定者去"争辩"，已形成很强的"默契感"，也就是说各团队内部自行管理，完全没有遵守产研协作流程。这就导致在项目交付过程中，各职能角色无法按照产研协作流程在指定时间点输出一定标准的交付物。

此时，差不多需要一个中立团队站出来了。

（2）团队内部和团队间协作

我们在协助研发人员解决代码质量问题的同时，深入 3 个技术团队调研了团队内部和团队间协作方式，发现如下共同现象。

1）负责人职责缺失：项目启动后，各团队产品负责人识别并认领自己团队的需求，随后由各研发团队各自出实现方案，并根据最终交付时间点进行排期、安排人力。在这个过程中，没有一个整体技术负责人、产品负责人和测试负责人（更不用说架构师了）进行自顶向下的规划设计。在项目管理过程中，PM 仅组织各团队负责人跟进项目进度和评估项目风险。这样做的弊端是缺失整体设计、规划和管理，最终导致短板效应产生。

2）产研协作流程没有体现出协作关系：虽然流程有了，但这种流程就像告诉你盖房子要先买砖后垒砖再封顶，却依然不知道如何用砖盖成房子。至于如何将产品、开发和测试人员的日常活动运作起来；部署一个服务需要开发、测试和运维人员如何配合；出现问题后，该如何快速组织人员解决，有什么应急方案，这些问题更是没有答案。

3）有交付物但没有完成标准：流程中里程碑节点没有完成标准要求，比如，上线完成标准需要开发和测试任务都要关闭，测试用例要执行完并全部通过，部署要成功，发布后不能有 Bug，上线后产品和业务要验收通过等。大部分关键环节的完成标准没有被定义。

4）线上协作效率低：现有的项目管理平台只管控了项目交付过程，缺乏对产研团队内部日常活动的管理。

5）产研协作流程缺乏多场景考虑：产研协作流程过于死板，无法满足所有场景。比如技术调研项目可能不需要上线，架构改造项目可能没有产品设计过程，基础设施改进项目可能需要多级负责人审批等，这些场景都无法通过统一的产研协作流程实现。

3. 三个维度的解决方案

我们将以上现象进行了总结，以技术团队的实践案例为依据，向 CTO 做了一次简短汇报，主要观察他对这些现象的态度，并从以下几个维度提出解决方案。

（1）两个层面管理，一种形式推进

技术团队管理划分为项目管理和团队管理两个维度，项目管理由 PMO 负责，团队管理由各团队技术负责人负责，但管理维度都集中到项目，在平台上也是以项目维度进行管理。区别是，技术负责人管理的项目是通过多个迭代去完成的，PM 管理的项目是在指定的时间范围内一次性交付的。这样所有团队的管理维度、度量维度、管理方式以及沟通语言等都可统一，并可进行相互赋能。

项目启动前，定义好各负责人职责，特别是横向项目（比如跨团队项目）一定要有全局的产品、技术、测试负责人。他们负责整体产品架构、技术架构、测试方案的决策。这样更能让 PM 聚焦到管理职能上。

团队内的项目管理通过固定时间盒的迭代研发模式和周期性会议实现，使得各职能活动在线下运作起来。特别是站会、评审会以及复盘会，每个团队可以根据自己的特点选择合适的会议。

以上过程并没有特殊强调敏捷、Scrum 和 DevOps 等概念和理论，一切还是按照技术团队现有的管理形式进行，只是将管理过程进行了标准化和统一化。此部分改进将会在第 6 章进行详细讲解。

（2）三线协作，自运维管理

优化评审流程、细化管理过程和各职能职责，为进入研发阶段做好准备；改善在线测试过程中的协作关系，为研发把好质量关；通过自运维管理平台执行部署和发布流程，并进行权限控制，强化各角色对上线的敬畏心，为研发自运维提供保障。

1）对于产品技术线评审，改变之前的评审方式，增加评审会议，定义各负责人以及参会干系人的职责。

整体产品方案评审细化为产品框架方案、产品 PRD 和交互方案评审，整体技术方案评审细化为技术架构方案、技术设计方案（包含测试方案）和上线方案评审（比如上线前脚本准备、回滚方案、服务依赖、各服务上线时间点、安全风控策略等）。

这些活动必须在线下进行，由对应负责人组织，PM 可以不参与。此环节弥补了 PM 在产品技术上的短板，让 PM 能够充分发挥其专业的管理能力。

2）对于测试流程线，改变之前的测试流程，细化产品、开发和测试人员间的协作流程，具体如下。

首先，将测试活动进行细化，按照执行顺序将用例管理、用例评审、制订测试计划进行分解，并制定每个过程中关键事项的完成标准，如图 2-3 所示。

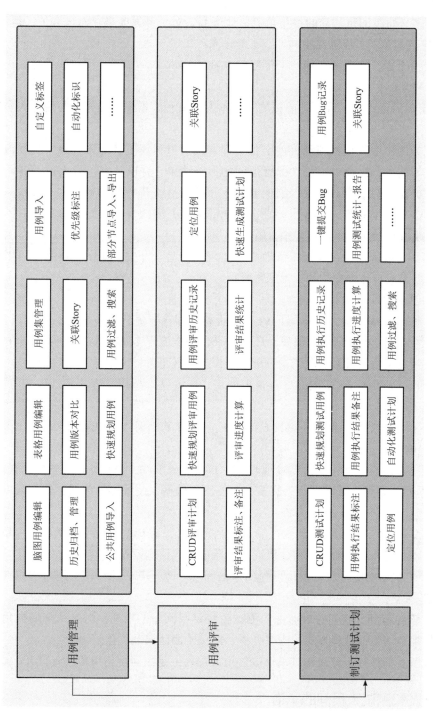

图 2-3 测试活动过程分解示意图

其次，定义每个测试活动的参与角色，让产品人员、开发人员、测试人员、运维人员、PMO 以及各技术负责人能够在不同环节参与进来。

以上这些流程、关键活动和约束都已经在在线测试平台实现，并由平台的工作流推进各角色在线协作。

3）对于部署运维线，改变之前粗放式版本发布流程，增强产品人员与研发人员间的信任感。

基于服务的生命周期梳理部署前准备、部署执行过程规范、部署资源申请规范、部署后运维监控等流程，以此输出每次部署上线的检查清单，并由技术负责人邀请各角色进行上线前评审。比如对于产品验收、测试流程，开发人员将新特性部署到生产环境后，需配合产品人员进行灰度验收，只有当核心指标全部通过，测试人员才能将新功能对外进行发布。此过程改进将在第 5 章进行详细讲解。

以上这些功能都已经在自运维管理平台实现，产品、开发、测试人员完全可以针对服务全生命周期进行自运维操作和资源配置管理。

（3）共创多场景产研协作流程规范

产研协作流程规范应该根据不同的产研活动分别进行流程规范设计，不能以偏概全。无论从技术团队实际的产研活动出发，还是从平台协作流程出发，都应该考虑不同的场景。

下面按照技术团队日常活动场景对产研协作流程规范进行调整。

- ❏ 基础设施变动：对基础网络、虚拟网络、IaaS 基础架构、容器基础架构等 IT 基础设施服务的调整；
- ❏ 技术架构改造：对高可用架构设计方案、PaaS 基础架构、中间件、与技术架构相关配置的调整；
- ❏ 应用软件研发调整：对外购商业软件、自研业务软件、与业务相关软件配置的调整；
- ❏ 数据操作调整：对用户行为数据、业务流程数据、设备运行数据、外部数据采集的调整。

在 PMO 牵头下，我们配合将这些场景的产研协作流程规范与技术团队达成一致，并将这些流程规范配置到在线协作平台，提高了团队的在线协作效率。

CTO 听了我们的汇报后，很认可提出来的问题。改进方法的具体实施过程将在后文逐步展开介绍。

大家应该注意到，我们并没有深入测试过程寻找问题的根源，而是从全局视角进行产研协作流程规范与项目管理方式的改进分析，避免了团队局部优化问题。

这也提醒我们往往局部活动难以推进，很大程度上是因为全局视角没有打开。

2.3.2 开发和测试人员间的承诺

从服务生命周期管理过程看，测试人员若想更容易地左移测试范围，首先需要通过各环节的完成定义约束开发与测试人员在各环节协作的完成标准，注重上下游职能间的工作影响，避免互相推诿；其次需要通过定义测试左移清单，从形式上赋予测试人员职权，从流程上注重体现测试人员的职责范围，避免无法参与相互的关键活动；然后通过服务自运维权限控制，进一步明确上线前各角色与测试人员间的职责关系，避免相互"甩锅"；最后通过限制所有服务资源的申请入口，加强各角色对服务资源共同决策的能力建设。

1. 各环节的完成定义

开发人员在提测前，必须完成测试人员提供的冒烟测试计划；开发人员构建的流水线在触发任何部署环境前，必须完成测试人员提供的自动化测试计划（接口自动化脚本）；开发人员在提测前，必须让构建流水线的质量门禁通过；开发人员在提测过程中，需和测试人员完成接口测试、UI 测试等，提前介入测试准备和测试执行。

以上构建、部署、发布流程和完成定义已经联动自运维管理平台、在线测试平台、在线协作平台实现。质量门禁的设置需要多维度协商确定，这由各技术团队自行管理，平台仅设置一个统一的底线值（作为技术团队质量要求的最低标准）。

2. 定义测试左移清单

测试要左移，首先就要让测试人员参与到左移流程范围的各个环节；测试能左移，就要赋予测试人员一定的职权。只有这样，测试和开发人员间的工作才能有效落实。不过，测试人员也要提升产品技术能力。经过多次讨论和实践，产研团队制定出测试左移清单。

- ❑ 需求评审：测试人员对业务熟悉，敢于合理地挑战产品经理。
- ❑ 技术方案评审：测试人员能读懂和理解技术方案，敏锐地挖掘技术方案不足之处。
   例：方案对异常场景是否考虑充分，业务场景不断增加后方案的可扩展性，业务量大幅增加后的性能问题、可测试性等。
- ❑ 测试用例和业务编码并行：包括接口测试用例、功能测试用例的编写，具体为
   提供接口服务，要求开发人员在编写业务代码之前，先给出接口设计文档；
   引入 Swagger 等工具，定义好接口（请求和响应的参数、参数类型、必填项、取值范围、其他约束等），编写业务代码前，先编译生成文档。
- ❑ 单元测试：除了保障代码覆盖率等硬性指标外，从测试角度检查单元测试代码的有效性。
- ❑ 静态代码分析：对可拉取代码进行检测，协同开发人员一起保障代码质量。
- ❑ 代码审查：有问题代码不能带病入库，测试人员协同开发人员把好代码入库前的最后一道关。
- ❑ 测试用例评审：版本提测前组织产品、研发、测试人员一起完成用例评审，提测后直接使用。

3. 服务自运维权限

不同的部署环境需要有严格的部署权限、服务操作权限、审核发布权限等限制，防

止因不当的人为操作引起线上事故。这些权限约束已经通过自运维管理平台和工单系统联动实现，以便各角色在线完成协作和权限管理。以平台的服务操作权限约束为例，各环境下各角色的服务操作权限如图 2-4 所示。其中，打钩代表对应角色拥有操作权限，空白代表无权限，工单代表需要通过工单申请，待审批通过后拥有操作权限。

	开发环境				测试环境				预生产环境				生产环境			
	重启	暂停	回滚	删除	重启	暂停	回滚	删除	重启	暂停	回滚	删除	重启	回滚	暂停	删除
二级负责人	√	√	√	√	√	√	√	√	√	√	√	√	√	√	工单	工单
三级负责人	√	√	√	√	√	√	√	√	√	√	√	√	√	√	工单	工单
服务负责人	√	√	√	√	√	√	√	√					√		工单	工单
开发	√	√	√	√											工单	工单
测试					√	√	√	√							工单	工单

图 2-4　各环境下各角色的服务操作权限

4. 一切服务资源申请走工单

工单串联起开发、测试、技术负责人与各部门负责人之间的协作流程，增强了团队内部的"契约精神"。技术负责人需要对团队内部申请的服务资源、每次部署流水线的代码质量以及测试质量、服务的上线和下线等行为负责。如图 2-5 所示，这些服务资源的申请已经在工单系统中实现，并可联动各资源管理平台相关数据展示审批流信息，供工单审批负责人参考。

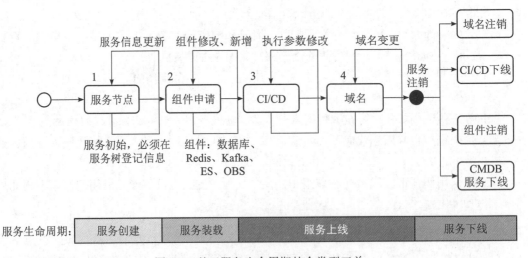

图 2-5　基于服务生命周期的全类型工单

2.3.3　开发和测试人员间的扶助

1. 开发和测试人员在自动化方面的协作

自动化测试启动前，测试团队整体的编程能力比较弱。我们测试平台的框架是基于 TestNG 实现的，需要基于 Java 语言编程，这提高了自动化测试的门槛。

基于这种现状，我们进行了"三步走"战略。

第一步引进门，每个团队抽出 1 ~ 2 名开发人员进行脚本的开发（主要是接口自动化），由测试人员根据基础、核心、稳定业务场景的需要提自动化测试需求（梳理自动化测试用例），以便基础功能的验证和回归。

第二步搭建基础框架，每个团队的开发人员基于业务提供场景化接口测试依赖的 SDK 以及 API 文档，供其他团队调用，打通各产品线间的业务逻辑，为后续批量测试做好准备。

第三步做培训，先局部进行接口自动化测试能力培训，每个团队抽部分有自动化测试经验人员进行相关产品线服务的自动化测试，前期以核心业务逻辑为主，分级实现自动化测试（比如先实现业务场景中的 P0 级用例自动化测试）。

每个阶段的考核指标由测试人员制定，开发人员协助实现。随着测试人员能力的提升，开发人员逐步转变为指导角色。此过程中，开发和测试人员的能力提升都很明显，互相成就。

2. 共同为质量门禁的通过而努力

每个流水线被触发时（一般是在预生产环境），开发人员需提前选择好自动化测试脚本，以便自动执行、验证此次流水线的部署是否影响到原有的业务逻辑。

为了测试方案的充分性，每次测试用例使用范围的确定由测试人员协助完成（大部分团队是由测试人员确定）。测试用例使用范围确定后，测试人员会在在线测试平台制订一个测试计划，并将该测试计划添加到流水线中。按照之前的承诺关系，只有流水线的质量门禁通过之后，代码质量才能得到双方认可。

由于在线测试平台已经将测试用例、测试计划、测试脚本全链路打通，因此流水线被触发后，会自动触发测试脚本的执行，并将核心指标结果展现在流水线中。详细的执行结果可在在线测试平台查看。

3. 共同达成不同阶段的目标

前期，自动化测试是由我们效能团队推进的，随着我们的退出，自动化测试由各测试团队进行。不过，此过程仍然由开发和测试人员协同完成。这样既能提升两个团队间的协作，也能达到互相学习，互相理解的目的，进一步消除团队间的壁垒。

因每个业务线的复杂程度、紧急程度以及重要程度不同，各业务线的测试用例自动化比例也不同。每个阶段要达到的指标值由团队开发和测试负责人协商制定。

此过程可能会随着组织架构的调整而受到影响，比如测试和开发人员可能不在同一个团队，拥有不同的团队目标。我们采取的策略是：每个产品线至少保证开发和测试人员各 1 ~ 2 人，进行自动化测试活动。这样就避免了开发和测试彻底分开，没有共同目标的现象。

此节也让我们明白了一个道理：要想富，先修路。要想让测试能够顺利地左移，一定要把测试左移的壁垒打通，进而为测试人员提供一个安全的左移环境。有了良好的左移环境，接下来我们就要解决流程中的阻碍点。这些阻碍点影响了整个过程的移动效率。

此时，我们针对需求交付过程中的指标进行了分析，发现其中两个指标不符合预期：开发提测延期率 35%、开发自测失败率 43%。这两个指标反映出问题的严重性：严重压缩了测试人员的测试时间，进而影响项目整体的交付质量和交付时间。

接下来，我们解决这个阻碍点。这也是局部性指标提升的实践案例。

此时，我们团队规模达到了 10 人，整体研发能力得到提升。

2.4　如何解决开发提测质量低和延期问题

读者应该还记得前面讲到的几个关键问题。

1）项目的里程碑时间节点很多是倒排出来的，或者是 PM 根据各团队的初步排期拟定的。一个节点出现延期，就会压缩后面节点的时间。所以，虽然协作方式有改进，但项目的最终交付时间决定了每个环节时间点的变更次数。

2）代码质量得到了提升，并取得了很好的执行效果，但单测执行情况不是很好，多个团队未达到预期目标。这也说明，虽然代码质量得到提升，但新增代码的逻辑问题可能还比较严重。

3）技术团队已经养成频繁构建的习惯，但当时并没有去解决构建流水线耗时长的问题，若每次构建流水线耗时都比较长，频繁构建也会使提测延期。

有了这些背景，我们就很容易分析出开发提测延期和自测失败的主要原因了。我们对 3 个团队的测试人员进行调查，发现了以下共同问题。

1）代码质量门禁都能通过，但自动化测试计划执行失败，导致提测失败。

2）测试人员给到开发人员进行自测的测试计划执行通过率不高，需要反复修改两次以上才能自测通过。

3）开发人员经常遗漏异常场景的业务逻辑，导致测试计划执行失败。

以上调研分析结果进一步支撑我们的改进方向。

1）提高单测能力；

2）缩短流水线构建耗时。

2.4.1　在哪里失败就在哪里找原因

经过上个季度的努力，代码质量有了很大的提升。不过，提升代码质量的方法除了修复 Sonar 检查出来的漏洞、缺陷、坏味道等外，最有效的方法就是提高单测能力，这也是实现自动化测试的基础。各大厂商都在推进 TDD，但效果都不是很好。我们上个季度也进行了尝试，不过没有深入探究。本季度，我们想静下心来仔细分析上个季度推进失败的原因。

1）开发人员对单测的认知不足。

很多研发人员本质上不知道单测是什么，如何写好单测用例以及单测能带来的效益。一般开发人员编写的单测用例往往是简单的断言和业务逻辑验证，而不是分支覆盖逻辑验证等；大部分单测是针对的函数，而不是功能；还有很多单测滥用 Mock，导致测试失败后，代码很难重构。

2）单测覆盖率高不代表代码质量高。

单测覆盖率 100%，代码质量可能也会很差，一味追逐指标可能会带来副作用：一是增加工作量；二是指标数值不真实，比如不写断言的测试用例，将导致测试永不失败。更好的做法是从失败的测试开始，不断重构代码直到测试通过。这样，团队在不知不觉中进行测试驱动开发。

3）依赖过多外部环境，开发人员遇到棘手问题会退缩。

很多代码测试的成功依赖于外部环境、中间件、数据库、网络等，需要大量条件判断来区分真实环境或单测环境。比如涉及 SQL 的测试非常耗时，做与不做，如何做需要有统一的单测执行框架和方法支撑。

4）平衡好业务需求开发和单测执行工作量。

有的团队常规的开发工作量已经非常饱和，若每个迭代不留有足够的时间执行单测，很难让开发人员有耐心坚持下去。这需要技术中心从上到下都有做单测的意识，并能够坚持。

5）单测不仅有技术难度，也有性能问题。

平台演进到一定阶段，随着代码越来越多，单测用例也越积越多。此时，性能问题就会浮现出来，且每次构建流水线都会耗费很长时间，开发人员可考虑砍掉一些用例，或者留后门。

6）没有抓住核心和痛点。

上个季度，我们有种广撒网的感觉，虽然意识到要缩小项目范围，但从执行效果来看，没有找到团队的痛点。

2.4.2　抓核心，定框架，找场景，上平台

找到原因后，我们就要寻找解决问题的方法和策略。下面从能力培养、专项治理、平

台支撑、推进形式等维度进行分析，帮助读者构建一个单测难和构建流水线耗时长的解决方案。

本节不详细讲解方案实施过程，将重点放在解决问题的方法和策略上。感兴趣的读者可到本书"参考资源"中第 2 章的"方法实践"中寻找答案。

1）有针对性地培养技术团队的工程实践能力。

目标：统一单测技术框架（单测框架 Junit5、Mock 框架 JMockit）、单测执行方法、Mock 方法等；吸引更多积极分子共建开源，提升个人和公司影响力。

❑ 分层培训：无论技术负责人还是一线研发人员，都需要对单测和构建流水线有深层次的认知和实践。

❑ 周期性答疑：定期举行，收集遇到的共性问题，组建治理专家组，针对性解决特定团队的问题。

❑ 组建单测开源社区：线下组织经验分享活动，共建开源单测工具 FastJUnit。该工具整合了部分单测工具，打通了一些优秀单测引擎，自定义了一些方法，降低了单测上手门槛。

2）项目专项治理，抓住核心项目，提供场景化解决方案。

目标：每个 OKR 周期单测质量指标提升 10% ～ 20%。

组织治理专家解决各团队遇到的共性问题，提供单测难以及构建流水线耗时长的解决方案。该项目运转过程和代码质量提升项目运转过程一致，这里不再赘述。

抓住核心项目：将项目范围缩小到黄金流程（比如下单收货场景等），再逐步扩大范围（为了支撑黄金流程业务逻辑，也非常重要）。

另外，根据研发人员遇到的不同问题进行分类。

❑ 构建用例耗时长场景：Egg 前端项目改造、多模块项目、单测用例不规范、单测用例多、Runner 并发少、镜像下载慢、集群环境等场景。

❑ 单元测试场景：单测用例不规范、单测并行执行、跨任意类 Mock、Dao 层单测、依赖注入、函数式断言、造数据、核心业务 Service、参数化测试、中间件、CRUD 贫血操作业务等场景。

3）多维度提升，避免使用一个指标去解决所有问题。

目标：针对每个团队的问题，深入团队内部对症下药，充分发挥治理专家组的作用。

每个 OKR 周期定一个核心指标作为主要目标，同时选择多个辅助性指标一起提升。

❑ 指标多样：包括全量代码单测覆盖率、新增代码单测覆盖率、单测用例平均执行耗时、构建流水线平均耗时。其中，构建流水线平均耗时需要进一步细化为编译打包耗时、Sonar 扫描耗时、单测总耗时、镜像制作耗时等。

❑ 不同团队的项目、不同业务阶段的项目需要差异化对待，比如代码量比较大的项目，对全量代码单测覆盖率指标要求相对低一些。

❑ 对于技术支撑类项目、开源项目、三方项目或基于这类项目之上进行二次开发的项目，我们可以只看增量代码指标，甚至不做要求。

4）工具配合，将代码质量在构建阶段可视化，提前暴露问题。

目标：自运维管理平台作为研发人员自分析、自解决单测问题的工具。

我们可通过并行执行和构建过程可视化等方法，提升单测执行效率和研发自分析能力。

- ❏ 打通 Sonar 平台，提升单测执行效率。
- ❏ 针对多模块项目的构建，支持用户灵活配置，避免一次代码提交同时触发多个模块流水线的执行，减少构建流水线的等待时间。
- ❏ 支持单测用例、无依赖构建机 Job 的并行执行，提升单测执行效率。
- ❏ 支持多维度单测质量门禁设置，同时支持构建流水线中单测质量指标可视化。

经过一个季度，我们取到了非常好的成果。

相比于上个季度，核心项目的全量代码单测覆盖率提升了 14%，新增代码单测覆盖率提升了 35%；黄金流程构建流水线平均耗时降低到 3min 以内，所有流水线平均构建耗时降低到 5min 以内；开发人员在需求开发阶段的总时长缩短了 15%，开发提测延期率下降了 60%，一次性自测通过率提升了 55%。

本季度，我们既协助开发人员提高了代码的健壮性和单测执行效率，也为测试人员节省出更多测试左移实践时间。

不过，若你的团队还在纠结单测是先写测试用例，还是先写业务代码，如何做 TDD。可先让团队学会如何做、为什么做，再想办法做得更好、更高效。当然过程中，始终要有"导师"及时解决遇到的问题。

接下来，我们还有最后一个阻碍点。让我们一起用同样的"套路"来解决吧！

2.5　如何实现频繁测试和快速验证

本季度在解决了产研协作问题、开发提测质量低和延期问题的同时，我们还深入测试团队解决了另外一个问题，也就是上文提到的自动化测试能力的建设。我们采用的是最直接有效的方式：接口自动化测试。接下来，我们将给大家讲解如何通过接口自动化测试推进频繁测试和测试左移。

2.5.1　自动化测试前的"黑暗"时刻

为什么标题不是"至暗"时刻，那是因为测试团队中还是有部分成员对接口自动化测试比较熟悉的，并有部分负责人想在自己团队内部推行自动化测试。通过与这些成员和负责人深度沟通，我们总结了如下几个在推进项目路上的阻碍点，而这部分人将是问题解决的突破口。

❑ 接口测试完全没有纳入测试流程，即使是通过 Postman 工具去验证一下也没有。

❑ 测试环境不稳定、测试数据构造困难等问题造成测试效率低。

❑ 成员无分层测试、分级测试的概念，无链路追踪系统导致线上 Bug 很难定位。

❑ 构建流水线流程中无法体现代码变更范围，每上线一个小功能都需要做全量回归。

❑ 开发提测质量参差不齐，提测延迟，造成测试等待（也就是 2.4 节解决的问题）。

❑ 需求没有确定，经常变更，导致测试时间被挤压。

❑ 没有覆盖率度量和可视化平台做支撑。

总之，接口测试完全没有得到重视（更不用提自动化测试），没有接口测试流程规范，更没有平台支撑，测试团队主要以手工测试为主、UI 测试为辅。

测试团队自动化测试能力确实差了点，不过相对于半信半疑、不愿推进，我们更喜欢真实和直面问题。我们选择了和之前一样的"套路"，先和 CTO 汇报现状，再去找各技术负责人沟通现状和问题。只要领导支持的事情，就已经成功了一半。当时，CTO 给出的回复是："前期先找几个技术团队尝试，主要是提升测试团队的测试能力"。言外之意是：现在不是全员推广的最佳时机，但是需要立即去做这件事。我们通过 HR 也了解到，技术部门还在招聘测试人员，这样开发人员和测试人员数量比例越发失调，这个问题要尽早解决。

此时，我们已经搭建了一个基础的在线测试平台，不过主要是协助产研人员进行测试用例生命周期管理和测试活动的，尚未规划接口测试和自动化测试部分。不过也不用担心，推进接口测试和接口自动化测试，前期可能不需要太复杂的平台。

来吧，且听下节精彩故事。

2.5.2 一个脚本自动化调度平台的故事

在即将看到解决方案前，先给大家讲一个真实案例。

我刚加入 ×× 公司时，一个测试工具小组已经在规划在线测试平台建设。当时，我配合 PMO 整改产研协作流程。当我们梳理到测试环节相关流程规范时，PM 告知我有一个在线测试平台。当时我非常激动，心想如果有平台支撑，再加上线下协作，这个问题可迎刃而解了。

我立刻找到这个测试工具小组的负责人，他详细讲述了平台的长短期规划。现在想起来，他的规划依然让我觉得非常宏伟，比如精准测试、流量回放、场景化接口测试、混沌工程，进而打造在线自动化测试平台。

我当时对测试平台还不是那么熟悉，无论在测试领域还是平台建设领域。于是，我问了几个问题：

1）公司所有的测试团队都在使用这个测试平台吗？

2）能否看下 A 团队测试质量指标？这个团队的开发提测时间总是延期。

3）我入职这几个月，都没听过测试平台相关需求评审，有收集过测试团队的意见吗？推广平台的方式是怎样的？

他说："现在技术团队规模比较大，团队间关系比较复杂，各测试团队用的平台不一样，测试工具都不统一，有的测试团队还不会自动化测试，所以推广起来没那么容易。"

我补问一句："为什么还要规划自动化测试平台？现有平台都还没有推广出去。"

他说道："平台还是要演进的吧！对了，你可以帮助我们推广啊！"

我停顿了一下："我们在改善产研协作流程，通过测试平台可以增强产研协作，提升他们的工作效率。要不我们共建，这样可以推广测试平台。"

……

没过多久，这个小组负责的平台就归属到我们团队管理了。我们做的第一件事就是重整平台技术架构，将重点放在用例生命周期管理和脚本自动化调度平台规划上。这个案例反映出一个问题：若你做的事情没有帮助团队解决问题，所谓的"高大上"只能沦为纸上谈兵。

2.5.3 定规范，解阻碍，提能力，上平台

在测试团队启动项目的时候，考虑到测试执行难度及紧迫性，我们从统一测试规范和流程、解决测试人员遇到的阻碍点、培养自动化测试能力、在线平台支撑等维度进行分析，构建出一个自动化测试解决方案。

本节不详细讲解方案实施过程，将重点放在解决问题的方法和策略上。感兴趣的读者可到本书"参考资源"中第 2 章"场景案例"中寻找答案。

1. 统一测试规范和流程

这里重点说明接口测试的相关规范和流程。

（1）测试用例规范

1）测试用例需要严格根据需求编写，要求 100% 覆盖功能点。

2）统一使用脑图用例管理。

3）一条完整的用例需要具备功能模块或页面模块，级别，前提条件（对接口测试而言，前提条件就是入参），测试场景和操作步骤，预期结果（页面展示、交互效果、数据库记录、日志记录），执行结果（必须在测试计划中标注）。

4）每个迭代后需及时对用例进行归档。

5）测试用例必须安排内部评审。

（2）测试用例级别规范

每个叶子节点（最后一级）即一条测试用例，用例级别需标注在叶子节点上，用例级别的划分需站在系统全局角度。

❏ P0：最高级别，涵盖黄金流程的用例，用例数控制在 5% 左右。

❑ P1：涵盖系统主要功能，用例数控制在 5% ～ 10%。

❑ P2：涵盖所有功能点。

❑ P3：涵盖 UI 样式、文本内容、字体大小和颜色等。

（3）自动化测试脚本结构规范

脚本结构统一，便于为测试人员提供统一的代码脚手架，让测试人员关注点只聚焦在脚本的编写上。

下面介绍一些重要术语。

❑ client：主要用于数据初始化、get/post 方法封装、数据库连接和关闭操作。

❑ common：主要用于调用公共方法和公共类。

❑ dao：数据库操作 dao 层。

❑ domain：数据库表中一类数据。

❑ service：数据库 service 层。

❑ params：接口请求入参定义。

❑ request：接口封装，继承自 client 中对应的类。

❑ env：针对不同环境的配置文件。

❑ mybatisConfig.xml：MyBatis 数据库配置文件。

❑ testng.properties：配置 testNG 测试框架。

（4）自动化测试脚本编写规范

代码框架和格式统一，进一步降低脚本编程难度，如图 2-6 所示。

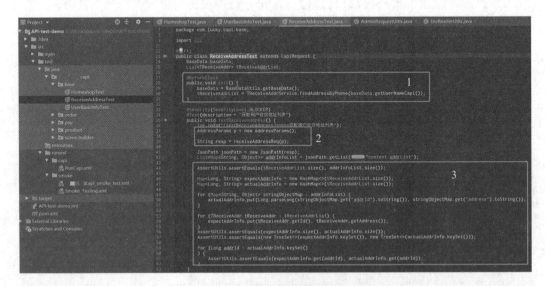

图 2-6　自动化测试脚本示例

1）用例执行前初始化数据，包括数据库操作、接口依赖等。

2）根据初始化数据构造接口入参实例，并调用封装的接口方法。

3）解析接口返回数据并进行断言设计。

（5）接口依赖的规范

1）协议：SDK 接口统一支持 RPC 协议。

2）代码可复用：测试和开发人员需要对相关业务逻辑抽象出自动化测试的原子操作，供其他用例脚本调用。

3）基础工具包：统一框架，抽象出公共业务逻辑和方法，向测试团队提供基础工具包。

4）接口文档共享：所有接口文档需共享到在线 API 文档平台，便于后续开发、维护。

（6）在线测试平台自动化测试用例和测试脚本关联流程

在编写自动化测试脚本时，添加 groups 标签注解并赋予对应用例 ID，以便标记此用例已实现自动化。比如标签注解为 @Test(description = "xx 场景自动化测试 ", groups = {" 用例 ID1", " 用例 ID2"})。当在线测试平台的测试计划被触发时，关联的测试用例 ID 会传给 Jenkins，以便将测试计划关联的自动化测试用例与测试脚本进行关联，流程如图 2-7 所示。

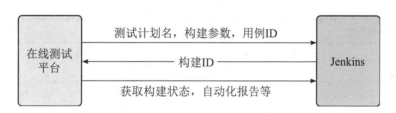

图 2-7 在线测试平台和 Jenkins 平台之间的参数传递

（7）自动化测试流程

1）收集项目 HTTP 和 RPC 协议接口（在线测试平台对接在线 API 文档，可直接获取项目的全部接口）。

2）测试人员针对核心业务梳理测试场景，通过在线测试平台进行用例管理。

❑ 用例独立性：保证用例不相互依赖，每个用例可独立运行。

❑ 用例可分级：根据不同情况运行不同级别的用例。

3）测试人员组织相关团队进行测试场景的评审。

4）按照测试场景，通过接口调用自动化测试脚本。

5）通过 Jenkins 调度测试脚本，通过 Allure 查看测试报告，在线测试平台支持配置手动、定时、流水线 3 种触发模式执行测试脚本，流程如图 2-8 所示。

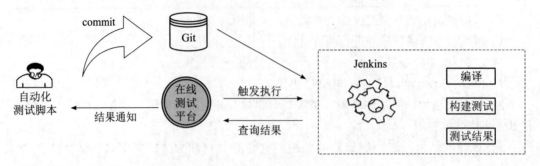

图 2-8　在线测试平台触发脚本执行过程

2. 解决测试人员遇到的阻碍点

（1）解决测试数据问题

各测试团队根据自己整理出来的核心业务场景，向测试团队提出不同环境下的测试数据需求，但前提是这些核心业务场景已经通过评审。这些测试数据最终汇总成数据用例导入在线测试平台的测试数据中心。表 2-1 为供应链团队向测试团队提出的预生产环境下测试数据需求。

表 2-1　预生产环境下测试数据需求

类别	数据名称	数据值	数据描述	备注
门店	deptId：327204	门店名称：AT_自运营专用门店	shopId：990532	配送员：AT001/Zc123456
	门店可配送的地址	××花园小区	addressId	会员：16666666100
商品 1	goods_id	2056	商品 id	商品名称：AT_运营专用商品 02
	sku_code	SP2037-00001	商品 sku	外购商品，无附属备注
商品 2	goods_id	2062	商品 id	商品名称：AT_运营专用商品 03
	sku_code	SP2043-0001（大，冰） SP2043-00002（大，热）	商品 sku	

（2）解决测试环境问题

自动化测试需要适应多种环境，至少包括开发环境、测试环境和预生产环境。

为便于测试多版本（多分支）并行测试，我们搭建了两套同样的测试环境供测试人员使用。更详细的解决方案在第 3 章中介绍。

（3）解决无法查看代码变更范围问题

自运维管理平台已经与 GitLab 平台打通。每条流水线执行后，单击 git commit 可查看代码变更范围以及流水线相关执行信息，便于测试人员根据代码变更范围设计测试用例，并进行针对性测试。

3. 自动化测试能力培养

我们一直认为自动化测试脚本的编写不是难点，因为它有固定的格式，通过培训一定能够提升，况且前期有开发人员指导。所以，在培养测试人员基础编程能力的同时，我们还进行了差异化能力培养。

1）自动化测试经验分享：定期开展自动化测试经验分享活动。测试人员自主讲解场景用例的拆分思路，以业务场景自动化测试实现为例，对解决过的阻碍点进行经验分享。开发人员和其他团队测试人员可针对脚本实现进行评论，帮助分享者明确自动化测试步骤、流程和规范。

2）进阶测试能力提升：选择核心且有高自动化要求的业务团队进行培训，让编程能力较强的人员进行白盒测试。

3）最佳实践分享：针对不同场景梳理最佳实践，与测试和开发团队进行分享，比如用例管理、接口管理、测试数据、测试计划、造数中心、数据驱动测试等，同时讲解如何结合在线测试平台更高效地执行活动。

4. 在线测试平台支撑

基于产研协作流程规范、测试核心活动、测试完成标准、测试过程规范以及测试工程实践能力要求等，我们将在线测试平台抽象出 6 个功能模块：接口管理（管理包含支持 HTTP 和 RPC 协议的接口）、自动化测试（调度接口自动化测试脚本）、造数中心（测试数据）、用例管理（利用脑图管理用例）、测试跟踪（跟踪测试活动流程）、测试库管理（管理每个系统或 Git 项目对应建立的测试库）。

（1）接口管理

该模块管理包含支持 HTTP 和 RPC 协议的接口。我们可将不同的参数配置作为测试条件，或进行接口的用例管理。该模块支持场景化接口测试（比如一个接口的出参作为另一个接口的入参，配置多接口测试场景）、支持简单的接口 Mock 测试，如图 2-9 所示。

A：通过树形结构管理接口，对项目内的接口进行分模块管理。

B：接口请求基础信息和用例管理。

C：环境切换，数据来源的环境配置。

D：对选中的用例发送请求和保存接口信息。

E：响应信息和校验结果。

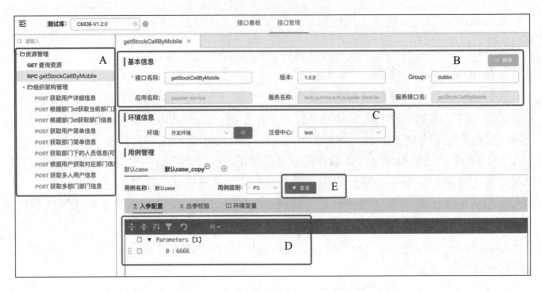

图 2-9　在线测试平台接口管理模块

（2）自动化测试

在线测试平台的自动化测试其实是由自动化测试模块实现的。在线测试平台通过与 Jenkins 平台、GitLab 平台通信，调度自动化测试计划中的用例脚本，返回脚本执行后的结果，解析并可视化数据，如图 2-10 所示。

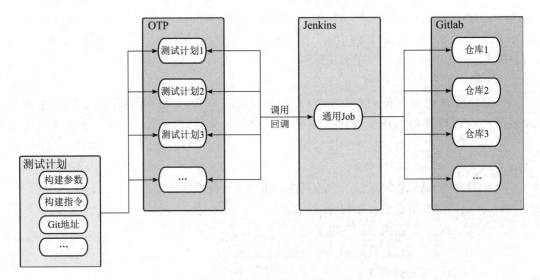

图 2-10　自动化测试脚本调度过程

在线测试平台的自动化测试模块的详细功能如图 2-11 所示。

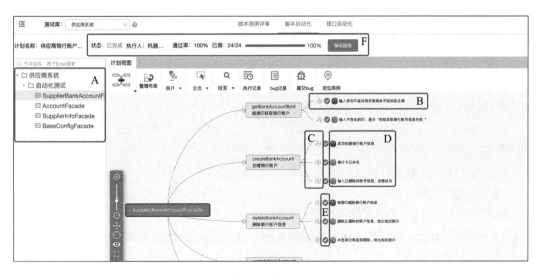

图 2-11　在线测试平台自动化测试模块

A：场景用例列表。

B：每个场景细化出来的可独立运行的测试用例。

C：标记用例已经通过脚本调度实现了自动化测试。

D：用例分级，用例经过评审后放入测试计划。

E：若用例验证通过，平台将其标记为"通过"。

F：可查看测试计划执行状态、执行结果汇总信息和详情信息。

（3）测试跟踪管理

该模块主要承载产研协作流程规范的管理、测试核心活动的有序执行、测试完成标准的自动约束管控以及测试过程质量门禁管理，如图 2-12 所示。

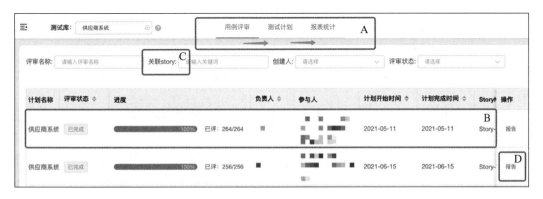

图 2-12　在线测试平台的测试跟踪模块

A：每个用例都需要经过评审，测试人员可组建一个评审计划组织进行评审；用例评审完即可通过测试计划被执行手工测试、自动化测试、冒烟测试、回归测试、开发自测等活动；测试计划执行完后产生报表。

B：只有评审通过的用例（包含场景用例），才可纳入不同类型的测试计划。自动化类型的测试计划只接纳自动化类型的测试用例。

C：测试计划可关联到在线协作平台的工作项，当测试计划执行完，Story 的状态会联动修改为"测试完成"。

D：每个评审计划和测试计划都有汇总结果和详细的执行报告。

（4）度量统计部分

项目执行过程中，我们可分阶段制定指标。

1）项目前期，关注开发自测质量、测试用例评审情况、测试计划执行情况。以团队开发自测计划和常规测试计划的一次性通过率作为核心指标，测试用例相关的执行情况作为辅助性指标，展示效果如图 2-13 所示。

图 2-13　项目前期关注指标

2）项目中一期，关注测试人员和产研人员之间的协作效率。以需求在各阶段的停留时长作为核心指标，以所有类型的测试计划的一次性通过率作为辅助性指标。需求各阶段的停留时长可以从团队、项目和产品线等维度进行分析，展示效果如图 2-14 所示。

3）项目中二期，关注接口测试执行情况。因为当时接口测试一直没有纳入技术中心的测试流程，更没有纳入产研协作流程规范，所以此阶段以接口测试覆盖率和接口用例覆盖率为核心指标，以接口自动化覆盖率和测试用例通过率作为辅助性指标。接口测试情况可以从团队、项目、产品线等维度进行分析，展示效果如图 2-15 所示。

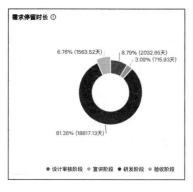
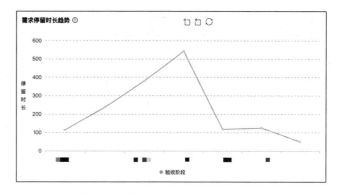

图 2-14　需求在各阶段的停留时长

图 2-15　接口覆盖率指标

4）项目后期，关注自动化测试执行情况，此阶段以 P0 级接口自动化覆盖率、P0 级接口自动化通过率为核心指标，接口相关执行情况作为辅助性指标。

前两个月，两个试点团队主要以统一接口测试规范和自动化测试能力培养为主。在这个阶段，自动化测试可能不会给技术团队带来直接收益，项目负责人一定要从上到下做好安抚工作，同时做好项目随时被放弃的心理准备和应对策略。在此阶段，项目负责人可注重平台功能的规划和实现。

中间两个月，以核心场景的接口自动化覆盖为主，以培训和平台协作为辅，主要还是集中在试点团队，同时以试点团队取得的成绩影响其他团队。在此阶段，项目负责人重点对黄金流程进行自动化测试。因为它们都是核心链路，不能出现严重问题。一定要把控好质量和速度之间的平衡，不能以指标考核为主。同时，此阶段也是平台功能完善的过程，比如对接自运维管理平台流水线，进而为实践频繁测试和持续验证打下基础。

后两个月，自动化测试才真正能给技术团队带来收益，重点结合平台推动开发和测试人员通过自动化测试进行不同环境下的流水线验证，提早发现研发过程中的问题，让问题的发现和解决尽量向左移动。该阶段以核心链路服务的自动化覆盖为主，以平台协作和度量驱动为辅。此阶段，我们可以完善其他相关辅助功能，比如造数中心、多语言脚本兼容、公共用例中心、接口性能测试等，但还是以解决产研人员问题为出发点。

六个月的自动化测试项目（包含单测和接口自动化测试）持续运转极大地改善了产研人员间的协作关系，提升了研发团队自动化实践能力，进而协助质量保障团队实现了频繁测试、快速验证，进一步驱动测试左移，也为后续技术团队的持续交付实践打下坚实的基础。

2.6　如何通过改变研发习惯来驱动测试左移

其实，选择合适的工具也能增强团队间协作、提升研发效率，以及驱动测试左移。我们团队经常留意工作中重复和烦琐的操作，隔一段时间就调研一些工具来优化这些流程。作为工具开发团队，这种敏锐的嗅觉已经深入团队骨髓。对于一些非常烦琐、执行频率又非常高的操作，如果没有现成的工具，我们甚至会考虑开发一些工具和脚本。

以下这些小工具或者插件（或是开源的或是二次开发的）是我们和技术团队共建的。

2.6.1　开发自动化代码模板生成插件

起初发现，测试和开发人员编写脚本的时候，每次都编写很多重复的代码片段。上文也讲过，脚本有一定的固定格式，这种重复而有规律的代码就可以通过插件自动生成。于是，我们在 IDE 中实现了一个插件，安装后，开发和测试人员便可通过快捷键快速生成用例脚本模板，随后只需补充判断逻辑代码即可。

1）在想插入脚本模板的位置单击右键，点击"OTP 用例模板生成"，如图 2-16所示。

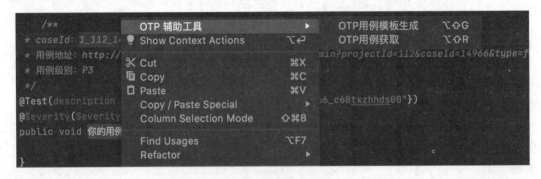

图 2-16　脚本模板生成

2）输入正确的用例 ID（在线测试平台可查）后，即可生成包含注释、数据初始化、断言部分的代码段，后续用户可根据自己需要进行更改和补充逻辑代码。

3）同时，用户可通过插件查看在线测试平台上的用例详情信息，不用登录到在线测试平台。

2.6.2　在线接口文档接入在线测试平台

最初，接口信息都是在在线测试平台的接口管理模块手动维护，这严重影响了测试效率。当时，技术团队基于一个类似 Swagger 的开源平台搭建了在线接口文档平台（只需要开发人员在代码中编写标准的 Java 注释，当代码编译后，平台便可联动生成对应接口文档），并进行了定制化的二次开发。有了所有 Git 项目的接口文档信息，我们只需打通在线测试平台和在线接口文档平台，研发人员即可随时批量导入接口信息。

2.6.3　提交代码联动工作项状态变更

当开发和测试人员一直不能及时更新在线协作平台上工作项的状态，需求和任务等工作项会出现逾期，进一步导致相关度量数据没有任何说服力。所以，我们想改变这一现状。我们发现开发和测试人员都需要提交代码，若能够在提交代码时就改变工作项状态，工作项状态变更不就非常及时了？带着这个灵感，我们调研了 GitLab 的代码提交机制接口文档，发现这个实现非常简单。

1）代码提交的时候，研发人员可在提交信息中增加工作项编号（在线协作平台可查）和当前工作项状态 [比如：Resolving(Fixing)、Resolved(Fixed)、Reopen]。其中，Resolve 代表编写代码，Reopen 代表重新打开，Fixing 代表 Bug 修复工作进行中，Fixed 代表 Bug 修复工作已完成。

2）在 GitLab 平台上配置提交代码的模板，并设置再次提交代码的内容可继承上次提交的代码，方便研发人员在输入一次代码后，下次修改尽量少的代码即可完成本次任务的提交。

3）在 GitLab 平台上配置 webhook 事件，当平台检测到代码提交事件时，平台即时传递工作项编号和工作项完成状态参数，调用在线协作平台的工作项状态变更接口，便可实现在提交代码时变更工作项状态了。

2.6.4　交互式代码审查工具

在推动开发人员协助测试人员实现脚本自动化生成时，我们发现开发和测试人员之间很难沟通。于是，为了加强开发和测试人员之间的交流，实现结对编程，我们想通过搭建一个类似微信的社交平台来化解他们直面相问的尴尬。

我们在不经意间发现了一款可集成到 IDE 的交互式代码审查工具 Upsource。Upsource 是 JetBrains 通过与版本管理工具（比如 GitLab）结合，以社交形式分享讨论和评审团队代码。于是，我们将该平台搭建起来之后，便推广到两个试点团队，既解决了开发和测试人员间的代码交流问题，又改善了他们之间的协作关系。该工具的具体使用方法可到"参考资源"中第 2 章的"场景案例"查看。

支持主动代码评审模式：所有研发人员可随时选择某部分代码进行评审，并标注代码分类和问题。评论中提到的对象以及代码编写者将会在 IDE 中收到代码评审结果，并可继续评审或接受评审结果。

支持被动代码评审模式：可在插件设置代码评审者。当研发人员提交代码时，评审者会收到评审代码通知并进行评审。后续评审流程和主动代码评审，流程类似。

2.6.5 脑图用例多人在线协作

在线测试平台的用例管理模块从搭建之初就以脑图形式进行设计。我们采用的是开源的百度脑图，但其在开源社区已经基本处于无人维护状态。百度脑图有一个很大的问题就是不支持多人同时在线编辑，以及无法进行增量保存。多人同时在线保存时可能会出现用例节点信息丢失等现象。

于是，我们给出的解决方案是：**限制在同一个时刻同一个脑图用例链路上只能有一个在线编辑用户**，而同一个脑图中的其他用例链路可进行同步编辑，如图 2-17 所示。

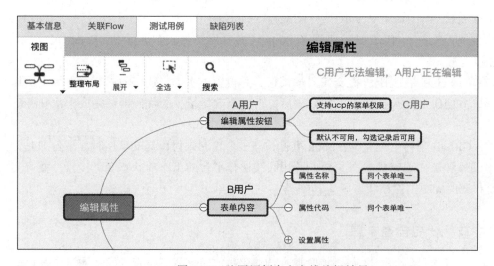

图 2-17　脑图用例多人在线编辑效果

有了解决方案，我们就要考虑如何实现。当时，我们成立的技术攻关专家小组最终决定针对开源的百度脑图进行二次开发，主要解决增量保存（保存功能改为 Append 模式）、实时通信问题（改为 WebSocket 模式）和编辑冲突问题（设置编辑锁）。

在此问题解决后，多人在线协作效率以及在线测试、评审、修改用例效率提高了；同时实现了增量保存功能，使得每次脑图保存不再是全量保存，极大地提升了平台性能。我们基于增量保存功能实现了历史操作记录功能以及历史版本回滚功能。

2.7　效能团队落地效果

当测试左移、产研协作流程规范和平台功能在技术团队应用得比较顺畅后，技术团队研发效率和协作效率已经有了非常明显的提升，也进一步提升了团队的研发质量和交付效率。

2.7.1　研发效率和协作效率提升

需求交付情况以及需求在各阶段的停留时长可反映出团队测试左移工程实践能力以及产研协作流程规范的改善对团队研发和协作效率的影响。

（1）从需求完成度、需求交付周期、需求超期交付率 3 个维度看改进效果。

1）改进的前三个月，技术团队整体的核心业务需求交付情况，如图 2-18 所示。

交付概况					
需求完成度 ⓘ		需求交付周期 ⓘ		需求超期交付率 ⓘ	
新建需求	完成需求	需求平均交付周期	研发平均交付周期	超期完成	超期率
353	213	25.84	17.73	110	52 %

图 2-18　改进的前三个月核心业务需求交付概况

2）改进的后三个月，技术团队整体的核心业务需求交付情况，如图 2-19 所示。

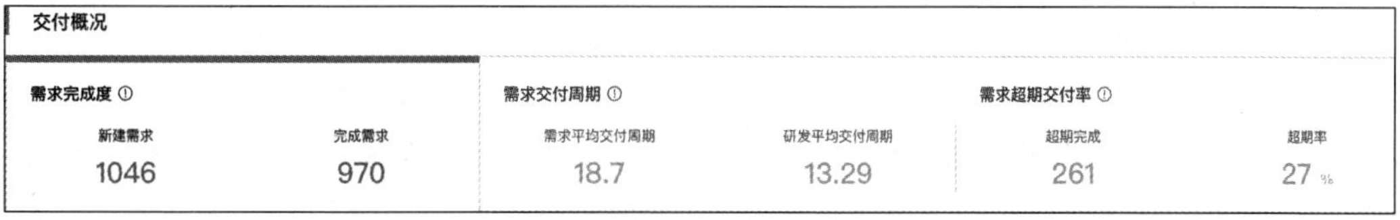

交付概况					
需求完成度 ⓘ		需求交付周期 ⓘ		需求超期交付率 ⓘ	
新建需求	完成需求	需求平均交付周期	研发平均交付周期	超期完成	超期率
1046	970	18.7	13.29	261	27 %

图 2-19　改进的后三个月核心业务需求交付概况

通过图 2-18 和图 2-19 看出，技术团队整体需求平均交付周期降低 27%、研发平均交付周期降低 25%、需求超期交付率降低 25%，反映出团队整体的研发效率得到很大提升。

完成的需求数量增加了4倍多。可以看出，测试左移以及产研协作方式的改善极大地改变了团队拆分需求的方式，提升了团队协作效率。需求交付粒度变小，也让每次的交付更具有原子性，更易于实现测试左移实践。

（2）从每个月技术团队完成的核心业务需求在各个阶段的停留时间看改进效果。

我们将需求全生命周期粗略地分成设计、宣讲、研发、验收4个阶段。需求在各个阶段的停留时长如图2-20所示。

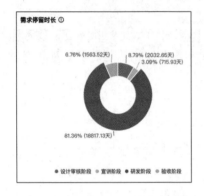 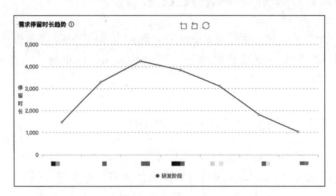

图2-20　需求在各个阶段的停留时长

从图2-20可以看出，产研团队80%的工作时间耗费在研发阶段，可见，研发协作仍是最耗时的场景。不过，需求在研发阶段停留总时长在逐月降低，说明团队研发效率在持续提升。需求在设计、宣讲、验收阶段的停留时长逐月增加，说明团队在进入开发前投入的时间越来越多，也说明了团队整体的测试左移能力在提升。

2.7.2　研发质量和交付效率提升

通过核心服务的缺陷、发布故障系数、构建和部署频率趋势图，我们可进一步分析测试左移工程实践能力、平台的搭建对团队研发质量和交付效率的影响。

1）改进前后6个月，核心服务在全量环境下的缺陷趋势如图2-21所示。从图中可看出，后3个月新产生的缺陷数整体呈下降趋势，缺陷的解决速度逐渐和新建速度持平，说明开发人员可及时修复测试人员提出的缺陷，也说明团队测试左移工程实践对团队研发质量提升产生正向作用。

2）改进前后6个月，核心服务在生产环境下的发布故障系数趋势如图2-22所示。从图中可看出，后3个月80%的需求基本可实现一次性成功发布，说明研发质量得到很大提升。

3）改进前后6个月，核心服务在全量环境下的构建和部署频率趋势如图2-23所示。从图中可看出，后 3 个月，构建和部署频率整体提升 2 倍，说明团队的交付效率得到很大提升，也说明研发人员已经基本养成"频繁构建，频繁测试，持续验证"的习惯。

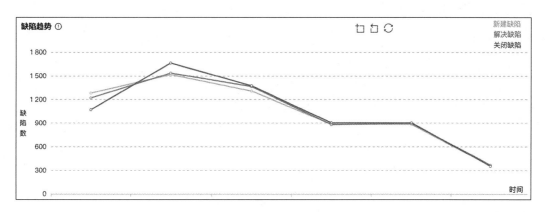

图 2-21　全量环境下缺陷趋势图

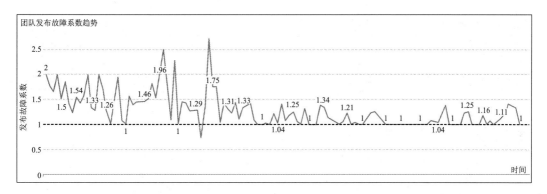

图 2-22　生产环境下故障系数趋势图

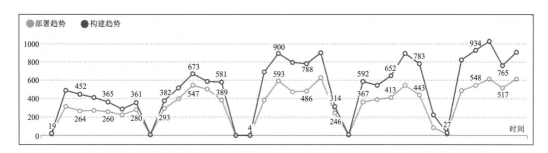

图 2-23　全量环境下构建和部署频率趋势图

其实，以上并没有直接罗列自动化测试等相关的显性核心指标，那是因为这些指标都是实践中的过程性指标。而对于 CTO 和读者来说，通过全局性指标更能感受到改进后的效果。这也是第 4 章中强调的指标分层的重要性，大家拭目以待。

2.7.3 制定测试左移解决方案

让我们先回想一下当时 CTO 对我们的要求：前期先找几个技术团队试点，主要是提升测试团队的测试能力，以及解决当时人员比例失调问题。综合以上信息，我们改善了开发和测试人员间的协作方式，提升了测试人员在产研协作流程中的重要性，提高了开发和测试人员的测试能力，一定程度上达到了 CTO 对我们的期望。

同时，我们打造了以在线协作平台、自运维管理平台、在线测试平台为基础的产品研发管理模式，协助质量保障团队制定了一套测试左移解决方案，如图 2-24 所示。

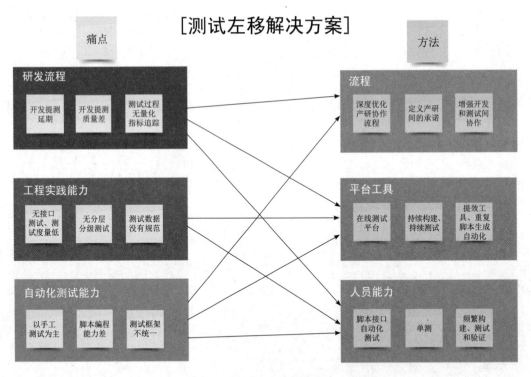

图 2-24　测试左移解决方案

该解决方案其实也是一套测试能力模型。该模型一直影响着现有测试人员能力的考核以及新人招聘门槛，在一定程度上限制了测试人员数量的增长。

2.8　深度思考

2.8.1　持续测试思考

1. 持续测试特点

测试人员可以随时开展测试，可连续、平滑地打通整个测试过程。测试、开发和运维职能间能相互融合，打破部门墙进行协作，以最少的测试、最快的速度覆盖所要交付的业务。

2. 软件开发模型演进下的角色要求转变

从瀑布模型到迭代模型再到 DevOps，从单体到微服务再到云原生，测试和开发人员通过测试左移工程实践、自动化工具解决研发、测试问题，能力也发生质的提升。

3. 构建可持续优化的闭环平台

根据公司业务形态构建测试模型，从业务、流程、系统 3 个层面挖掘有效数据，以数据驱动决策，让平台成为一个可持续优化的闭环，可指导并赋能测试人员，可无缝嵌入 DevOps 工具链。

4. Codeless 测试自动化

Codeless 的理想目标是使测试人员的主要精力回归到自动化测试设计本身，而不应该花太多精力在功能实现上。由于其可扩展性和工具维护成本方面有明显的短板，在推广、可落地上受限。

5. 自动化测试工具

市面上很多录制回放工具，最近比较流行的 Katalon Studio 使用 Selenium 和 Appium 作为底层框架，支持 Web、Android、iOS 端应用的 UI 自动化测试，支持多种主流浏览器，支持 RestFul 和 Soap 协议的接口自动化测试，同时支持基于录制回放的 UI 自动化测试等，功能非常强大。不过，它也支持基于 Groovy 语言脚本自动化测试，这弥补了致命的短板。

6. 工具价值的探索

所有的专业工具都有存在的价值，就像业界软件开发平台在低代码、零代码、纯代码方面的探索。工具的价值在于为测试和开发人员提供更多的选择，并且能够解决某种特定场景的问题。

没有工具支撑的流程和制度都是空中楼阁，难以有效应用。

2.8.2 团队工程实践之单测和自动化测试

1. 基本原则

团队从上到下需对齐实践理念，有共同的愿景，注重度量工程实践的投入产出。

2. 认识到本质

单测的核心是找到哪些代码逻辑未被覆盖，辅助开发人员针对性地自测提交的代码。自动化测试主要用来做回归和重构，降低重复性劳动带来的低效和沟通成本。单测和自动化测试不是终极目标，更不是银弹。

3. 工程实践是基础

无论哪种团队管理模式，团队的工程实践都是基础。最佳实践需基于最基础的实践认知，比如，测试左移不仅是 QA 左移，Scrum 框架不只是 "3355 原则"，DevOps 不是为了创造新概念。

4. 单测建设原则

建设原则：测试用例要分层，执行要分层，不适用于所有场景；注重多维度的覆盖率指标、并行测试性能提升；注重团队测试框架的选择和统一；需要总结有效的 Mock 方法（坚持尽量不 Mock 原则）；需要普及共性问题的解决方案，及时解决团队阻碍点，保障单测的持续性。

5. 自动化测试建设原则

建设原则：核心是编程；无法代替手工测试，更不是为了发现大量 Bug；绝不能以发现多少 Bug 来衡量自动化测试成效，需通过多维度的覆盖率指标进行度量，避免无效的考核；接口测试可作为实现自动化的首选；不要追求 100% 覆盖率；测试用例要分层，测试要分层；高质量自动化测试要遵循 FIRST 原则。

6. 不同软件架构下的角色转变

企业应用架构从单体、垂直架构到 SOA，再到微服务；集成架构从单体、网状，到基于总线的 ESB，再到基于虚机、公有云和私有云的混合集成，不同时代需要不同职能的开发和测试。所以，开发和测试人员要想保持竞争力，必须做好角色的进阶和转变，但亘古不变的是基础工程实践能力的提升。

2.9 本章小结

通过本章的介绍，我们进一步巩固了研发效能提升的底层逻辑：人员能力、流程和工具，总结为如下 5 方面。

1）以解决测试左移过程中遇到的问题为出发点，通过改善产研协作流程、开发和测试人员之间的协作方式，帮助提升测试人员在产研协作中的价值。

2）制定接口测试规范，将接口测试纳入常规测试流程，为接口自动化做准备。

3）以项目制形式推进试点团队落实核心链路的测试自动化，以工作坊形式培训测试和开发人员的自动化测试能力；同时，提升开发人员的单测实践能力，解决代码提测质量差和提测延期导致的测试时间压缩问题。

4）项目运转过程中，同步规划和落地在线测试平台。

5）以在线协作平台和度量体系，持续反馈自动化测试实践过程中的问题，进一步培养技术团队整体的频繁构建、频繁测试、持续验证的研发习惯，为技术团队的质量管控加注筹码。

第二篇 *Part 2*

平台体系搭建实践

Chapter 3 第 3 章

如何实现频繁构建、随机部署

持续交付是软件研发人员将一个好点子以最快的速度交付给用户的方法。

—— Jez Humble

上云对于任何没有相关经验的技术团队来说都是巨大挑战。这种挑战不仅来自底层技术架构能力的改变，还来自产研间的协作方式和研发模式。只有寻找到能够适配云环境的管理模式、工程实践方法以及工具平台，上云后的降本增效作用才能够真正体现出来。

本章重点阐述在不改变产研现有研发习惯的基础上，如何通过平台的进一步改造以及团队自运维能力的提升，让技术团队适应上云后的工作环境，实现工作模式的转型。

读者可结合前两章中项目执行的一般过程，将重点放在技术团队研发效能提升的学习和总结上，这也是"套路"的再利用。

3.1 故事转折

我想大家应该还记得，第 2 章中提到的技术团队上云改造的事情。当时，我们在做平台部分模块的改造，但真正实现上云改造是接下来的半年。不痛则不利，步子前置得太快也可能会被绊倒。

这半年是业务转型期，业务方向频繁调整（几个不同业务线同时进行），试错成本越来越低，交付频率越来越高，还要紧跟数字化转型趋势；也是技术团队的进化期，从传统开发走向云原生的第一步。

这一步让原本可预知的故事发生了翻天覆地的变化。转向新业务线后，要求全部新业务上云。

3.1.1 上云心态

上云啦！上云啦！

此时，鞭炮齐鸣，几家欢喜几家愁。

高层：我们要降本增效。

部门负责人：什么是云？怎么上云？上云后我还能继续招人吗？

技术负责人：上云啦，咱们所学技术要淘汰啦，Kubernetes、Docker 知识赶紧学起来。

基础架构运维：我要用这无处安放的手去舍弃哪一个奋战在一起的兄弟？

研发人员：上云和我有关系吗？我不还是用 Java 写代码。

效能团队：好多平台要改造、重做，做好了还要教会研发人员使用。

3.1.2 技术团队面临的挑战

当前，技术团队对上云的掌控力不足，不知道具体哪些业务应该上云，缺乏整体的上云构思和技术架构蓝图。同时，技术团队整体的基础技术架构需要向云化架构转型，缺乏相应的组织架构及人才队伍，具体表现如下。

1）技术团队从未使用过云。云以虚拟化、开源技术、分布式技术为主，而原有的业务大多数使用了大型机、小型机、相对重量级的中间件和数据库，因此无法把现有的业务直接搬上云，必须要做云化改造。

2）技术团队的有些业务不适合上云或者不适合全量上云，需要自建并适配云的服务，比如大数据、中间件、物联网、数据库等。虽然这些业务都有相应的公有云服务，但现有的业务形态很难在短时间内进行替换或改造。

3）技术团队的后端服务都是基于 Dubbo2.0 微服务框架构建的，而基于 Dubbo 框架的服务治理方案和云原生服务治理方案是冲突的，这也需要基础架构运维团队进行适配改造。

4）技术团队缺乏云原生专业人才。从长远来看，技术团队招聘云原生相关的管理和技术人才已经迫在眉睫。

所以，技术团队要实现业务顺利上云，主要的挑战在于从上层管理者到下层技术人员都要从意识上接受并主动拥抱云，理解云的架构和特点，建立起适合云计算发展的组织架构，培养相应的人才队伍。只有这样，才能更好地开展云化转型工作。

3.1.3 效能团队面临的挑战

技术团队上云还需要改变现有的产研协作模式和研发模式，若还是用之前的研发模式来开展上云后的治理工作，无非是在云海之上摆着木船"冲浪"。模式的改变都需要有匹配的管理模式、平台和工程实践能力做支撑，而这些就是效能团队的发挥空间。同时，协助技术团队顺利上云，效能团队也面临着挑战。

1）效能团队需要充分理解云上研发、云上运行服务的特点，充分利用其服务化（SaaS、PaaS、IaaS）、自助化、弹性伸缩、资源共享特性，以及公有云已有的功能，帮助技术团队消除云原生相关的高门槛问题，比如构建部署模式改变、配置管理升级、系统架构重构、安全风控、资质认证、权限管控等。如何将这些底层能力的建设融入效能团队现有的工作机制和工作框架，将是我们面临的一大挑战。

2）效能团队需要深入改造平台，在不影响技术团队当前工作的前提下，通过 DevOps 模式实现云环境下产研协作模式和研发模式的转型，进而协助技术团队实现团队自治，培养自运维能力。这也将是我们面临的一大挑战。

所以，对于效能团队来说，上云的挑战主要在于协助技术团队实现 CI、CD 以及 DevOps 一体化敏捷管理，同时协助各团队进行开发、测试、上线、运维和监控等工作，培养它们自运维管理能力。

挑战的背后是更多的机遇。

3.1.4　上云过程精彩纷呈

既然上云是第一目标，所有部门都需要全力配合去推进。下面结合上云项目的 4 个关键时期讲述技术团队的实施过程。

1）基础环境搭建期，也是摸索期。

其间，我们和技术团队核心成员组建了上云突击小组。经过 2 个月时间，在云厂商的支持下，上云突击小组完成了前期的网络规划、集群规划、云厂商账号体系打通、办公网建设和集群通信等；基础架构运维团队改造中间件，做好安全合规认证，并搭建基础的监控告警和日志平台；效能团队搭建开发环境，改造 DevOps 工具链，部署核心的协作管理平台。

2）调试期，也是学习探索期。

技术团队招聘到合适的云原生高级专家，成立新部门（此时，效能团队以及基础架构运维团队归属到此部门），并由此专家按照制定的方案推进上云项目。1 个月后，技术团队已经基本具备上云条件，DevOps 工具链已经完全部署到云环境，基本完成了基础服务框架、中间件、监控告警、服务对外暴露访问等的验证。同时，上云突击小组向云厂商提出很多关于基础平台、云服务等方面的问题。这个过程无论对效能团队还是对云厂商都有很大的帮助。经历该时期后，双方的协作更加紧密。

3）试运行期，也是问题爆发期。

1 个月之内，所有技术部门需将非核心业务通过自运维管理平台迁移并部署到开发集群。其间，所有研发人员都可提出在开发、测试、运维、监控告警过程中发现的问题；基础架构运维团队继续强化中间件、基础服务框架的兼容性和稳定性；效能团队组织 Kubernetes、容器、集群等方面的基础知识培训，让研发人员初步了解和掌握一些概念和技能。

4）正常运行期，也是完善期。

技术团队内部已经搭建完成完整的分层部署环境以及成熟的监控告警平台，基本确认哪些业务需要迁移上云，哪些技术架构需要做云化改造，哪些平台需要自建适配，哪些数据要无缝迁移。经过 2 个月时间，所有新业务相关服务完成全量上云，基本满足新业务对外运营需求。技术团队接下来的工作重点就是进一步优化和扩展应用架构、技术架构、安全架构和数据架构等。这些更专业的内容不在本书讨论范围内。

上云过程虽然精彩纷呈，但读者应该已经发现，大部分过程只有基础架构运维团队、效能团队、上云突击小组参与。这也说明一个问题，只要底层架构构建得好，就能够降低上云门槛，研发人员只需了解一些基础的云原生相关背景知识。

由于自运维管理平台需要一段时间改造，那么此段时间内如何让研发人员保持原来的研发习惯，而又能在云环境继续工作呢？

3.2 平台改造之前的准备工作

在调试期，首先要保证让研发人员保持原来的习惯进行流水线的构建和部署，减少新知识的学习成本。我们的方案是选择一款开源软件，让研发人员可以简单通过单击"构建"按钮完成镜像制作，单击"部署"按钮将镜像发布到指定环境。这个时候给研发人员讲 Kubernetes、声明式 API、Pod、容器等概念并不合适，因为他们更关心如何快速迁移业务。

本节不详细讲解方案实施过程，重点放在解决问题的方法和策略上。感兴趣的读者可到"参考资源"中第 3 章的"场景案例"寻找答案。

3.2.1 先让研发人员正常工作

我们基于 GitLab 平台的 CI/CD 模块快速搭建了可在 Kubernetes 环境下构建和部署的流水线，如图 3-1 所示。

研发人员从 0 到 1 部署一个服务，大致需要 3 个步骤。

第一步，工单申请，包含服务的基本信息（服务负责人、服务端口、语言类型、编译命令、产物路径以及访问域名等）。

第二步，效能团队接收到工单后，根据服务的访问类型（内外网访问）以及基本信息生成 GitLab CI/CD 配置脚本文档，并将该脚本文档存入项目指定的路径。

第三步，研发人员通过提交代码等方式，按照一定的规则部署服务到不同的集群环境。

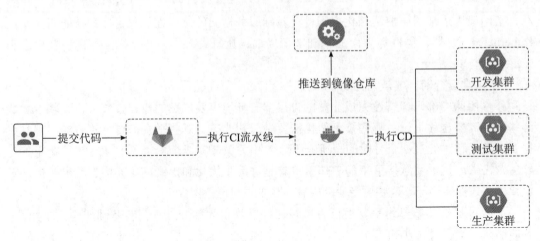

图 3-1　基于 GitLab 的 CI/CD 模块构建和部署流水线流程

此过程中，我们可以分开构建和部署流水线，也可以在流水线中设置审核代码，比如设置代码分支 Maintainer 审核通过后可执行部署。研发人员可以通过代码提交、打标签以及手动 3 种方式触发流水线执行。

以 GitLab 为依托，利用其已配置、源代码安全、管道自动化（基础的 CI/CD 功能）、DevOps 能力成熟度度量反馈等特性，快速搭建出满足研发人员需求的构建部署流水线平台。但是，这些都是一些基础功能，尚不能满足产研协作流程规范、代码质量检查等要求。

3.2.2　约束是为了更高质量的升华

为了不影响之前制定的产研协作流程、流水线内建质量要求等，我们必须对临时方案进行一定的强约束，比如流水线触发规则、流水线终止操作规范、服务统一暴露方式等，避免影响产研协作效率、代码提测质量。由于自运维管理平台需要改造，本阶段的自动化测试活动完全在在线测试平台完成，未关联到 GitLab 平台流水线。

1. 设置流水线触发规则

（1）develop 和 test 分支触发规则

根据情况设置该分支的保护权限，任何人都可以提交代码到 develop 和 test 分支，方便研发人员快速在开发和测试环境验证问题。不过，代码提交后都必须进行合并申请（Merge Request），只有申请通过后才可进行合并，合并成功后才能触发流水线构建。

（2）release-* 分支触发规则

release-* 分支的代码合并对应触发预生产环境中流水线的构建，并且只有 Git 项目的 Maintainer 才有权限触发执行。

（3）打标签方式触发规则

在 Release-* 分支打标签的时候会触发生产环境中流水线的构建，并且只有 Git 项目的 Maintainer 才有权限触发执行。

（4）手动方式触发规则

在生产环境中部署流水线阶段，我们可在脚本中通过 when 字段限制部署方式为手动。测试人员申请上线工单，审批通过后才可通过手工（Manual 模式）方式执行部署操作。

2. 设置流水线终止操作规范

当代码合并失败时，流水线不会被触发；当代码没有通过阿里 P3C 检查时，流水线不会被触发；当代码质量检测失败时，流水线会即刻终止；用户可手动操作终止流水线执行。

3. 统一服务暴露方式

想必大家都知道，Kubernetes 中的服务对象是用来解决 Pod（服务实例）访问问题的。服务有一个固定 IP 地址，可将访问它的流量通过负载均衡到 Pod，具体转发给哪些 Pod 可通过标签选择器过滤相应的标签来选择，如图 3-2 所示。

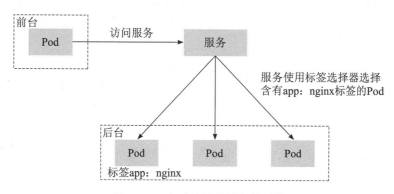

图 3-2　Pod 对外暴露服务的过程

同时，公有云平台的服务需要指定一个访问类型，包括 ClusterIP（集群内访问）、NodePort（节点访问）、LoadBalancer（负载均衡访问）、ENI（弹性网卡负载均衡访问）等。不同类型的服务对外的访问方式是不一样的。

如果让研发人员自己选择所需要的服务，他们一定会非常苦恼，因为有的时候我们自己都搞不清楚用哪个，并且服务的管理成本非常高。起初，我们将这些基础知识对研发人员进行宣传，要求他们部署完服务后自行到公有云平台配置服务的访问方式。虽然我们按照不同场景进行了分类设置，简化了服务访问方式，但研发人员仍然觉得理解和学习成本太高。

这个问题出乎意料地成为我们推进工作的阻碍点。随着网关和应用防火墙的接入，服务对外的访问方式更加复杂，通过声明式 API 自动生成服务、Ingress、ELB 等已经不太现实，即使可以，也会有非常多局限，比如 NodePort 类型的服务端口号有一定数量限制，当服务比较多时，端口号会不够用。

所以，我们组织上云突击小组协商此问题的解决方案，最终决定将这些规范和流程简化为 3 条核心访问链路，并将其交由运维人员手动进行配置。

1）外网服务接网关访问链路：DNS → WAF（应用防火墙）→ ELB（四层负载均衡）→ Soul-Server（网关服务）→ ELB（四层负载均衡）→ Service（LB 类型）→ Pod。

2）外网服务不接网关访问链路：DNS → WAF → ELB（七层负载均衡）→ Ingress → Service（NodePort 类型）→ Pod。

3）内网服务访问链路：DNS → ELB（四层负载均衡）→ Nginx → ELB（四层负载均衡）→ Service（LB 类型）→ Pod。

由于针对一个服务的访问链路配置都是一次性完成的，因此运维人员前期的工作量比较大，后期基本是维护工作。同时，我们在工单系统配置了一个服务域名申请工单，表单中包含域名地址、内外网暴露方式、接不接网关等信息。运维人员需要提前规划好 ELB、Ingress 和服务等，当收到对应工单时，只需手动在公有云平台进行配置和关联。

经过以上流程的配置和规范的约束，研发人员只需关注将代码合并到哪个分支，此后流水线会按照规则自动部署到对应环境。若服务需要通过域名进行访问，研发人员只需提交域名申请工单给运维人员。

上述工作持续 2 个多月，基本可满足研发人员从 0 到 1 完整部署一个服务的需求，并且不影响之前的代码质量检查和代码评审。自动化测试可以在在线测试平台闭环执行，完全不影响自动化测试流程。

此段时间，我们也在深入思考如何基于 GitLab 进行自运维管理平台的升级，构造一个基于现有技术架构、产研协作流程规范和团队工程实践能力要求的自运维管理平台。

3.2.3 自运维管理平台的改造和实践理念思考

1. 自运维管理平台的改造

为什么要迫切地进行自运维管理平台的改造？因为 GitLab 平台的 CI/CD 功能模块有很大的局限，并且扩展能力比较差。研发人员能"忍"一时，但无法"忍"一世。

❏ 配置烦琐：现阶段的流水线都是通过手动静态配置方式生成的。研发人员通过工单申请，由效能团队配置生成静态流水线脚本，并将脚本存入指定路径（此过程可通过脚手架完成），有很大人工成本。

❏ 修改配置烦琐：部署的 Yaml 配置文件的格式和内容已经非常固定，无法动态修改。比如修改 Pod 副本数，只能在 CCE 平台手动修改，或者修改配置文件后重新部署。

❏ 构建和部署过程无法可视化：当前流水线执行后的部署情况（例如查看 Pod 副本数、Pod 日志等）只能到 CCE 平台查看；而一线研发人员还没有全部操作权限。

- ❑ 部署流程无法中断、不支持回滚：当前的 CI/CD 流程高度融合，无法只执行 CI 或者只执行 CD，不易查看当前 CI 执行后的镜像版本信息等。
- ❑ 审批流程无法对接：只能做过程节点的简单审核，无法对接上线变更工单以及其他平台，并且没有审批记录和操作记录。
- ❑ 可扩展性差：基于 GitLab 无法进行灰度发布、容器登录、服务依赖关系查询、服务生命周期管理等常规研发活动，更无法让产研团队做到自运维管理和自动化管理。

基于这些问题，我们初步制定了自运维管理平台的改造流程，搭建一个基于 GitLab 平台实现可集成虚机、Kubernetes 等多模式部署形态的自运维管理平台，如图 3-3 所示。

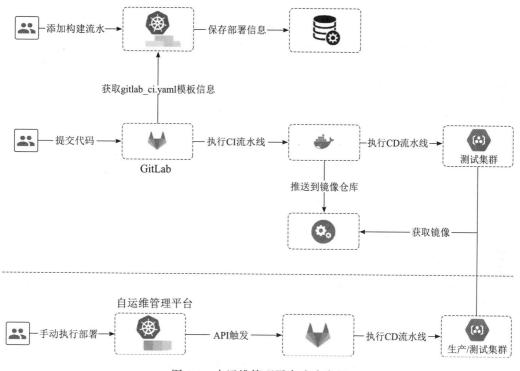

图 3-3　自运维管理平台改造流程

从另一个角度看，研发人员在基于 GitLab 平台进行服务迁移的这段时间，也是我们进行平台改造的黄金期。

之前基于虚机（或物理机）部署的自运维管理平台需要与当前规划的新平台尽快融合，这里的融合指的是功能上的融合，而不是代码上的融合。因为当大多数服务迁移到云环境，仅有少量服务还部署在虚机上时，新平台应该以服务为中心，而不再以机器为中心。平台的定位发生转变。

接下来，我们要思考平台改造的理念，以及平台能够给用户带来哪些价值。

2. 平台改造的理念

我曾被邀参加一个 DevOps 大会做嘉宾，会上分享提升团队研发效能的方法。当时，我的分享主题是"什么是 CI，如何通过 CI 改变研发习惯"。大家若看了前两章（内容也是从代码质量提升和频繁构建说起的），心里应该有了答案。这次分享给我留下了深刻的印象。

会上大家主要是在争辩和理解"什么是 CI"，我发现大家理解的 CI 和实践的 CI 都不同。比如，有的人认为 CI 就是构建的工具平台；有的人认为 CI 是一种工程实践，间接等同于软件的编译和打包；有的人认为 CI 是一条构建流水线，可以快速发现、快速终止、快速修复代码；有的人认为 CI 就是为了快速发布，通过流水线实现自动化部署；还有人认为 CI 是 DevOps 理念。

关于 CI 的定义，这里引用一下马丁·福勒（Martin Fowler）在一篇博客中的解释：CI 是一种软件开发实践，团队成员频繁地将他们的工作成果集成到一起（通常每人每天至少提交一次，这样每天就会有多次集成），并且在每次提交后，自动触发一次验证，以便尽早地发现集成问题。

当我将这个定义解释给在座人员时，有人继续提出疑问，并以他在团队中的实践佐证。基于他的真实实践案例，我提出 3 个问题。

- ❑ 你所在团队的研发人员是否每次提交代码都会触发一次完整的流水线，并执行通过？
- ❑ 你所在团队的研发人员每次执行流水线是否都触发了自动化测试来验证？
- ❑ 你所在团队能否在 10min 内解决执行失败的流水线的问题？

此时，该提问者仿佛在怀疑之前做的是否是 CI，因为这些问题的解决才能真正帮助团队提升研发效能。

当然，我没有让此次讨论"尴尬而止"，而是进一步引导在座人员思考。这个过程也是自我否定和成长的过程。经过几番讨论，我总结了所有达成一致的认识，这些也是我们设计自运维管理平台以及实践 CI 的基本准则。

1）代码变更范围：所有配置、环境、基础设施、数据变更都需要纳入版本控制范围。一切皆代码，这也是 GitOps 的理念。代码变更均可触发相应流水线执行。

2）触发流水线的前提：需要有统一的代码分支策略、代码集成规则、代码质量检查规范、产研协作流程规范等，主要目的是达到规范的统一和认可。

3）各环境下执行结果的一致性：保证代码在各个环境执行后，反馈的问题是一致的。不过，代码在各环境下执行的性能可以有差异，但需尽量保证开发和测试环境下的执行效率，因为这两个环境是频繁构建流水线的环境。

4）反馈周期尽量短：要让研发人员在尽量短的时间内得到代码质量和构建过程中的问题反馈。

5）良性的自动化测试机制：第 2 章讲到通过自动化手段减少全量回归耗时，并将接口测试和自动化测试纳入质量保障活动，实现测试左移，从而达到频繁测试和持续验证的目的。

6）定义完成标准和实现产研间承诺：真正发挥 CI 价值的关键在于团队对持续集成的态度，需要建立机制，培养研发团队频繁构建的习惯。比如，当团队 10min 内无法解决在流水线中发现的问题，团队需要终止提交新的代码（在错误代码基础上没有办法验证新提交的提交），放下手头工作，即刻解决当前流水线中的问题（WIP 原则）。

7）合适的平台支撑：平台可以帮助团队提升协作效率，也可以帮助研发人员快速发现问题，并可进行多维度度量，通过历史数据和趋势预判团队可能遇到的问题。

所以，我们在改造自运维管理平台之前，认真思考和总结了 CI 落地的核心理念，即快速集成、频繁构建、质量内建和快速反馈；在实施过程中始终坚守上述原则，在落地过程中坚持以提升产研人员的工程实践能力为主，以改善产研协作流程和平台建设为辅。

接下来介绍改造后的自运维管理平台如何让研发人员只关注技术问题，而无须花费大量时间在云原生知识的学习以及平台功能研究上。

3.3 如何让研发人员只关注技术问题

我想大部分工具团队面向技术中心推广新平台时，可能会直接给研发人员提供一个平台地址，然后举行一次培训会，就开始让他们使用平台；或者先找一个试点团队小范围使用，再大规模推广；或者以高层名义，授权从上到下强行推广使用。

这些方式各有优劣，但很难让研发人员在短时间内接受。其中一个很大的问题就是研发人员不知道为什么要用这个平台，因为研发人员可能来自不同的公司，不同公司的技术团队使用的平台可能不一样，接受的工程实践理念各不相同。

还有一个容易被平台设计者遗漏的问题：所有研发人员都希望通过 CI/CD 平台解决他们遇到的问题，而不是通过平台通知或协调其他角色解决问题，因为这样会增加理解和协作成本。

基于以上原因，我们希望改造平台在推广前，能够统一研发人员对云上应用管理的认知，延续研发人员已经养成的好习惯；搭建以服务为中心的自运维管理平台，打牢平台的技术工程实践能力建设；支持全语言服务的构建和部署；解决研发人员多版本同时验证问题；尽量避免出现需要多职能、跨团队使用平台解决一个问题的现象。

3.3.1 改造自运维管理平台的两个前提

1. 改变研发人员的固有认知

迫切进行自运维管理平台改造的另外一个原因是：我们担心长期使用临时搭建的平台会固化研发人员的工作方式，影响研发人员对持续集成等实践的正确认知。

于是，在自运维管理平台改造之前，我们针对市面上相关 CI/CD 平台的设计思路、实现技术以及试用表现进行了调研。我们挑选出 3 个具有代表性的平台，并抽象出共性功能模块（比如构建、部署、服务自运维管理、度量统计、配置等），按照共性功能模块分析了各平台的优劣势，以此推进核心负责人落实如下工作。

1）我们将调研报告提前一天发给上云突击小组成员，让他们提前开飞阅会（一种高效的开会方式，要求参会者提前阅览文档并进行多维度评论，会上只针对评论进行讨论）。第二天，我们让上云突击小组试用了这 3 个平台，结合不同功能模块的优势和劣势，选出一个适合我们公司技术团队的平台。选中的平台决定了改造平台的调性。

2）我们组织技术负责人针对调研报告进行了听讲，使其了解我们后续要做的事情，能给他们提供哪些问题，进而让每个人选出平台应该有的模块，并收集他们的意见，以便进一步判断每个模块的最佳实现形态。

3）基于以上意见，我们多次调整平台的交互设计，并与各技术负责人进行了两次平台交互评审。经过这两次的交流和目标对齐，技术团队核心人员基本了解了改造平台的规划。

在此过程中，我们发现并解决了一个重大问题：研发人员的思维还停留在基于物理机（或虚机）的部署模式上，希望所有的平台功能都以部署机器为出发点（机器有多大容量、某台机器部署了哪些服务等）。这种思维认知需要尽早改变，因为当服务部署到云环境时，研发人员不用关心某台虚机的资源使用情况以及服务部署到具体哪一台机器，只需要将工作重点放在服务的构建和部署、运行状态监控以及运维上。

在这个问题上，我们的实践理念和平台设计思路必须提前与技术团队达成一致，改变研发人员的固有认知。基于此，我们设计了以服务为中心的自运维管理平台，如图 3-4 所示。

图 3-4　以服务为中心的自运维管理平台

从图 3-4 可以看出，改造后的平台以服务为中心，点击某个服务便可进入该服务的控制台。该区域包含服务的构建和部署、服务在各环境下运行状态监控、构建和部署流水线的执行进展、代码提交记录和静态代码质量检查等核心功能。在此区域，研发人员可自行开展 80% 的日常研发和运维活动。

2. 不改变研发人员已经养成的习惯

经过数月培养出来的研发习惯，我们需要进一步强化。

1）频繁构建：每条流水线执行的结果和问题要尽快反馈，以协助一线研发人员深入分析指标和问题产生的原因。

2）频繁测试：研发人员依然可以通过平台实现一键构建和部署（开发和测试环境下，我们可设置自动触发部署模式），同时平台支持自动化测试。

3）度量反馈：各部门负责人、技术负责人可通过平台查看和分析技术中心、部门、团队、产品线、服务等多维度代码质量。

4）自运维管理：之前定义的代码检查规范、代码质量门禁、部署权限限制、服务自运维管理权限等均可在平台中自动进行检查，避免研发人员因规范过多、重要检查项遗留、操作失误等引起线上事故发生，进而实现基于服务的自运维管理。

以上这些基础功能上线后，改造平台基本替代了 GitLab 平台，解决了研发人员日常研发、运维和协作等场景中的问题，在一定程度上实现了研发人员平滑迁移到改造平台。

有同学想问了：改造平台是如何支撑研发人员频繁构建、频繁测试和自运维管理的？答案是改造平台做好了工程实践能力建设。

3.3.2　工程实践能力建设

1. 打造满足十大特征的流水线

流水线贯穿于软件交付流程，承载了持续集成、自动化测试、部署发布、工单审批以及产研协作流程等，是平台自动化和自运维核心能力的体现。所以，流水线是自运维管理平台的"灵魂"。

石雪峰老师在《DevOps 实战笔记》中描述的现代流水线必备十大特征如图 3-5 所示。我们基于这些特征对改造平台进行了流水线设计和功能实现，并基于当前技术团队已经养成的频繁构建和测试左移研发习惯，进行特殊的交互设计。

1）流水线是一个可编排和可视化平台，而非能力中心。平台建设过程中，我们将流水线平台和垂直业务平台（包括在线协作平台、在线测试平台、工单系统、CMDB 等）分开建设。流水线平台只专注于流程编排、过程可视化，并提供底层可复用的基础能力，是横向拉通各垂直领域的平台。垂直业务平台则专注于专业能力的建设、核心业务的逻辑处理、局部环节的精细化数据管理等。

针对流水线的可编排和可视化能力，我们根据不同语言和不同场景进行了模板配置。每个模板代表一种产研规范要求（比如 Java 语言项目必须编写单测用例）。由于技术团队使用的编程语言不多，因此流水线模板也不多，这也符合流水线的有限支持原则。流水线的每个编排对象都需要保持原子性，以便快速接入其他校验步骤。构建和部署流水线时，首先创建原子步骤，然后配置构建和部署流水线模板，最后拼接两个模板。流水线中模板配置页面如图 3-6 所示。

图 3-5   现代流水线必备十大特征

模板名称	步骤code	步骤名称	操作
			＋ 添加模板Stage
java-application	maven_compile	maven编译打包	✐ 编辑 🗑 删除
java-application	Java_sonarscan	Java Sonar扫描	✐ 编辑 🗑 删除
java-application	_docker	docker镜像制作	✐ 编辑 🗑 删除

图 3-6   流水线中各步骤模板配置页面

针对流水线的可编排能力，我们更注重流水线各步骤中原子操作的可扩展性。其配置页面如图 3-7 所示。研发人员可根据编辑命令行来改编原子功能点。

2）流水线即代码和流水线实例化。改造平台仍是基于 GitLab 平台扩展的，所以之前的流水线（即代码）仍然可纳入版本管控范围。每次执行流水线时都会有一个实例保存到数据库，而这些实例就是平台的数据源，可以供度量平台分析使用。在流水线执行后，研发人员可查询执行历史数据。

图 3-7　流水线各步骤中原子操作的配置页面

同时，流水线可并发执行。从图 3-8 可以看出，流水线相关服务以及 GitLab 服务部署到公共 VPC（虚拟私有云）网络。公共 VPC 网络可联通其他环境的 VPC 网络。当不同流水线被触发时，通过 GitLab 并行向不同环境的构建机发送执行命令，这样构建机间便可并行执行流水线。

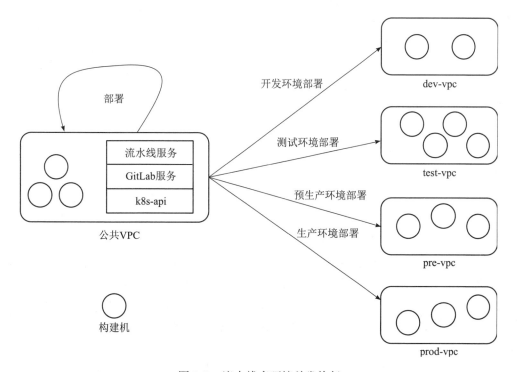

图 3-8　流水线多环境并发执行

3）流程可控和有限支持。每条流水线支持多种触发方式，包括手动触发、代码提交触发、定时触发、Webhook 触发。同时，平台在每条流水线执行前需要对服务的相关参数进行校验，支持手动审批操作（比如，生产环境下的部署流水线需要在工单审批通过后才可执行），流水线执行成功后支持配置触发自动化测试计划等操作。这些有限的触发方式和过程管控能力都体现了流水线流程可控和有限支持原则。

4）动静分离配置。此特征强调将频繁调整或者用户自定义的内容保存在一个静态配置文件中，当系统加载时通过读取接口获取配置数据，并动态生成用户可见的交互界面。以部署流水线的参数配置为例，其配置页面如图 3-9 所示。

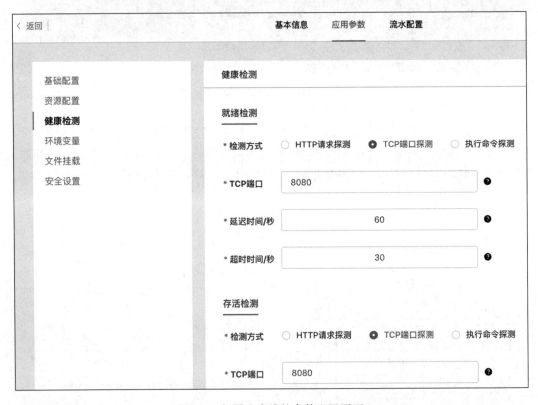

图 3-9　部署流水线的参数配置页面

5）内建质量门禁和快速接入。改造平台可完成质量门禁的规则制定、指标设置、指标校验以及结果反馈，并且只需在流水线模板中新增一个阶段步骤即可实现流水线接入，这也是平台快速接入能力的体现。质量门禁校验作用与各垂直业务平台上报数据进行对比校验，所以打通各平台是前提。质量门禁配置页面如图 3-10 所示。

图 3-10　质量门禁配置页面

图 3-10 中还有 Commit 一致性校验，这也属于质量门禁管控范畴，目的是追溯在生产环境部署的带有 Commit 信息的代码，确认其是否按顺序在开发环境、测试环境、预生产环境被验证过，以防出现未经测试直接上线的代码。

6）数据采集聚合。流水线需满足研发人员对最基本聚合数据的查看需求，不需跳转到各垂直业务平台查看。其提供的不是数据图表，不过支持跳转到各平台查看详细结果，如图 3-11 所示。这些数据可汇聚到度量指标体系作为元数据，以便指标分析。

图 3-11　数据的聚合和跳转

一个好的持续交付平台最重要的能力之一就是流水线中问题的发现和反馈能力，有助于提升研发人员的基础工程实践能力，从而提升技术团队的研发效率和协作效率。构建持续交付平台是企业践行 DevOps 的必经之路。

2. 实现一次打包、多环境部署

我们在统计开发环境下构建流水线的耗时时，发现 30% 的服务整体耗时超过 5min。其中，Docker 镜像制作耗时占整个构建流水线耗时的 40%，主要原因如下。

- ❑ 单次镜像制作时间长。每次镜像制作耗时占整个 Docker 镜像制作耗时的 80%。
- ❑ 镜像制作次数多。测试人员的流水线验证过程是按照分层环境进行的，若每个环境部署前均需要制作镜像，那么部署 4 个环境可增加 3 次重复制作镜像的时间。

针对上述问题，我们提供如下解决方案。

（1）优化镜像制作

大家都知道 Dockerfile 是用来制作镜像的源码文件。Docker 通过读取 Dockerfile 中包含的指令自动进行容器构建，并基于 Dockerfile 制作镜像。Dockerfile 文件中的每一个指令可创建一个镜像层。镜像是多层叠加而成的。镜像层越多，镜像制作效率越低。我们可通过如下 5 个步骤优化镜像制作。

1）选择体积小的基础镜像。

Alpine 是一个轻量级 Linux 发行版，本身的 Docker 镜像大小只有 4MB ～ 5MB。很多框架都有基于 Alpine 制作的基础镜像。在开发镜像时，选择体积小的基础镜像，可以大大减小镜像体积。

2）串联 Dockerfile 指令。

使用太多的 RUN 指令会导致镜像层增加，从而导致镜像臃肿，甚至会超出最大限制层数。我们可以把多个命令串联为一个 RUN 指令（通过运算符 && 和 / 来实现），如图 3-12 所示。

```
#FROM openjdk:8u191-alpine
FROM alpine

COPY java_pre_stop-1.0.jar /home/appuser/java_pre_stop-1.0.jar

RUN echo http://mirrors.aliyun.com/alpine/v3.13/main/ > /etc/apk/repositories && \
    echo http://mirrors.aliyun.com/alpine/v3.13/community/ >> /etc/apk/repositories && \
    addgroup --system --gid 1000 appuser && adduser -S -s /bin/sh -G appuser -u 1000 appuser && \
    chown -R appuser:appuser /opt && \
    chown -R appuser:appuser /usr && \
    chown -R appuser:appuser /home/appuser && \
    apk update && \
    apk add openjdk8 && \
    apk add --no-cache tini && \
    echo "Asia/Shanghai" > /etc/timezone && \
    apk add --update ttf-dejavu fontconfig && \
    rm -rf /var/cache/apk/* && rm -rf /etc/apk/cache

ENV PATH=/usr/local/sbin:/usr/local/bin:/usr/sbin:/usr/bin:/sbin:/bin:/usr/lib/jvm/java-1.8-openjdk/bin

USER appuser
WORKDIR /home/appuser

ENV LANG en_US.UTF-8
```

图 3-12　Dockerfile 最佳实践代码片段

3）多阶构建。

程序的构建和执行在不同环境中实现，例如：Spring Boot 源码译需要依赖 Maven 环境，但是最终 Java 程序的执行并不需要 Maven 环境，为了使生成的镜像足够精简，这两部分可以分开处理。

4）使用 .Dockerignore 过滤文件。

构建镜像时，同目录的所有文件都会加载到容器的上下文引擎（不仅仅是 copy 和 add），此时可以使用 .Dockerignore 过滤掉不需要的文件，进一步减少耗时。

5）使用镜像瘦身工具。

通过镜像瘦身工具进一步减小镜像体积，这里推荐两个工具。

❏ Dive 可根据镜像的目录结构查看各文件占用体积。

❏ Docker-squash 支持自动压缩镜像。

（2）减少镜像制作次数

由于各环境下程序编译打包都绑定了相应的环境参数，生成的镜像只能在指定的环境下运行。改造平台要实现一次构建、多环境部署，需将 Docker 镜像与环境变量解耦。对于分层部署，这样可避免多次重复制作镜像。

基本过程如下：

1）在打包阶段，研发人员在 Maven 环境替换资源文件中环境配置方案（替换为多环境配置方案），在运行阶段传入指定文件，动态加载特定环境下的配置文件。

❏ 当运行时传入 -Dspring.profiles.active = 环境变量，根据环境变量选择特定的环境扩展文件，同时合并覆盖基础配置文件。

❏ 流水线执行时根据分支名传入特定环境变量值 -Dspring.profiles.active = 环境变量。（分支名和环境变量是一一对应的。）

2）在改造阶段，基础架构维护团队需要完成程序开发脚手架和中间件的改造，比如相关中间件需要支持通过"配置中心"替代"本地配置文件"。

首先将在开发环境中构建的镜像上传到开发私有仓库；测试验证通过后，流水线同步将镜像上传到生产私有仓库；预生产和生产环境的依赖镜像来源于生产私有仓库，以此达到 4 个环境共用一个镜像的目的，进而为实现分层部署和验证实践打下坚实的基础，如图 3-13 所示。

基于以上改造，我们基本实现了一次打包、多环境部署的工程实践，同时解决了因单次镜像制作耗时长和镜像重复制作引起的整体构建耗时长的问题。

不过，由于开发环境依赖的 jar 包可能会使用快照版本，因此开发环境的镜像版本非常多。若存在多版本管理成本高问题，我们可以进行多镜像仓库管理：将在开发环境和测试环境分别构建的镜像分别上传到开发仓库和测试仓库，测试、预生产、生产环境之间实现一次打包、多次部署。

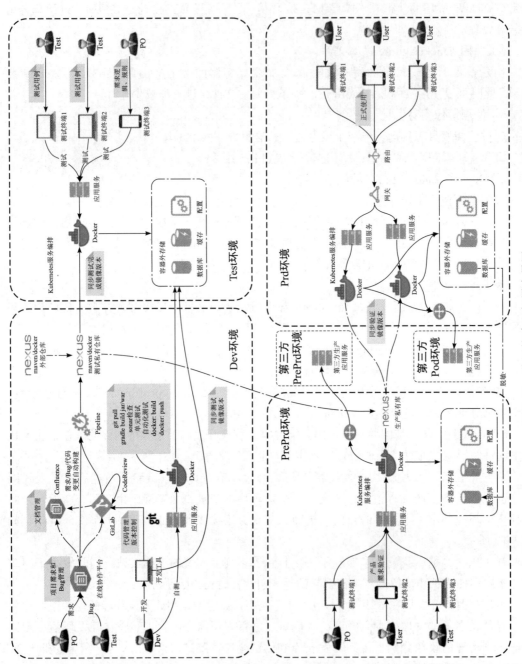

图 3-13 分层构建和部署全景图

3. 实现基础配置管理

配置管理是最容易被忽视的基础工程实践。因为配置管理没有唯一的定义和实施标准。有人说 Ansible 是配置管理工具；有人说 CMDB 系统是配置管理工具；有人说 GitLab/SVN 是配置管理工具，我想这些说法都没错，但它们都只能完成配置管理的局部。

从软件交付生命周期来看，配置管理是对整个研发过程进行规范管理，控制变更过程，让协作更加顺畅，确保整个交付过程可追溯、数据源可信赖和服务变更可记录。改造平台以服务为中心，是服务生命周期自运维管理的平台。下面从 3 个维度分析改造平台的配置管理实践。

（1）过程可追溯

服务围绕着构建和部署流水线的执行而产生，所以服务生命周期中过程可追溯就是流水线各阶段执行过程可追溯。平台流水线实例化后，流水线各个阶段的执行过程都可纳入版本管控范围，这样可实现执行过程的回溯，如图 3-14 所示。

图 3-14　流水线全过程可追溯

从图 3-14 可以看出，构建和部署流水线包含 6 个阶段：初始化、编译、Sonar 扫描、阈值校验、Docker 镜像制作和部署。当流水线构建和部署逐阶段执行时，我们通过改造平台可直观地观察到当前阶段的执行过程；当流水线执行完成后，研发人员可以点击任意阶段查看日志信息。另外，我们通过 git commit 指令还可查看本次提交代码的变更范围等信息。

（2）数据源可信赖

对于配置管理来说，除了过程追溯以外，其还有一个重要的价值，就是记录服务与资源的关联关系，对外提供可信赖的数据源服务。配置管理通过以下两种方式保证了数据源可信度。

1）资源管理系统（平台依赖的 CMDB）记录服务的元数据、与资源的关联关系等，并对外提供 API 服务。所有应用平台都可以通过该系统提供的 API 获取数据，并可实时或定时更新数据。改造平台也是通过此 API 获取服务的基本信息，并将对应流水线的执行数据实时更新到 CMDB 中。此部分内容将在第 5 章详细讲解。

2）通过工单系统打通各资源管理平台，研发人员可自动获取服务依赖的资源，避免因人为操作各资源管理平台而引起资源可信度降低。服务所依赖的资源必须通过工单系统进行申请和关联，这在一定程度上使服务依赖资源标准化和可信赖。

（3）服务变更可记录

配置管理中的另一个核心概念是变更。我们对软件做的任何改变都可以称为变更，比如一个需求变更，一行代码修改，甚至是一个环境配置。对于变更而言，管理的核心就是要记录谁在什么时间做了什么改动，具体改了哪些内容，又是谁批准的，以便在出现问题时，可第一时间追溯根源。

所有对服务实例（容器登录后的操作）的操作均可被记录，如图 3-15 所示。服务所依赖资源的申请和变更过程都可通过服务相关依赖的工单进行查询。

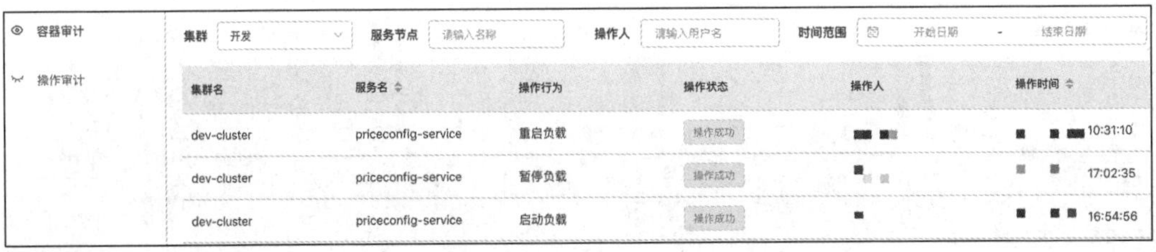

图 3-15　服务变更可记录

目前，我们已经基于服务搭建了自运维管理平台，可通过灵活、可配置的流水线持续构建，通过一次打包、多环境部署解决耗时长问题，通过配置管理构建过程可追溯、数据源可信赖以及服务变更可记录能力。

同时，我们已经解决了工程实践过程中的核心问题，实现了核心基于 Java、JavaScript（Web）语言的持续构建，以及基于虚机和 Kubernetes 环境的频繁部署，基本解决了技术团队内部的主要矛盾。接下来，我们要扩展构建和部署服务的语言和部署环境范围，解决团队的次要矛盾。

3.3.3　解决扩展问题

当主要矛盾解决之后，剩下的就是次要矛盾的解决。平台的改造也需要顾及其他语言类型服务的构建和部署，以实现技术团队全员的高效能工作。

1. 支持全语言类型服务的流水线构建和部署

技术团队使用的编程语言主要为 Java、JavaScript（Web、小程序）、Kotlin、Objective-C、Python、Go。这些编程语言的重要性按照从前到后的顺序依次降低，所以新平台按此顺序依次实现对应语言类型服务流水线的构建和部署功能。这主要包含以下 3 方面功能的实现。

（1）支持全语言类型服务的流水线模板配置

按照产研协作流程规范以及技术团队的质量管理规范，我们可在平台配置不同语言类型服务的流水线模板。不同语言类型服务的流水线模板的代码质量门禁和审批要求可能是不一样的。

（2）支持全语言类型服务的流水线构建和部署

1）所有语言类型服务的流水线构建和部署都可通过自运维管理平台完成，如图 3-16 所示。对应流水线的构建和部署历史都可通过平台及时反馈给研发人员。

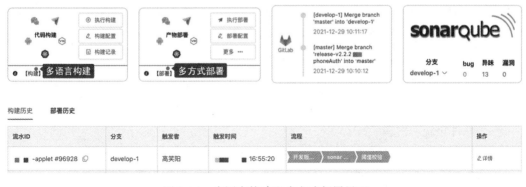

图 3-16　多语言构建和多方式部署界面

2）所有语言类型服务的流水线的构建过程都可以通过平台实时观察。除 Java、JavaScript（Web）、Python、Go 等语言类型的服务外，其他语言类型的服务在构建流水线执行后，都会生成应用下载二维码，如图 3-17 所示。

3）所有语言类型服务的流水线都可以通过平台进行部署。在生产环境下，除 Java、JavaScript（Web）、Python、Go 等语言类型的服务可自动部署外，其他语言类型的服务都可通过二维码下载，并通过人工上传到应用中心（比如 AppStore、JavaScript（微信小程序）等）；其他环境下流水线的部署可通过执行命令上传到应用后台，比如可将 WXML 语言类型服务的流水线自动上传到测试环境下的微信小程序后台。其中，部署流水线的运行环境包含云环境、虚拟机、物理机等多种形式。

图 3-17　小程序构建过程以及应用下载二维码

（3）支持配置全语言类型服务的流水线构建和部署通知

所有语言类型服务的流水线构建和部署通知都可通过平台进行配置。平台支持在流水线执行前、执行后、执行失败时触发通知，并支持将通知通过飞书发送到指定的个人、群或 Webhook 链接。其中，通知卡片显示内容可定制化，但通知指标不能超过 3 个（坚持"一次构造过程尽量让研发人员一次性集中解决少量问题"的原则）。

2. 支持约束服务全量依赖关系

为了支持约束服务全量依赖关系，改造平台将提供服务所依赖软件包的统一管理功能，同时提供服务和软件包的依赖关系查询和依赖关系的约束管理等功能。

（1）软件包统一管理

为了管理服务依赖的软件包，改造平台支持软件包的构建和仓库上传。

改造平台需提前配置不同语言的 SDK，并配置流水线模板（如无须部署服务，则不需要配置流水线模板），当流水线通过质量门禁检查后，自动将生成的软件包上传到仓库。

（2）约束软件包依赖关系

代码编译过程中，平台可采集软件包依赖关系，记录服务和软件包之间的依赖关系以及软件包间的依赖关系，从而构建服务与软件包的依赖视图。构建服务和软件包的依赖视图主要有以下 2 种用途。

1）平台可将这些依赖关系同步到 CMDB，作为资源元数据进行管理。同时，CMDB 可提供 API 供其他平台调用，查询这些依赖关系。比如，当出现告警时，监控告警平台可通过查询服务依赖的软件包，尽快提供这些关联信息给研发人员进行问题排查。

2）平台可向研发人员提供服务依赖的软件包以及软件包所属服务的查询，如图 3-18

所示。研发人员可在改造平台管理服务依赖的软件包，通过平台进行软件包依赖关系约束。比如，约束预生产环境和生产环境中的服务不能引用快照包；再比如，某个软件包的版本不能低于 1.2.3，低于此版本的软件包所属服务的流水线无法执行。

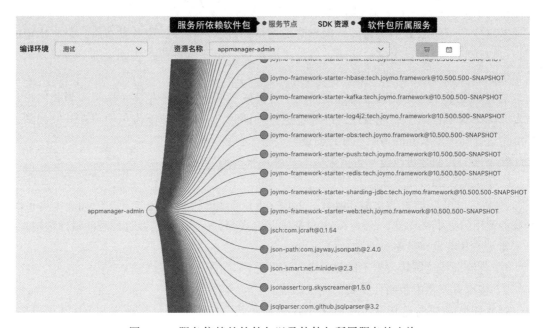

图 3-18　服务依赖的软件包以及软件包所属服务的查询

改造平台通过支持全语言类型服务的流水线构建和部署，将技术团队的全量服务纳入质量管控，进一步强化了产研协作流程规范的约束，同时扩大了基础工程实践的普及范围。同时，改造平台通过对服务依赖的软件包的统一管理，将代码质量和软件包依赖关系纳入管控范围，进一步强化了服务质量管控能力。

3.3.4　解决多版本无法并行验证的问题

由于开发环境和测试环境都只有一套或两套，而规范又将代码分支和环境进行了强绑定，导致当某分支上的代码部署到某个环境，且测试人员需要进行流水线验证时，其他人员就不能验证了（即使可验证，也可能因两次提交代码而出现代码覆盖而使测试不可靠），这严重限制了多版本并行验证。

针对以上问题，即使有了代码分支策略，有时也只能靠研发人员线下协同来缓解问题。当并行验证任务积累到一定程度时，这个问题就会成为团队改造平台的阻碍点。

改造平台支持低配版的灰度发布和并行分支开发，解决了无法进行多版本并行验证问题。

1. 支持低配版的灰度发布

我们之前的服务部署和发布是一体的，这种方式比较简单粗暴，一旦触发即全量上线，如果出现系统逻辑或数据等方面的问题，且无法及时回滚，后果将会是灾难性的，比如，可能出现全部用户无法创建新订单或新订单中出现脏数据等现象。

灰度发布可将服务上线后的风险点降低到可控范围。比如，服务发布后，只有特定的用户可以访问，待特定用户验证通过后再将流量按一定比例逐步扩大到全部。所以，灰度发布也被认为是测试右移的工程实践方法。

通过灰度发布，我们也可实现在同一个环境发布同一个服务的多个版本。当我们将灰度发布的多版本在除生产环境以外的环境进行验证时，开发和测试人员便可在开发和测试环境中进行同一个服务的多版本并行验证。

接下来，我们分析改造平台低配版的灰度发布实现过程。

（1）灰度发布策略分析

灰度发布可以抽象为函数 target = gray_rules（request_context），其中 request_context 是服务调用的上下文环境，gray_rules 是灰度路由规则，target 则是经过处理的目标端地址。

常见的灰度发布策略有两种。

1）将流量按比例转发到不同目标端。

2）将流量按路由策略转发到不同目标端。

技术团队希望通过灰度发布解决正式版部署前的线上问题，暂不采用 AB 测试策略。要想实现低配版的灰度发布，首先解决 4 个基本问题。

1）灰度流量识别问题：如何识别请求流量是灰度流量还是正常流量。

2）灰度策略下发问题：如何下发灰度策略给指定服务或全部服务。

3）灰度策略执行问题：如何执行灰度策略。

4）灰度追踪问题：即如何在服务调用链中传递灰度流量标识。

服务访问链路现状如图 3-19 所示。

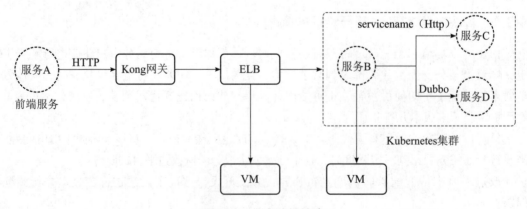

图 3-19　服务访问链路

1）大部分业务的相关服务部署在 Kubernetes 集群内，少量服务部署在虚机中。

2）基于 Http 与 Dubbo 协议的服务并存。

3）基础服务框架基于 Dubbo2.x 版本，服务间调用在 Kubernetes 集群内实现。其实，这也是 Dubbo2.x 和云原生不兼容的原因。目前，我们正在规划将 Dubbo2.x 版本升级到 Dubbo3.0。

4）Kubernetes 服务由运维人员手动进行配置。

5）消息队列由 Kafka 处理。

结合现有的服务访问链路，我们可以抽象出以下 5 种场景。

1）Kong 网关转发流量；

2）Dubbo 服务调用；

3）Kubernetes 服务转发流量；

4）其他七层负载转发请求；

5）Kafka 传递消息。

（2）灰度发布方案设计

这里我们解决上文提到的灰度发布 4 个基本问题，其中灰度策略执行解决方案包含在流量层灰度控制、数据层灰度控制、流量切换解决方案部分。

1）灰度流量识别解决方案。在流量入口处判断 request context 中是否带有灰度标识 grayid。grayid 用于标识用户身份。考虑到用户非登录场景，建议 grayid 选择设备 id 等唯一标识符。通过 grayid 的值，我们可识别流量是否是灰度流量。

2）灰度策略下发解决方案。有别于 Istio、Spring Cloud 的灰度发布方案，我们采用的灰度策略是不进行全局下发而是携带在灰度追踪中。假定本次请求的灰度追踪中含有 {type="dubbo", name = "serviced", version = "gray" }，当调用服务 D 时，则调用服务 D 的 gray 版本。

结合公司目前技术栈，平台支持服务、域名、Kafka Topic 三个层面的灰度发布。考虑到灰度版本的可扩展性，平台增加了 version 字段，便于后续部署多个灰度版本。

3）灰度追踪解决方案。在流量入口处通过 grayid 识别出灰度流量后，添加灰度策略到 request context 中，随服务调用逐层传递。

如图 3-20 所示，假设已经部署服务 D 的灰度版本，前端服务请求的 http header 中带有灰度标识 grayid，Kong 网关作为流量第一入口处判断流量是否是灰度流量，如果是灰度流量则设置灰度策略 {type="dubbo", name = "serviced", version = "gray" }，并在转发请求时添加到 http header 的 grayrules 中。服务 B 接收到请求后，如果在本次请求上下文中调用服务 D，则根据灰度策略调用服务 D 的 gray 版本。

4）流量层灰度控制解决方案如下。

❑ Kong 网关转发流量：获取 http header 中 grayid，如果 grayid 的值等于预定值，则注入灰度策略。如果对上游服务进行灰度测试，则将流量转发到上游灰度版本的服务，否则仍然将流量转发到默认上游服务。灰度环境下的域名命名规则为 ${domain}-gray.xx.com。

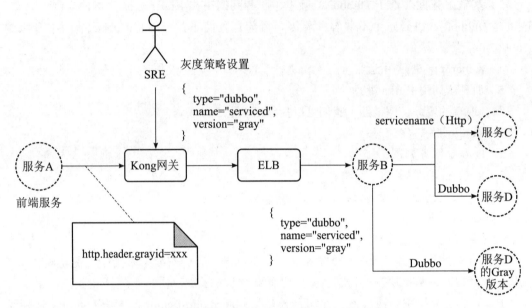

图 3-20 基于灰度策略的服务访问链路

❑ Dubbo 服务调用：利用 Dubbo 的打标签机制实现灰度发布。如图 3-20 所示，服务 B 通过 Dubbo 调用服务 D，假定服务 D 部署了一个正式版本和一个灰度版本，灰度发布详细为：启动服务 D 灰度版本时设置 dubbo tag=gray；当服务 B 调用服务 D 时，如果 request context 中带有灰度追踪 { type="dubbo", name = "serviced", version = "gray" }，则调用服务 D 的 gray 版本。

❑ Kubernetes 服务转发流量：如图 3-20 所示，服务 B 通过 Kubernetes 服务调用服务 C，假定服务 C 部署了一个正式版本和一个灰度版本，当服务 B 调用服务 C 时，如果 context request 中带有灰度追踪 { type="http", name = "servicec", version = "gray" }，则调用服务 C 的 gray 版本。

❑ 其他七层负载转发请求：实现原理同 Kubernetes 服务转发流量的原理。

5）数据层灰度控制解决方案如下。

❑ Kafka：采用同集群多 Topic 方式进行灰度验证，Kong 网关和自运维管理平台需要配置相应的灰度 Topic 和灰度版本号。同时，在平台下发配置后，生产者和消费者端需要进行灰度版本信息设置。

平台需要下发的配置如下：

GRAY_KAFKA_TOPICS = <Topic1>, <Topic2>

对于生产者端，灰度追踪通过 Http、Dubbo、Kafka 等载体传递并保存在请求上下文的
ThreadLocal 中。如果当前发送的消息对应的 Topic 在灰度追踪中，则在 Topic 名称后面加
上灰度版本号，即消息会发送到对应的灰度 Topic 中。同时，生产者端在发送消息前需要将
灰度追踪注入消息 Header，透传给下游应用。

对于消费者端，当启动应用时，其根据在自运维管理平台配置的灰度 Topic 和灰度版
本号，订阅原 Topic 时在原 Topic 后面加上灰度版本号，即订阅的是灰度 Topic。同时，消
费者接收到消息时将灰度追踪注入约定好的 ThreadLocal 变量。

❑ MySQL：支持根据业务系统自身特点实现。
❑ ElasticSearch：支持根据业务系统自身特点实现。
❑ Redis：支持根据业务系统自身特点实现。

6）流量切换解决方案如下。

通常，灰度版本验证无误后，我们可以在运行时进行流量切换将其变为正式版本，关
键技术点如下。

❑ 移除 Dubbo Tag 服务标签，将灰度版本变为正式版本；
❑ 修改 Kafka 消费者消费的 Topic 为正式的 Topic；
❑ 修改 Kubernetes Service 或 Nginx 指向。

（3）灰度发布方案实现

灰度发布涉及自运维管理平台、Dubbo 客户端、Http 客户端、Kong 网关、MQ 客户端
的改造，如图 3-21 所示。

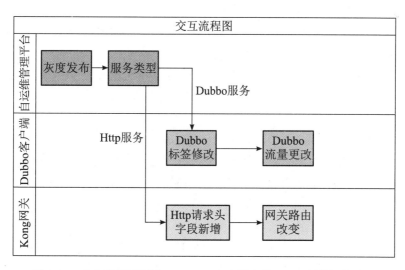

图 3-21　自运维管理平台、Dubbo 客户端以及 Kong 网关间的交互

自运维管理平台支持灰度发布的配置和回退（见图 3-22）、流量的配置和切换、域名的配置和回收等。

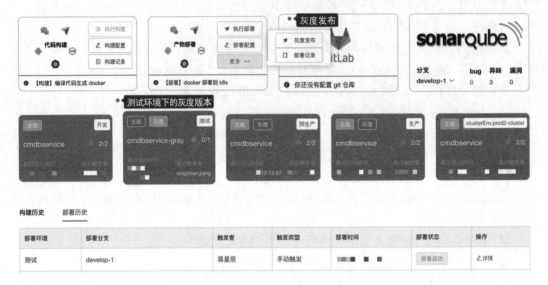

图 3-22 自运维管理平台灰度发布界面

其中，自运维管理平台的控制台新增 3 个核心功能。

1）全量发布和灰度发布。

2）运行态服务支持不同环境下发布版本的切换。

3）除生产环境以外，其他环境下只允许存在 3 个不同版本的服务。（超过 3 个并行验证版本说明团队协作方式或任务规划有问题。）

灰度发布包括金丝雀发布、蓝绿部署和 AB 测试等。其中，金丝雀发布是最常见的应用场景。改造平台特别定制了一个金丝雀发布模板，方便用户快速验证功能，具体如下。

1）服务实例数只能是 1，并且不需要额外的工单申请。

2）服务的部署资源（CPU 和内存等）配置为默认值，也不需要工单申请。

金丝雀发布一般是针对内部功能验证，所以配置参数规格不会太高，保证服务能够正常运行即可。

同时，改造平台支持自定义发布，具体如下。

1）服务实例数默认为 2，最大可设置为 10（防止资源浪费，特殊需求可走工单申请）。

2）资源的配置规格和监控检查项等和主版本保持一致。

3）根据情况选择是否开启基于 Dubbo 的灰度发布，开启后默认注入 GRAY_DUBBO_

TAG 到服务的环境变量，Dubbo 客户端会读取并做相应的转发策略。

4）根据情况选择是否开启 MQ 灰度，开启后用户需要在对应输入框中指定哪些 Topic 进行灰度验证。

改造平台支持不同灰度版本间的切换，并支持灰度版本回退。

（4）灰度发布策略设置

针对基于 Dubbo 和 Http 的服务，我们可以进行灰度发布策略设置，包括设置灰度版本服务的下线策略、流量接管策略和自定义流量策略。

1）下线策略设置：直接删除灰度版本服务负载，同时释放灰度版本服务依赖的中间件资源以及相关域名资源等。

2）流量接管策略设置：将灰度版本服务负载实例流量比例设置为 0。

3）自定义流量策略配置：比如设置灰度版本服务的初始流量为基础版本服务流量的 10%，每隔 2h 逐步扩大 10% 的流量。同时，支持按照网段、浏览器类型、人群类型、应用市场渠道等进行流量策略设置。

（5）灰度发布方案的局限性和实践难点分析

想必大家读到这里会有如下几点感受。

1）该灰度发布方案基于有很大局限性的基础架构实现，不符合云原生。

2）该灰度发布方案并没有彻底地实现灰度发布，部分功能仍需研发团队提前设计灰度发布策略，比如需要提前考虑脏数据的处理方式等。

3）灰度发布策略的实现比较局限，无法进行多维度定制化设置。

灰度发布的难点如下。

1）灰度版本服务下线时，需确保没有新流量进入。

2）灰度发布的一个很重要功能是验证上线后的版本是否正常，若版本有问题需要进行版本回退。在没有灰度版本的情况下，可以简单地回滚这个时间段内的服务产生的数据；在有灰度版本的情况下，要能区分灰度版本服务和非灰度版本服务所产生的数据，这对于数据处理来说是非常复杂的。

所以，灰度发布本身就是一个非常复杂并难以落地的工程实践。要想做好灰度发布，研发人员需要从需求阶段就开始设计灰度发布策略，而所有中间件（比如 MySQL、Redis、配置中心等）的灰度版本也需要具备回退机制等。

综合以上，改造平台仅仅实现了低配版的灰度发布，主要解决了无法多版本并行测试的问题，缓解了随时构建开发环境的压力。同时，基于金丝雀发布和自定义发布功能，团队可提前在线上环境进行新功能的验证，并且可以按照发布策略逐步验证版本，进行测试右移实践，实现频繁构建和随机部署。

2. 支持并行分支开发

为了进一步提高并行验证效率，在开发环境下允许除 develop 以外的分支（称为"自由分支"）触发构建和部署流水线，这主要是为了满足研发人员并行开发和验证的需求，且在一定程度上减少了分支代码合并冲突，结合灰度发布，可进一步提升并行开发和验证效率。

不过，改造平台只允许自由分支代码构建和部署到开发环境，在其他环境继续执行原来分支策略。并且，自由分支需满足以下 3 个条件。

1）自由分支只能在分支策略允许的范围内进行选择（比如 feature* 分支）。

2）自由分支中提交的代码必须在 develop 分支也提交记录，需满足代码提交的一致性校验检查规范。

3）自由分支有一定的数量限制，过期的自由分支会被自动清理。

基于以上条件限制，我们经过多维度调研和多部门协调，最终达成一致的解决方案。该方案只是满足了技术团队某个阶段中一些特定场景的需求。但上述罗列的问题分析方法和解决思路，值得大家参考。

当然，技术团队也没有停止前进的脚步。随着 Dubbo3.0 版本的升级，技术团队也在走向云原生的道路上，我们也在积极调研 Istio 等解决方案。无论技术是否先进，我们更看重能否真正解决技术团队面临的问题，这一点已经深入效能团队的"骨髓"。

3.4 如何让研发团队实现自运维管理

我们的目标是让研发团队结合基础的工程实践、流程规范以及平台，通过"线下协作 + 线上协同"双重模式，最终实现基于服务的自运维管理。这些能够有效落地的前提是 Kubernetes 集群是稳定的，同时让研发人员融入自运维体系。

3.4.1 制定稳定性检查规范标准

为了保障 Kubernetes 集群的稳定性和运行效率，我们配合运维团队从稳定性检查规范标准、集群发布规则、集群变更规则、应急响应和事后复盘 5 个维度共同开展 Kubernetes 集群的稳定性管理、变更管理和生命周期管理等相关工作。而我们的职责是提供 Kubernetes 集群运行效率提高和稳定性保障层面的工具，帮助运维团队提高工作效率。

其中，集群发布规则和集群变更规则已经在自运维管理平台实现，应急响应和事后复盘等活动将在第 5 章进行讲解。下面重点阐述稳定性检查规范标准的制定以及如何在平台落地。

下面从工作负载运维、集群运维以及可用性运维角度制定稳定性检查项。

1）从工作负载运维角度，要做到自运维、自动化、可视化，如表 3-1 所示。

表 3-1 工作负载运维角度的稳定性检查项

类别	评估项目	类型	影响说明	实施建议	执行人	检查方式
工作负载	创建工作负载时需设置 CPU 和内存的限制范围，提高业务的健壮性	部署	当同一个节点上部署多个应用，且未设置资源上下限的应用出现资源泄露问题时，其他应用会因分配不到资源而出现异常	自运维管理平台自动限制 request: 0.5C 1G limit: 2C4G	研发人员	自动
	创建工作负载时可设置容器健康检查：工作负载存活探针和工作负载业务探针	可靠性	容器健康检查未配置会导致业务出现异常时 Pod 无法感知，从而导致不会自动重启业务，最终出现 Pod 状态正常，但 Pod 中的业务异常的现象	通过自运维管理平台设置并强制检查	研发人员	自动
	工作负载创建时，避免针对单节点设置 Pod 副本数，要根据业务合理设置节点调度策略	可靠性	如设置单节点 Pod 副本数，当节点异常或实例异常会导致服务异常，为确保 Pod 能够调度成功。请确保在设置调度规则后，节点有空余的资源用于容器的调度	通过自运维管理平台设置并强制检查	基础运维	自动
	合理设置亲和性和反亲和性	可靠性	对外提供服务的应用，如果以"或"的关系同时配置"亲和性"和"反亲和性"。当应用升级或者重启后，大概率会出现服务无法访问现象	建议在平台只设"亲和性"或只设置"反亲和性"	研发人员	手动
	设置应用生命周期中的"停止前处理"，确保升级或者实例删除时可以提前将实例中运行的业务处理完	可靠性	如果没有配置，用户在升级应用时，Pod 会被直接杀死，导致 Pod 中运行的业务执行中断	基于 Dubbo 框架实现优雅退出方案	架构运维	自动
	设置工作负载实例分布在不同可用区的节点，提高可靠性	可靠性	跨可用区会增加 Pod 访问时延	适合对服务可靠性要求较高的场景，可在平台进行配置	研发人员	手动

2）从集群运维角度，要做到环境稳定可靠、部署依赖低、易于运维，如表 3-2 所示。

表 3-2　集群运维角度的稳定性检查项

类别	评估项目	类型	影响说明	实施建议	执行角色	检查方式
集群	创建集群前，根据业务场景提前规划节点网络和容器网络，避免后续频繁扩容	网络规划	集群所在子网网段较小，可能导致集群支持的可用节点数少于业务所需容量	运维团队需提前规划	基础运维	手动
	创建集群前，提前梳理云专线、对等连接、容器网段、服务网段和子网网段等相关网段的规划，避免网段冲突而影响业务	网络规划	对于简单组网场景，按照页面提示配置集群相关网段，避免冲突；对于复杂组网场景，例如对等连接、云专线、VPN 等。网络规划不当将影响整体业务正常互访	1. 云上 VPC 通过 VPN 与办公网打通 2. 生产与测试环境下，VPC 隔离 3. 可通过对等连接打通 VPC 网络 4 预生产，生产环境部署在同一个 VPC	基础运维	手动
	使用多控制节点模式，创建集群时将控制节点数设置为 3，并且分布在 3 个可用区	可靠性	多控制节点模式开启后将创建 3 个控制节点。在单个控制节点发生故障后，集群可以继续使用，不影响业务	设置 3 个节点，并且段 master 节点跨 3 个可用区，以保障高可用	基础运维	手动
	创建集群时，根据业务类型和规模选择 kube-proxy 模式，当前支持 iptables 模式和 ipvs 模式	部署	测试数据表明，在 1000 个服务，1 万个后端 Pod 规模下，ipvs 在短连接场景下，访问时延更低，CPU 消耗更少	微服务 Pod 大于 1 万时，建设使用 ipvs 模式；小于 1 万时，区别不大	基础运维	手动
	创建集群时，可选择开启集群 CPU 绑核功能	部署	对于计算密集型业务，如转码、广告等，可以开启集群绑核功能，这样容器在运行时，可以独占 CPU，而不会发生抢占	可选，非计算密集型业务不用开启。可通过自运维管理平台进行配置下发。创建的 Pod 的资源配置中 CPU limit 和 request 数值相同	研发人员	手动
	集群 NameSpace 设置 Pod 数、CPU、内存	可靠性	防止 master 节点异常	通过自运维管理平台自动检查	研发人员	自动

3）从可用性运维角度，要做到可保护、可备份、可监控、可灰度，如表 3-3 所示。

表 3-3　平台工具维度的检查项

类别	评估项目	类型	影响说明	实施建议	执行人	检查方式
容器数据持久化	根据实际需求选择合适的数据卷类型	可靠性	节点异常且无法恢复时，存在本地磁盘中的数据无法恢复，而云存储此时可以提供极高的数据可靠性	建议通过自运维管理平台配置云存储	研发人员	手动
数据备份	对应用数据进行备份	可靠性	数据丢失后，无法恢复	建议通过自运维管理平台配置数据备份	研发人员	手动
主动运维	配置监控告警，以便出现异常时及时收到告警和定位故障	监控	未配置监控告警，将无法建立容器集群性能的正常标准，在出现异常时无法及时收到告警，需要人工巡检环境	在 APM 平台配置集群、中间件、应用负载级别的监控告警策略	研发人员	手动
主动运维	配置灰度发布策略，以便进行小规模迭代式验证新业务	可靠性	当新功能上线后，可先由部分用户体验，不断打磨业务规则后，再逐步放开，避免问题大规模爆发	建议通过自运维管理平台进行灰度发布策略设置	研发人员、业务人员	手动

这些稳定性检查项大部分已经在自运维管理平台进行约束或可通过平台进行配置管理。限于篇幅，一些功能的实现方法不再介绍，比如 Pod 的优雅退出、容器登录、通过 Arthas 进行 JVM 问题排查、容器磁盘限制、监控告警策略配置等。感兴趣的读者可进入"参考资源"中第 3 章的"方法实践"寻找答案。

3.4.2　研发人员融入自运维管理体系

1. 提供基于服务的自运维管理功能

自运维管理平台支持基于服务的自运维操作、服务实例登录、操作审计、部署全过程回溯等，便于研发人员自行进行服务全生命周期管理，如图 3-23 所示。不过，在不同环境下，不同角色有不同的操作权限限制。

2. 提供基于工单的服务资源自助化申请功能

第 2 章讲到服务全生命周期的资源可通过工单系统进行申请。目前，工单系统已经打通所有资源管理平台（比如各中间件管理平台、数据库管理平台、云资源平台等）。研发人员可正向进行服务资源的申请，也可逆向进行服务资源的解绑和删除。当申请的服务资源审批通过后，各资源管理平台将自动绑定服务与资源之间的关系，让用户快速获取部署服务前所需的任何资源。

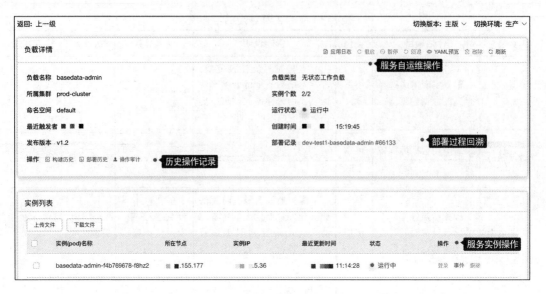

图 3-23　基于服务的自运维操作

3. 提供具有弹性伸缩特性的自动化运维功能

在 Kubernetes 集群中，弹性伸缩一般涉及扩缩容 Pod 个数以及节点个数。Pod 代表服务的实例数。在业务高峰，我们需要扩容服务的实例个数。所有的 Pod 都运行在某一个节点（虚机或裸机）上。当集群中没有足够多的节点来调度新扩容的 Pod 时，我们需要为集群增加节点，从而保证正常提供服务。

技术团队在业务前期可通过手动调整的方式进行容量扩缩。运维人员可通过手动调整的方式设置工作负载和节点的监控告警指标。当运行指标达到阈值时，监控平台会触发告警并发送消息给服务负责人和运维人员。同时，运维人员可在云平台通过手工调整的方式进行人工容量扩缩。

在业务量不大的情况下，运维人员每两周或每月统一进行调整即可。同时，自运维管理平台支持针对从部署到开发、测试和预生产环境的服务进行批量配置下发（配置下发只会更新服务对应的配置参数到所关联的集群，不会重启服务），一定程度上降低了运维操作成本。

云容器引擎有两种自动弹性伸缩策略：HPA（Horizontal Pod Autoscaling，Pod 水平自动扩展）和 CA（Cluster Autoscaling，集群自动缩放）。HPA 负责工作负载弹性伸缩，也就是应用层面的弹性伸缩；CA 负责节点弹性伸缩，也就是资源层面的弹性伸缩。通常情况下，两者需要配合使用，因为 HPA 需要集群有足够的资源才能扩容成功，当集群资源不够时需要 CA 扩容节点，使得集群有足够资源；集群缩容后会有大量空余资源，这时需要 CA 缩容节点、释放资源，才不至于浪费资源。

现阶段，自运维管理平台通过对接云平台提供的 API，可以很容易地实现弹性伸缩，并且节点和 Pod 的伸缩变化过程可以非常通过平台观察到，基本能够满足大部分业务场景需求。由于这些功能都是云平台已有的能力，本节不再详细讲解。

有了稳定性检查规范标准的保障以及改造平台的支持，我们既做到了让研发人员高效协作，也做到了让研发人员在安全的环境下进行跨职能操作，进而实现基于服务的自运维管理，进一步提升了团队的研发效率和协作效率。

3.5　深度思考

3.5.1　研发效能的思考

1. 研发效能提升是否一定由技术驱动？

研发效能提升的影响因素包括人、流程、技术、文化、组织结构等。技术只是其中一环，可能在部分公司影响占比大，比如云原生、容器、微服务、低代码、人工智能技术可使平台自动化和一体化，确实可直接或间接提升研发效能。不过，技术终究要服务于业务，业务效能提升才能给公司直接创造价值。从此角度来说，技术驱动可能是次要的，更多的是业务驱动。综上所述，我们可能需要考虑多种影响因素，只是不同阶段要考虑的重点不同而已。

所以，无论精益还是敏捷管理，DevOps 都需要以持续交付有价值的业务为核心目标。

2. 只为了上云还是充分利用云原生的力量？

云原生不只是迁移业务到云上，而是要充分利用云基础设施和服务的独特性快速交付业务价值。如果上云后，组织间还存在部门墙，团队协作还保持强瀑布协作模式，工程实践还停留在发现问题再解决问题，使用云原生可能是一种浪费。在这种情况下，让研发和测试人员使用一套新系统反而会降低效率。

3. 如何持续提升研发效率？

- ❑ 尽可能促进组织交付更多价值，包括缩短生产和交付周期、提升价值交付量和价值交付质量。
- ❑ 尽可能促进端到端协作，提升需求全链路流动效率。
- ❑ 尽可能激发员工内驱力，促进员工成长。
- ❑ 持续获得有价值的业务需求，通过反馈持续改进方法，持续验证，持续闭环。

4. 团队是否还在破窗效应中挣扎？

脏代码、技术债务、测试脚本运行慢、大量集成后统一发布、信息不透明、低可视化、笨重的流程，这些都可能引发破窗效应。

若工程组织为研发人员提供一个低效的流程，它会产生复合效应，扩展到整个组织，侵蚀其他人，让他们完全接受这个现实。

5. 度量的本质是什么？

认清研发效能度量的目的和原则：度量只是手段，目的是系统性地持续改进而非控制。要做到多维度度量，度量非横向比较，即时的度量胜于长周期度量，整体度量胜于局部度量只是绩效评估手段之一。

加速微反馈回路并极力推行：反馈时间短一些，研发人员就会更早、更频繁地进行验证；反馈回路应反馈易于理解的结果，降低反复沟通成本。

所以，高效是研发人员的动力。没有摩擦，他们就有时间创造性地思考。

3.5.2　Kubernetes 声明式 API

所谓声明式 API，指的是只需要提交一个定义好的 API 对象来声明，就能实现期望的功能。声明式 API 以 PATCH 方式对 API 对象进行修改，而无须关心本地原始 YAML 文件的内容。

Kubernetes 项目可以基于对 API 对象的增、删、改、查，无须外界干预，完成对实际状态和期望状态的调谐。

所以，声明式 API 才是 Kubernetes 项目编排的核心所在，同时也是自定义 API 对象、自定义控制器、实现标准 Kubernetes 编程范式的基础。

对于程序 $ kubectl apply，kubectl apply 执行了一个对原有 API 对象的 PATCH 操作。

kube-apiserver 在响应命令式请求时，一次只能处理一个写请求，否则可能产生冲突。对于声明式 API 请求，kube-apiserver 一次能处理多个写操作，具有代码合并能力。

以上通过学习张磊老师的课程"深入剖析 Kubernetes"总结而出。

3.5.3　为什么 Kubernetes 需要 Pod

1. Kubernetes 本质

容器可类比为云计算系统中的进程，容器镜像可类比为计算系统中的 .exe 安装包，Kubernetes 可类比为操作系统。在一个真正的操作系统里，进程并不是独自运行的，而是以进程组的方式有原则地组织在一起。Kubernetes 所做的其实就是将进程组映射到容器，成为云计算的主流。

所以，容器的单进程模型并不是指容器里只能运行一个进程，而是指容器没有管理多个进程的能力。

2. 容器设计模式

Kubernetes 真正处理的还是宿主操作系统上容器的 Namespace 和 Cgroups。Pod 中的所有容器共享一个 Namespace，并且可以声明共享一个 Volume。对于 Pod 里的容器 A 和容器 B 来说，它们可以直接使用本地主机进行通信，并且和 Pause 容器共享网络设备。一个 Pod 只有一个 IP 地址，也就是这个 Pod 的 Namespace 对应的 IP 地址；所有网络资源被该 Pod 中的所有容器共享。Pod 生命周期只和 Pause 容器的生命周期一致，而与容器 A 和容器 B 的生命周期无关。

所以，如果你要为 Kubernetes 开发一个网络插件，应该重点考虑如何配置 Pod 的 Namespace。

3. 传统应用架构过渡到微服务架构

Pod 实际上是在扮演传统基础设施里虚拟机的角色；容器则是这个虚拟机里运行的用户程序。把整个虚拟机想象为一个 Pod，把这些进程分别当作容器镜像，把有顺序关系的容器定义为 Init Container，这才是更加合理的、松耦合的容器编排诀窍，也是传统应用架构到微服务架构最自然的过渡方式。

所以，Pod 提供的是一种编排思想，而不是具体的技术方案。

3.6　本章小结

下面让我们一起回顾本章的主要内容。

1）通过简单的介绍让大家了解技术团队上云的背景以及技术基础架构在上云前的局限性和不兼容性。

2）基于基础架构和平台改造，降低了技术团队上云的门槛。

3）通过加强产研协作流程规范的约束以及转变认知思维，进一步强化了技术团队频繁构建、频繁测试、持续验证等研发习惯。

4）以服务视角改造了自运维管理平台，扩展了流水线特性，通过工程实践能力建设以及解决扩展问题，让技术团队进一步接近持续集成和持续部署。

5）随着稳定性检查规范标准的制定以及平台弹性伸缩功能的自动化配置，研发人员可借助平台融入自运维管理体系。当解决了多版本并行验证问题后，研发人员可通过灰度发布策略实现随机部署、按需发布。

这时，可能有人已经发现我们的"套路"——所谓的"研发效能提升范式"。

我们提升研发效能的范式为：根据锚定的目标（阻碍点、痛点）识别技术团队所需要的能力，导入与能力相匹配的实践（工程实践方法），不断强化实践，再结合流程和工具使能力本身得到提升（自管理）。

这时，可能也有人发现我们一直没有实现持续集成、持续部署。

我们的回答是：不需要让研发人员了解什么是持续集成和持续部署。当研发团队直接反馈工作效率得到提升、业务团队直接反馈业务需求可快速验证并赢得市场认可时，这些概念都不再重要。

我们看重的是什么？

对于我们来说，最看重的就是赋能技术团队的能力：始终能够找到新的突破点，持续追求更好的状态。技术团队要具备持续改进的能力，而不只是简单地学会使用工具或通过指标发现问题。

第 4 章 *Chapter 4*

如何通过度量指标驱动团队改进

当一个政策变成目标，它将不再是一个好的政策。

—— 古德哈特定律

在软件开发领域，特别是在研发效能领域，度量是一个无法回避的话题。无论做任何事情，我想大家都想通过量化指标来判断做得好不好，尤其是对于管理角色来说。前 3 章提到了指标相关内容。项目的有效推进主要是靠度量指标反馈出现状和问题，进而从中探索出改进方向。

研发效能领域的实践者和软件领域的知识工作者只有掌握建立度量指标体系、选取关键指标、做好度量运营以及实践过程中的指导原则和方法，才能够从全局视角协助并驱动各层级管理者发现和解决团队中的问题。

本章将作为承上启下的环节，为读者阐述我们效能团队构建度量指标体系的过程。

4.1　故事承上启下

让我们先通过两个事件，看一下度量背后的有趣故事。

4.1.1　两个有趣的故事

1. 发生在我们身边的故事

第一个故事发生在一个阳光明媚的下午。

一个温柔的 PM 气喘吁吁地跑过来说："提一个需求，通过咱们平台计算出项目成本，看看怎么实现，这是 CTO 想做的，最好是本周上线。"

周围的五双眼睛愣了神，凝重的气氛最终被黑猫的一句话打破了："项目成本指的是什么？是项目所用软硬件的费用？人力投入？还是……"

PM 没等黑猫把话讲完，补充了一句："应该是项目的人力投入，包括项目开始前的人力预估、项目开发过程中每人每天的人力投入以及项目结项后的实际人力投入。"

黑猫：想如何统计呢？是想在创建项目的时候直接让项目经理填写人力估算工时？还是想将估算过程放到线下进行，让研发人员各自估算完后将预估工时填入平台？

PM：这个估算过程能做到线上吗？比如在每个研发人员创建任务时，直接填写预估工时，然后提交审核，上级审核通过后方可进入研发环节，否则驳回让研发人员重新估算。

我：你说的人力指的是每个人每天在项目上投入的人力工时是吗？若是这样，每个人需要每天创建很多任务，并且需要针对每个任务登记工时，这种方式已经改变了研发人员的研发习惯，不利于推广落地。

PM：我们已经在各部门负责人例会上通告过了，没人反对。CTO 也同意了，你们尽快实现就行，剩下的由我们来推进。

之后，黑猫给他们讲了一些通过工时度量项目成本的利害，这个时候肯定没有人能听进他的意见。PM 现在肯定一股脑地在想如何尽快将新功能上线，并且认为这个事情既然 CTO 都同意，推进起来应该很简单。

我们去调研了几个部门负责人，好像他们确实没有反对的意思，只是不能很清楚地讲明白 PMO 想通过这个功能做什么，只是知道需要每个研发人员在创建任务时填写人力工时，而 CTO 也只知道通过这个功能可了解项目的投入成本。

对于我们来说，功能的实现很简单，比较复杂的是需要新增和融合一些统计页面，会影响到全局的统计和查询。在当时情景下，我们只能实现这个功能，并在上线前让 PM 进行验收。

新功能上线后，我们一直在观察 PM 的推进过程。

首先，PM 强制要求所有研发团队填报项目关联任务的工时，并且要求每个关联任务的工时不能超过 16h，计划开始时间和完成时间之间的跨度不能超过 3 个工作日。

其次，PM 每天汇总所负责项目的指标数据，并在部门负责人群里进行公示，通过部门指标数据对比的形式，让各部门负责人分析各自的问题。若某个部门出现多个未按时完成或未按时关闭的关联任务，相应部门负责人需要缴纳惩罚金。所以，各部门负责人每次都能及时地将 PM 统计出来的指标数据转发到部门群里，并要求所有研发人员积极配合。

经过几次会议后，各部门负责人才恍然大悟，原来这一切都是为了考核各部门的员工工作饱和度、操作及时性以及估算准确性。

两个月过后，所有项目的人力投入状况良好：每天人均投入约 9h，估算偏差率在 5% 以内，任务逾期率大约在 60%。

PMO 对此非常满意，并向 CTO 多次汇报。各部门负责人也挺满意，因为他们没有增加工作量。只是 PM 需要天天催填、催关、催更改状态。心中最苦的应该是一线研发人员，他们天天配合着 PM 进行各种操作，这也是任务逾期率高的原因。

这种状态并没有持续多久，虽然每个部门（团队）的指标数据都不错，但一线研发人员的怨声已经传入各部门负责人耳中，这种通过登记工时来评估员工工作饱和度和估算能力的行为已经脱离了现有的研发习惯。

2. 发生在某餐厅的故事

为了提供优质的服务，某餐厅的每位员工都背负着"服务至上"的 KPI，比如只要是来吃火锅的客人戴了眼镜，他们就必须提供一块眼镜布；只要杯子里的饮料少于 1/3，他们就要赶紧给客人加饮料；只要客人带了手机，一旦把手机放在桌上，他们就要赶紧用塑料袋把手机给套上。如果做不到，公司就会扣他们的服务分，最后直接反映在绩效上。

这样的度量体系直接导致每位服务员为了绩效而不断地打扰顾客，降低客户体验。当然，也会有人愿意为这些服务买单。

4.1.2　度量的反模式

引用茹炳晟老师的一段话：面对变革，最重要的并不是方法和技术的升级，而是思维模式的升级。对于软件研发效能的度量，绝大多数情况下我们还在试图用工业时代形成的科学管理理念来改进数字经济时代的研发模式。时代变了，很多事物的底层逻辑也已经变了，工业时代形成的科学管理理念在数字经济时代可能已经不再适用。

上面这段话和上文中讲到的脱离研发习惯有着同样的道理。换句话说，我们不能通过增加研发人员其他方面的负担来提升局部的研发效能。其实还有一点，人大多是不愿被管理的，当平台成为监督、监控的工具时，这个平台也将失去提升效率的价值。

在研发效能领域，度量也有很多误区。

1）将度量和个人考核 KPI 挂钩。一旦产生这样的关联，你想要的数据可能很容易在一段时间内体现出来，但这些数据和想要达到的目标可能没有直接的关系。

2）将效率和效能混为一谈，只追求效率的提升。研发效率指的是开发速度，而研发效能指的是持续高效率地实现有价值的需求。比如通过代码行数和迭代速率来衡量研发团队的研发效能是错误的。在极端情况下，若做的需求没有任何价值，研发人员提交代码的行数越多，迭代的速率越快，可能后续重构代码的可能性就越大。这往往也是团队内卷的开始。

3）盲目追逐指标数据完美。有些指标数据即使很好也不能完全说明研发人员做得不错，比如单测覆盖率达到 100%，系统还是可能出现 Bug，并不是说这个时候不需要测试了，而是需要测试人员更注重那些未被覆盖的代码逻辑验证。

4）通过单一维度指标或局部性指标反映全局问题。线上 Bug 数下降不能直接说明研发人员的代码质量有提升；加班多不能说明研发人员工作非常努力，更不能作为绩效考核的指标。

5）过程性指标数据通过人工录入来获取，或增加研发人员其他方面的工作量来获取。当过程性指标需要人工填写时，这个指标数据就已经不能客观反映研发过程的真实状况了。平台若做不到完全自动化，可结合少量人工，但应该尽量避免给研发人员带来为了度量而度量的错觉。

6）盲目追逐互联网大厂的研发效能度量手段。每个公司、每个技术团队、每个特性小组的问题、研发环境、业务形态、技术架构以及管理方式等都不相同，甚至每个公司高层的管理水平、认知高度都不尽相同，所以，互联网大厂的经验并不一定适用于当前你所在的团队，如果盲目采用可能适得其反。

也就是说，所有实践的落地都需要因地制宜。

4.1.3 大厂怎么做

1. 阿里巴巴的"211 交付愿景"

阿里巴巴的"211 交付愿景"为 85% 的需求 2 周内交付完成，85% 的需求 1 周内开发完成，创建变更后 1h 完成发布。可见，阿里巴巴注重团队的价值流动效率、资源利用效率以及交付质量，以此构建持续价值交付能力度量模型，如图 4-1 所示。

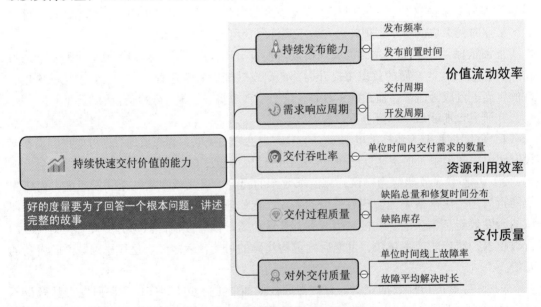

图 4-1　持续价值交付能力度量模型

其中，持续发布能力和需求响应周期反映端到端的价值流动效率；交付吞吐率反映资源利用效率；交付过程质量和对外交付质量共同反映交付质量。

这些指标反映了一个组织持续快速交付价值的能力。其中，价值流动效率是提升研发效能的核心抓手。研发效能的提升必须体现到利润、增长、客户满意度等指标上，并且要落实到具体技术改进和管理实践中。

 特殊说明 以上内容和图片可参考何勉老师的课程"研发效能提升 36 计"。

2. Facebook 的研发效能度量

曾任职于 Facebook 公司的葛俊老师分享了研发效能度量的观点：要真正发挥度量的作用，找到合适的度量指标，必须要先对指标进行分类。他推荐从团队和个人这两个维度对度量指标进行分类，其中团队维度又分为速度、准确度和质量三类，如图 4-2 所示。

（1）团队维度

1）速度：主要用来衡量团队研发的速率，比如前置时间（从任务产生到交付的时间）。

2）准确度：关注产品是否和计划、用户需求吻合，能否提供较大的用户价值。比如功能的采纳率，即用户使用该功能的占比。

3）质量：质量有问题，产品的商业价值会大打折扣。质量评估包括产品的性能、功能、可靠性、安全等方面。

（2）个人维度

个人效能：个人开发过程中的效率指标，比如开发环境生成速度、本地构建速度等。

特殊说明 以上内容和图片可参考葛俊老师的课程"研发效率破局之道"。

综合以上对度量指标的共同认知可以看出，对于研发效能的提升，我们应该从全局出发，注重过程的改进，并能够协助团队解决效率和价值方面的问题，同时将指标度量落实到日常的工程实践和管理实践中，保障项目落地的时效性和持续性。

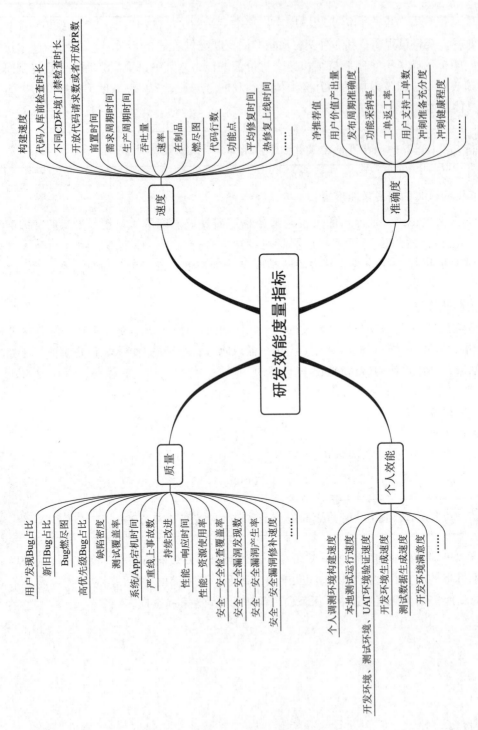

图 4-2　研发效能度量指标

4.1.4　我们之前怎么做

转眼间，我们已经与技术团队一起度过了一年左右的美好时光。让我们回顾一下之前采用的度量方法和策略，进而分析我们做得好的地方和做得不好的地方。

1. 做得好的地方

1）全局性指标和局部性指标配合推进项目落地。

在推进代码质量提升项目时，我们以服务发布故障系数作为全局性指标，代码缺陷、代码坏味道、代码漏洞、单测覆盖率、自动化测试通过率等作为局部指标共同驱动团队发现问题，并且根据每个团队的情况针对性地给出解决方案，设置不同的改进目标。总之，我们先从各个团队全局问题中找瓶颈，再深入协助团队解决细节问题。

2）目标驱动，度量产出有效性。

我们始终秉承着培养研发团队良好的研发习惯，进而营造属于本公司的工程师文化。我们通过技术债、提测失败率等相关指标度量代码质量；通过接口和脚本自动化测试通过率等相关指标度量团队测试能力；通过构建时长、单测耗时、多版本并发构建等相关指标度量团队频繁构建能力。这些都是能够直接衡量产出有效性的指标。

3）尽量让度量过程自动化。

代码提交会自动触发流水线执行，平台会根据研发人员提交的代码信息自动更改工作项状态。（工作项状态会逐级自动变更，比如当某需求开发的所有任务都完成时，需求的状态会自动变更为"开发完成"。）平台可通过执行流水线自动获取过程性指标，通过质量门禁把关流水线质量。同时，研发人员可通过平台的弹性伸缩功能实现运维自动化。

4）注重个人效能的提升。

一个比较有效的措施是解决研发人员多分支并行测试、多版本并行验证的问题。

5）注重全过程审计效率。

通过自运维管理平台，我们可追溯每次上线版本中的所有变更操作，包括对每个服务的任何一次操作以及每个服务实例的任何一次操作。通过工单系统，我们可追溯每个审核环节的操作记录，以及服务全生命周期的资源管理过程。

6）满足短暂的实验性需求。

任何团队的研发效能度量需要根据实际情况进行适时调整，允许一时的错误指标的存在，既要能通过客观指标进行度量，也要能结合主观指标进行评估（比如专家评估、领导拍板等）。

这也是我们和技术团队一起进化的过程。

2. 做得不好的地方

当然，在实践过程中，我们的实施方法和措施还有很多不足之处。

1）没有一套完整的度量指标体系。

虽然团队很早就意识到数据仓库的重要性，但关注点还是聚焦在如何选择度量指标、如何采集和计算、如何展示报表等问题上，依然在做一些单点能力的建设，并没有形成体系。

2）没有形成业务价值全链路交付过程度量全景图。

虽然我们落实了代码质量提升、频繁构建、测试左移、自运维管理等工程实践，但这些实践还局限在分阶段的提升，并没有按照交付顺序形成全链路度量指标全景图。

3）各平台间的度量指标并没有实现关联。

比如，测试平台的测试指标没有和在线协作平台中项目相关指标进行关联，这些指标只能通过平台间的 API 调用获取，成本比较高。

4）尚未培养出研发团队自主分析指标、自主寻找解决方法的能力。

现阶段，效能团队已经有充足的人力和时间，可谓天时地利人和。让我们一起行动起来吧！

4.2　如何搭建度量指标体系

我们认为研发效能度量的目标是让效能可量化、可分析和可提升，通过数据驱动的方式更加理性地评估和提升效能。而效能团队在罗列任何发现的问题的时候，数据一定是必备的。数据可以客观地说明问题所在、问题严重程度以及问题解决方向，从而让其他团队配合我们。当然，对于研发团队来说，分析指标就是它们自我发现问题和自我提升的手段。

因此，搭建一套度量指标体系，并能够让全员参与进来，就显得非常重要。这样，效能团队才能高效地按照一定的原则，选取不同的用户场景，提取不同维度的指标构建度量模型，找到合适的度量模式，在组织的支持下，有效地落地研发效能度量。

4.2.1　研发效能的度量原则

通过 4.1 节中关于度量反模式、互联网大厂研发效能度量以及我们之前度量方法的介绍，大家对行业中研发效能度量的普遍做法和原则应该有了一定认知。接下来，让我们总结一下研发效能的度量原则。

（1）注重指标的无害性

管理学有一个原则"你考核什么，你就会得到什么"。绩效指标对团队行为具有很大的牵引作用。研发人员的研发习惯是在一定阶段经过团队磨合形成的协作效率最高的工作模式。度量不应该改变已有的工作模式。

（2）注重指标的整体性和制衡性

以全局性指标为主，以局部性指标为辅，不要将目标放在对局部性指标的过度优化上。局部性指标比较易于实现，但可能会导致全局指标的劣化。比如将服务发布故障系数作为全局性指标，代码坏味道作为局部性指标，即使技术团队的代码坏味道降低到 0，服务也可能会发布失败，因为代码坏味道并不一定是直接导致发布失败的原因。全局性指标和局部性指标要相互制约、相互关联，比如需求交付周期与线上 Bug 数量、研发周期、代码质量相互影响。

（3）注重指标的动态性和演进性

我们在解决一个场景中的问题时，要在不同阶段选择不同的指标，或者动态调整关注点。比如对于提升构建流水线效率，前期可能需要关注环境问题、网络下载速度问题；后期可能需要关注单测耗时、流水线并行执行问题、代码扫描时长问题等。

（4）注重指标的外在性

以定量指标为主，以定性指标以及主观评价为辅，尽量使用定量指标客观评价，采集指标自动化，减少研发人员手工录入。当然在很多场景中，我们无法直接进行定量评估，比如工具的使用满意度、工时估算以及每日站会对团队协作效率的提升等，但这可以结合定性指标进行评价，比如通过专家评估、共识以及满意度调查报告来分析。

（5）注重指标的牵引性

以团队指标为主，以个人指标为辅。个人效能相关度量指标直接反映了研发人员的效率，对团队产出影响很大。但个人效能度量指标的设定要能够促进团队协作，指引团队改进。比如代码行数是个人效能度量指标，单测新增代码覆盖率是团队效能度量指标。因为代码行数增加得越多，单测新增代码覆盖率就越难以达到，进而影响团队士气，所以，代码行数无法引导团队改进，不适合作为此场景下的个人效能度量指标。

掌握了研发效能的度量原则，想必大家能够根据不同的场景选择相应指标，采用一定的方法推进问题的解决。接下来，让我们一起探讨如何通过构建数据仓库、建立数据模型、搭建可视化平台、做好度量运营等进行效能度量的实践。

4.2.2　研发效能度量的实践框架

张乐老师在文章《研发效能度量核心方法与实践》中提出：研发效能度量的成功落地需要一个相对完善的体系，其中包含数据采集、度量指标设计、度量模型构建、度量产品建设、数据运营，并形成一个实践框架，这被称为"研发效能度量的五项精进"。

我们在度量体系建设过程中参考研发效能度量的五项精进，并结合技术团队现状构建属于我们自己的实践框架。

1. 构建数据仓库，动态调整指标

公司初创期，存储数据很容易采用分而治之的模式，也就是每个平台构建一个独立的数据仓库。这种模式的优点是比较简单，每个平台内的数据获取效率比较高，但也有两个致命的缺点。

缺点一：平台间的数据聚合比较困难。

平台间的数据获取和逻辑处理需要通过 API 调用、DataLink 等中间件同步的方式实现。明细数据和汇总数据存放在 MySQL 中。获取这些数据会给系统设计带来很大的麻烦，因为只要在明细数据表中新增一个字段或为汇总数据新增一个统计维度，就需要进行代码编写。

为了提升数据获取效率，我们可使用 Redis 存放缓存数据，使用 ES 在表现层进行数据聚合和检索分析，但这样会增加数据逻辑层的处理工作量。这种模式比较适合规模不大的团队。

缺点二：平台度量功能模块变更时均需发版。

度量数据均采用 Vue 等前端框架组件获取，灵活度不高。每实现一个功能模块都需要前后端开发人员提供相关调用接口。度量指标的统计形式和展现形式发生变更，需要发版才能实现。

我们吸取这些经验，在搭建数据仓库的时候，采用 ELT 形式，针对数据进行分层处理，对齐统计维度。（比如按照团队、产品线、项目等维度进行统计，按照不同时间段、不同工作项、不同状态、不同事件等维度进行聚合等。）

（1）实时数据的 ELT 方案

实时数据的 ELT 方案如图 4-3 所示。

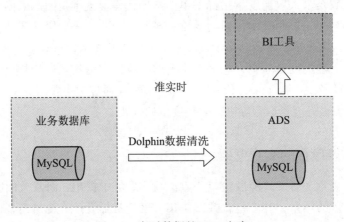

图 4-3　实时数据的 ELT 方案

搭建规范的 MySQL 数据库，通过在 Dolphin 平台（一种数据作业调度引擎）进行可视化数据清洗规则的配置，将处理后的数据存储到 ADS（应用数据服务层）；数据显示层通过 BI 工具进行数据加工，按照不同的 SQL 逻辑展示某场景的度量指标。此方案适用于对实时数据进行处理和展示的场景。

（2）T+1 分层数据（延期一天）的 ELT 方案

T+1 分层数据（延期一天）的 ELT 方案，如图 4-4 所示。

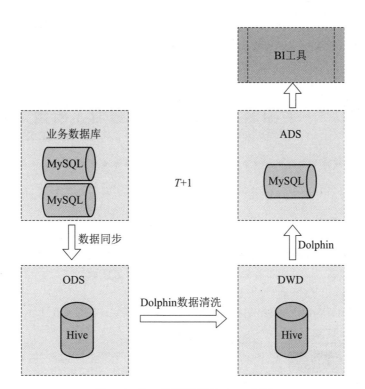

图 4-4　*T*+1 分层数据的 ELT 方案

　　搭建规范的 MySQL 数据库，产生的数据定期同步到 ODS（运营数据服务层）的数据仓库（Hive），经过 Dolphin 平台清洗之后，存储到 DWD（数据细节层）的数据仓库，再次通过 Dolphin 平台进行二次清洗，存储到 ADS，最后通过 BI 工具进行展示。

　　此方案适用于大数据处理场景，比如构建部署流水线相关统计、操作记录相关统计、趋势图和历史数据分析等。随着历史数据的积累，该方案的价值逐渐增大。

　　BI 工具有 Metabase、Grafana。我们使用的是 Metabase，它可以通过 URL 将数据集成到平台前端，即每次在 Metabase 平台配置后，刷新页面即可看到新配置统计规则下的数据，具体实现大致需要 4 步。

　　1）在 Metabase 平台上配置统计维度和可视化图形。图 4-5 在 Metabase 平台配置了团队在不同产品线、不同时间范围内的工作项逾期情况。实时数据用柱形图展示。

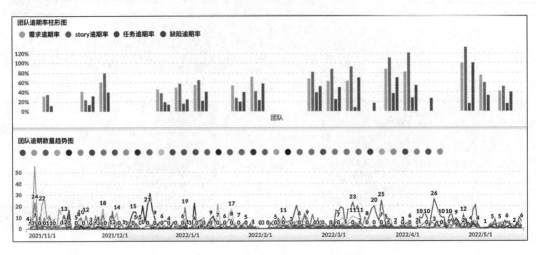

图 4-5　Metabase 平台配置效果展示

2）在 Metabase 平台配置可视化图形展示的数据逻辑，如图 4-6 所示。

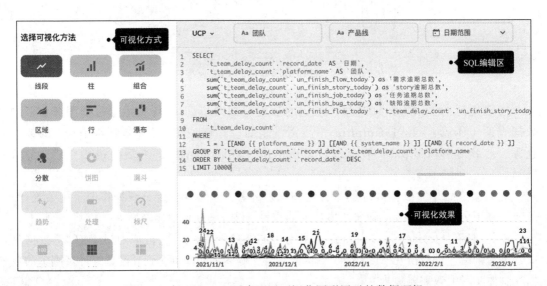

图 4-6　在 Metabase 平台配置可视化图形展示的数据逻辑

3）将代码清单 4-1 所示代码嵌入页面代码块。

代码清单 4-1 Metabase 平台产生的嵌入页面代码块

```
<iframe
src="http://devopsmetabase.xx.tech/public/dashboard/f1b0a9-691a-4b41-8fde-
cb0889dc09"
frameborder="0"
```

```
width="800"
height="600"
allowtransparency
></iframe>
```

4）一次性嵌入后，刷新页面，即可展示配置效果。若指标统计口径或展示图形有变动，只需调整配置规则即可。

底层数据表采用宽表模式，以穷举每个统计维度的字段。比如，项目下的基础字段包含计划开始时间、技术负责人、参与人员等；新增项目下工作项的完成进度字段包含任务总数、任务完成数、用例完成比例、P0 case 占比等。

通过对底层数据的存储设计、ELT 方案的选型、可视化层 BI 工具的选择，我们基本搭建了基础的数据仓库，同时动态调整指标。

2. 建立数据分析模型，解决场景化问题

研发效能领域的数据分析模型指的是通过对某一个或某一组特定指标的分析，汇总出下一步的改进方向和目标。

图 4-7 展示了从需求提出到功能上线，再到运维的全过程，通过交付周期、研发周期以及各阶段等待时长指标的组合，形成产研团队交付效率分析模型。该模型展示了一个需求价值交付的完整链条，可反映出需求的交付周期、研发周期、各阶段等待时长等，以便分析团队的问题。

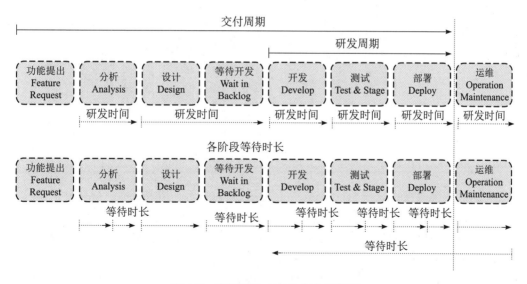

图 4-7　产研团队交付效率分析模型

前 3 章讲述的其实是 3 个场景：代码质量提升场景、测试左移场景以及自运维管理场景。为了度量这 3 个场景中的工作，我们构建了 3 组数据分析指标（可参考前 3 章内容）。在研发效能提升过程中，我们将其总结为 4 种度量分析模型。

1）产研效能维度度量模型：包括交付价值、研发质量、人力资源的度量，如图 4-8 所示。

图 4-8　产研效能维度度量模型

2）持续交付维度度量模型：包括发布故障系数、代码质量、单测质量的度量，如图 4-9 所示。

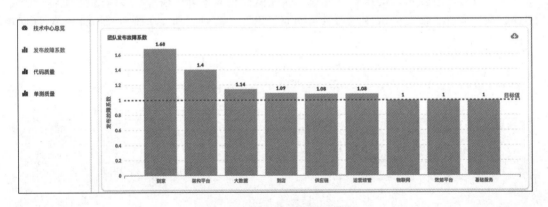

图 4-9　持续交付维度度量模型

3）团队效能维度度量模型：包括人力资源、质量分析、研发进展、逾期分析的度量，如图 4-10 所示。

4）项目交付维度度量模型：包括研发进展、测试进度、质量分析、人力资源的度量，如图 4-11 所示。

各技术团队可根据自身情况以及要解决的特殊场景问题，经过不断试错，构建属于自己团队的数据分析模型，最终形成技术团队各维度度量模型。

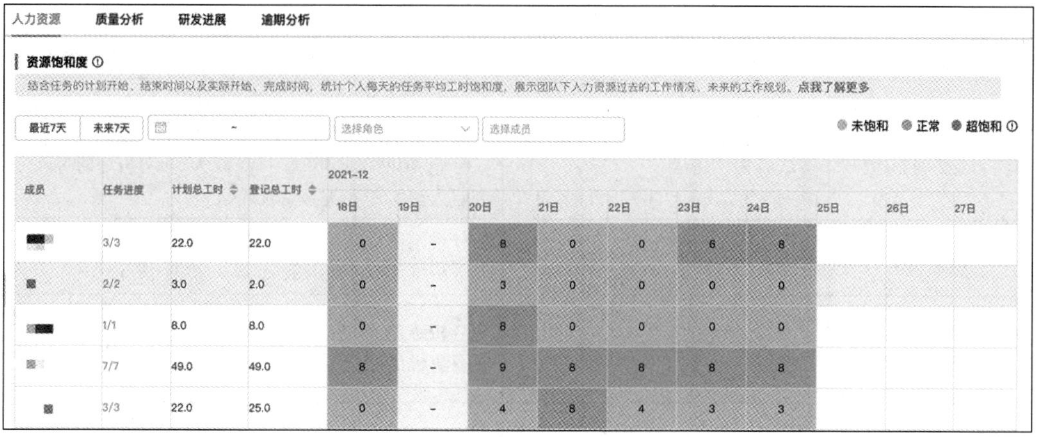

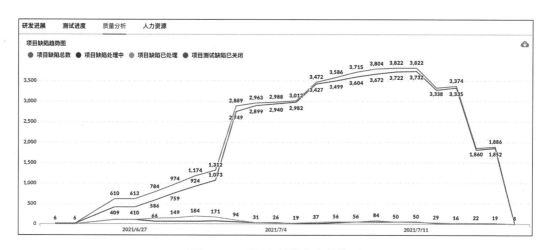

图 4-10　团队效能维度度量模型

图 4-11　项目交付维度度量模型

3. 搭建可视化平台，让研发人员自己分析和解决问题

平台度量可视化主要目的是通过不同形式展现多维度度量分析结果，让产研团队自己分析和解决问题。

平台应能支持多维度、多层次、多级别分析。多维度分析指的是任何一个事件或场景都应该通过多维度进行综合分析，比如可以按照团队、产品线等维度进行需求分析，如表 4-1 所示。多层次分析指的是平台能够按照产研过程进行分层度量，比如可按照业务规划层、需求交付层、技术实现层进行分析。多级别分析指的是可按照技术团队中不同层级的管理角色进行分析，让不同层级管理者关注不同的指标。

表 4-1　平台支持需求多维度分析

类型	说明	报表维度	业务价值
需求每日（或周期）累计（或新增）趋势	查看需求在某个时间维度的新增或者累计趋势	分析维度 X：每天 / 每周 / 每月 统计方式：新增趋势 / 累计趋势 分析维度 Y：状态、负责人、创建人、工作项类型、优先级	查看需求增量，分析近期需求
需求交付趋势	统计某时间段内交付吞吐率	分析维度 X：每天 / 每周 / 每月 分析维度 Y：需求数	分析需求交付情况
需求交付过程分析	需求各个阶段的时间长度	分析维度 X：需求交付全周期 分析维度 Y：停留时长	分析需求各阶段完成情况，以提升效能
需求交付（响应）周期	统计需求交付周期情况（按天计算） 需求平均交付周期：需求从创建到验收完成的平均时长 需求平均研发周期：需求从宣讲完成到研发完成的平均时长	分析维度 X：每天 / 每周 / 每月 分析维度 Y：时间	分析需求响应周期
需求超期交付率	统计完成的需求超期情况 超期完成：研发实际完成时间大于计划完成时间的需求数 超期率：超期完成需求数 / 完成需求数	分析维度 X：每天 / 每周 / 每月 分析维度 Y：个数 / 率	分析需求超期交付情况

可以看出，平台可视化包含多个层面：功能可视化、流程可视化和度量可视化。但消息触达和问题反馈也应该是平台可视化的一部分。

当流水线执行失败时，平台应能将质量门禁校验失败的事件发送给流水线触发者；当监控指标触发告警值时，服务负责人会收到平台发来的告警事件，此时应及时处理，并反馈问题产生原因以及严重程度。当问题解决后，平台可继续将该事件发送给服务的测试负责人，引导其进行验收，待问题解决后解除告警。平台消息的触达和问题的反馈能力可驱动研发人员自主分析和解决问题。

4. 做好度量运营，周期性运营项目

我们搭建了可视化度量平台，实现了指标的动态调整，建立了数据分析模型，接下来便可制定效能度量方案，进行场景化问题分析，进而让研发人员自助分析和解决问题。当一切看似顺理成章的时候，我们发现技术团队的研发行为并没有任何改变，之前暴露的问题还在不断出现。同时，我们还需要考虑如何避免不正当的度量导致伪造数据和延迟解决等行为出现。

只是把平台和报表放在那里，团队的研发效能指标不会自己变好，需要有专门的团队和负责人推动改进。

同时，我们还要注重研发效能提升的度量运营模式。大家可仔细回顾一下前 3 章项目运营策略：针对不同人群采用专项项目治理形式。

我们将项目运营策略进行了总结，读者可通过如下 4 个步骤开展和实施。

1）破冰：从痛点问题及影响最大的团队着手，先试点，看到效果后再推广。

2）解困：角色间的协作流程优化比平台的改进效果更大，从解决问题出发，聚焦业务价值交付。

3）推动：建立数据度量指标体系，通过数据驱动团队改进，并反馈改进后的效果。

4）巩固：通过平台自动化替代人工完成重复低效的工作，解放人力，并不断强调和推广有效的解决方法；同时，不断强调运营策略对试点团队的积极影响。

制定了研发效能度量原则，搭建了运转良好的度量实践框架，基本保障了实施的度量准则和度量方式的可行性，接下来让我们一起探讨如何设计研发效能度量指标。

4.2.3 研发效能度量指标的设计

根据《企业 IT 运维发展白皮书》所述，IT 运维技术可以从自动化运维能力、平台化运维能力、数据化运维能力和智能化运维能力 4 个层次进行阶段性建设。这 4 个阶段恰好凸显了不同阶段对运维工具的纳管能力、数据采集能力、数据聚合能力、数据链路构建能力、数据输出能力和数据驱动能力。所以，我们需要选取合适的度量指标，以满足分阶段建设要求，并能够深入其中进行调整。

1）要想选取合适的度量指标，就要提前制定指标的选取方法。

根据研发效能度量原则，全局指标用于评估能力，局部指标用于指导分析、改进。从技术团队的多级别指标能力建设过程来看，管理角色应该关注能力评估性指标，研发人员应该关注分析改进性指标；从技术团队的多维度和多层次指标能力建设过程来看，我们应将每个场景的问题分析成事前、事中和事后，以便进行多阶段指标设计和选择；从引导技术团队改进的过程来看，我们应该选取先导性指标进行事前干预，选取滞后性指标进行事后复盘。

2）要想实现分阶段建设，就要提前规划好技术团队的工程实践能力要求。

以阿里巴巴的"211 交付愿景"为例（见图 4-12），其比较注重技术团队持续交付价值能力的建设，过程中强调有效的用户价值驱动，拉通端到端的价值流动，做好职能角色的协作，定义好价值流动规则。

所以，阿里巴巴在分阶段建设过程中，按持续发布能力、需求响应能力、质量保障能力递进建设。当然，这些能力的提升需要组织进行技术、管理、文化等多方面的改进。

3）要想深入改进，就要规划微观性指标。

除了关注全局性指标外，在项目推进过程中，我们还需要下钻到每个阶段的改进过程，通过微观性指标深入分析问题产生的原因。当然，从需求价值端到端交付过程看，我们还应该考虑对业务结果以及业务价值的考量（可结合定性分析方法）。

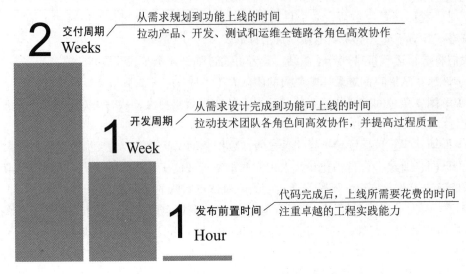

图 4-12　阿里巴巴研发效能目标

不难发现，度量指标设计的"套路"为：首先要制定度量指标的选取方法；其次可根据技术团队工程实践能力要求，分阶段改进全局指标；再次，通过细化度量数据指标，从微观角度帮助研发人员分析和解决问题；最后还需要结合对业务结果和业务价值相关的考量，进行业务价值的闭环验证。

4.3　如何选择效能度量指标来反映团队现状

由于每个技术团队都具有独特性，在各自业务领域，技术团队需要解决不同阶段遇到的特定问题。对于技术驱动型公司，技术投入成本可能占公司总成本的比例很大，所以技术团队的技术投入成本可能是度量的重点；对于业务驱动型公司，技术团队是业务发展的辅助角色，所以技术团队的交付效率可能是度量的重点。那么，我们是怎么结合团队当前面临的问题，制定出适合技术团队的研发效能度量指标体系的呢？

4.3.1　开展效能度量的背景

首先，我们围绕技术成熟度进行如下几个问题的探讨。

1）是否建立了支撑公司主营业务的技术框架和实施模式？

2）是否建立了高效能的技术团队，搭建了能够支撑高效研发活动的平台？

3）是否建立了健全的管理体系（比如项目管理、团队管理、人才梯队管理等）和管理制度（比如质量保障制度、稳定性保障制度、运维制度等），并有效落地实施？

4）是否建立了全面的知识库和工程师文化？

其次，我们围绕效能度量进行如下几个问题的探讨。

1）技术团队整体的需求交付效率如何？

2）业务价值交付过程中的瓶颈在哪些环节？

3）技术团队整体的质量保障能力处在什么水平？

4）技术团队人力资源利用率如何？如何通过数据进行人力资源协调？

最后，我们整合利用研发过程中各平台产生的工作元数据，基于现有的度量指标体系，快速搭建针对技术团队的效能仪表盘，以便快速了解现状与目标的差距。

4.3.2　效能仪表盘

我们将技术团队的研发效能抽象为 3 方面的能力——需求响应能力、质量保障能力和人力资源利用能力，进而围绕这 3 方面的能力具象出 3 组指标。这些指标都是面向管理角色的全局指标，对一线研发人员是透明的，而前 3 章中各工程实践实施过程中的指标都是面向产研的局部改进指标。

基于现有的度量指标体系，我们可进行多维度（按时间、环境、角色、优先级等维度）、多层次（按团队、项目、产品线等层次）的分析。

1. 需求响应能力度量

该能力度量反映了技术团队需求交付情况、需求交付过程。

（1）需求交付情况度量

该度量包括统计技术团队的需求完成度、需求交付周期、需求超期交付率，如图 4-13 所示。

数据价值：反映技术团队对业务需求的响应速度和响应能力。

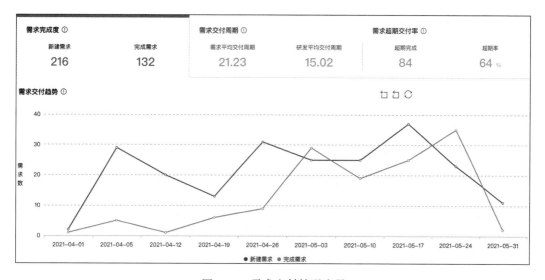

图 4-13　需求交付情况度量

1）需求完成度：统计单个或多个团队下的新建需求数和完成需求数。

2）需求交付周期：统计完成需求的交付周期。

❑ 需求平均交付周期：需求从创建到验收完成的平均持续时长。

❑ 需求平均研发周期：需求从宣讲完成到研发完成的平均持续时长。

3）需求超期交付率：统计完成需求内的超期需求数和需求超期率。

❑ 需求超期完成数：研发实际完成时间大于计划完成时间的需求数。

❑ 需求超期率：超期完成的需求数与已完成需求总数的比值。

（2）需求交付过程度量

该度量包括统计技术团队完成的需求在设计审核、宣讲、研发、验收 4 个阶段的停留时长，如图 4-14 所示。

数据价值：反映业务价值交付流动效率，以及团队整体的协作能力。

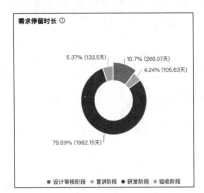
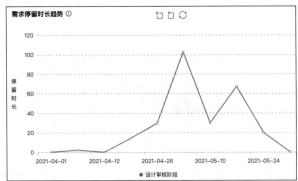

图 4-14　需求交付过程度量

2. 质量保障能力度量

该能力度量反映技术团队整体的研发交付过程质量以及对外交付质量。

缺陷完成度、缺陷重新打开率以及缺陷趋势可反映技术团队整体的质量保障能力，如图 4-15 所示。

（1）缺陷完成度度量

该度量包括统计技术团队新建缺陷、解决缺陷以及关闭缺陷。

数据价值：反映技术团队的研发过程质量，以及团队解决问题的效率。

（2）缺陷重新打开率度量

该度量包括统计已关闭缺陷的重新打开率。

数据价值：反映技术团队解决问题的质量。重新打开率越高，说明同一个缺陷需要多次修复，反映出技术团队一次性解决问题的能力低下。

（3）缺陷分布度量

该度量包括统计一段时间内，缺陷在不同环境下的分布情况（第 1 章中有介绍）。

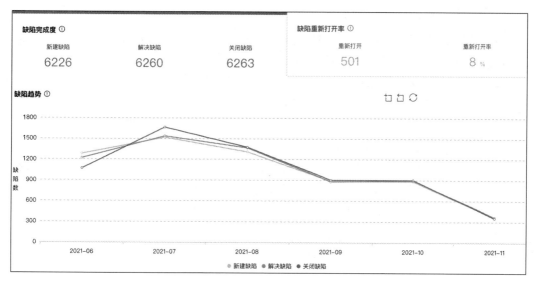

图 4-15　质量保障能力度量

数据价值：反映不同优先级和部署环境下的缺陷分布情况，如在生产环境下的缺陷分布情况可反映出技术团队的对外交付质量。

3. 人力资源利用能力度量

该能力度量反映出技术团队整体的人力投入情况，协助管理者进行全局的人力资源协调。

我们可通过人员效能和人员工时两个维度进行度量，如图 4-16 所示。

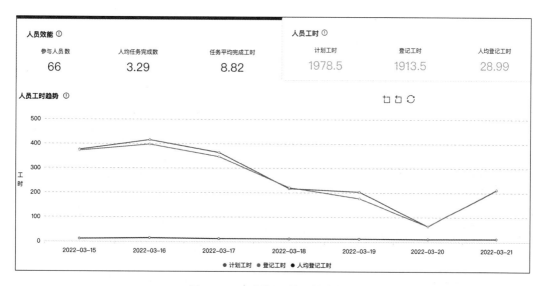

图 4-16　人力资源利用能力度量

（1）人员效能度量

该度量包括统计技术团队参与产研活动的人数、人均任务完成数和任务平均完成工时。

数据价值：反映技术团队成员的平均工作效率。

- ❑ 参与人员数：一段时间内，参与产研活动的人员数量。
- ❑ 人均任务完成数：平均每人完成的任务数。
- ❑ 任务平均完成工时：平均每个任务实际登记工时。

（2）人员工时分析

该度量包括统计技术团队已完成任务的计划工时、登记（实际）工时和人均登记工时。

数据价值：反映技术团队整体的人力资源饱和度和工时估算能力。

- ❑ 计划工时：任务计划总工时。
- ❑ 登记工时：任务登记总工时。
- ❑ 人均登记工时：登记工时与参与人员数的比值。

4.3.3　进一步效能分析

有了基础元数据以及高效的数据分析模型，我们便可针对不同层级的指标进行下钻上卷分析，也可以针对不同维度的指标进行左拉右展分析，同时可进行关联指标的聚合分析。

1. 团队需求交付吞吐量环比增长率

数据价值：可按周期分析技术团队对业务需求的响应速度和交付趋势。数据趋势波动较大，说明团队交付的稳定性较差，如图 4-17 所示。

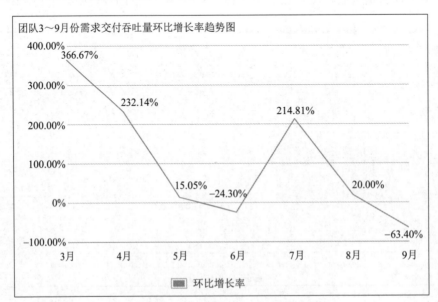

图 4-17　团队需求交付吞吐量环比增长率分析

2. 组织结构层级的需求交付率

数据价值：通过横向和纵向数据对比，按组织结构层级度量各部门（团队）的需求交付情况，进而分析全局和局部效能差异，如图 4-18 所示。

技术体系 65%
大数据算法中心 74%
供应链平台中心 72%
销售平台中心 69%
运维架构部 69%
运营平台中心 59%
物联网部 79%
仓配组 50%
销退组 40%
营销组 66%
安全组 63%
架构组 59%
运维组 0%

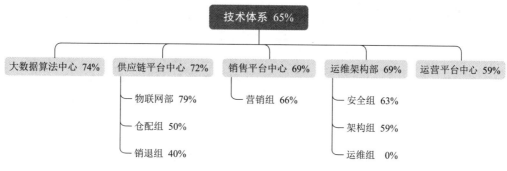

图 4-18　组织结构层级的需求交付率分析

3. 资源产出配比

数据价值：从宏观角度进行团队的资源配比以及投入产出分析，如图 4-19 所示。管理者可根据不同团队负责的业务域情况，设定各团队的效能基线，并指导全局资源的协调。

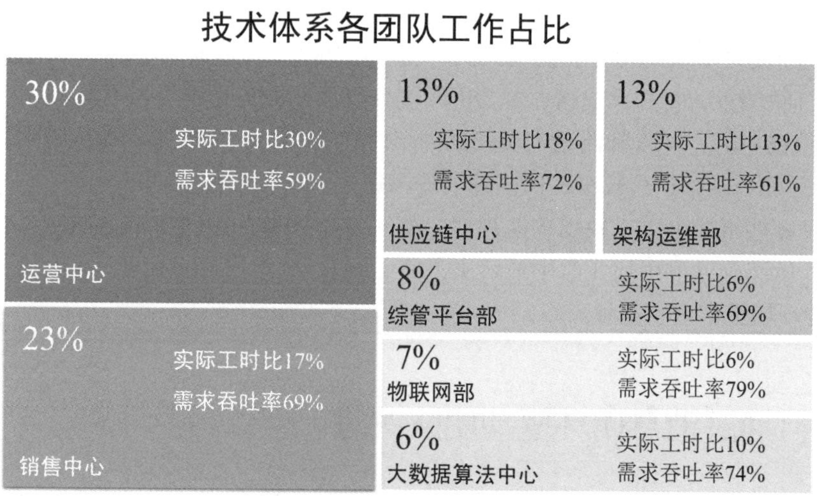

技术体系各团队工作占比
30%
实际工时比30%
需求吞吐率59%
运营中心
13%
实际工时比18%
需求吞吐率72%
供应链中心
13%
实际工时比13%
需求吞吐率61%
架构运维部
8%
综管平台部
实际工时比6%
需求吞吐率69%
23%
实际工时比17%
需求吞吐率69%
销售中心
7%
物联网部
实际工时比6%
需求吞吐率79%
6%
大数据算法中心
实际工时比10%
需求吞吐率74%

图 4-19　资源产出配比分析

4. 研发投入比与团队管理相关性

数据价值：结合研发人员的工时投入比例、角色人员比例以及缺陷情况，可协助团队负责人进一步分析人员配比、人力资源饱和度等方面的问题，如表 4-2 所示。

表 4-2　研发投入比与团队管理相关性分析

时间	7 月份														
部门分类	开发投入工时/h		测试投入工时/h		研发/测试工时比		缺陷优先级统计				缺陷环境统计				缺陷重新打开率
	人均实际工时	实际/计划工时比	人均实际工时	实际/计划工时比	计划工时比	实际工时比	轻微	一般	严重	紧急	开发	测试	预生产	生产	
运营中心	105.18	95.13%	189.9	100.21%	2 : 1	1.9 : 1	106	356	290	41	783	0	6	4	11%
销售中心	81.32	97.19%	81	100.00%	18 : 1	17 : 1	26	125	66	62	264	0	14	1	14%
供应链中心	179.22	99.69%	131.21	88.79%	3.1 : 1	3.5 : 1	44	62	9	4	116	0	3	0	4%
汇总	365.72	97.23%	402.11	96.38%	3.1 : 1	3.2 : 1	176	543	365	107	1163	0	23	5	11%

我们可做出如下分析。

❑ 运营中心：开发和测试人员投入工时比为 2 : 1，但团队产生的缺陷较多，需要进一步分析是研发质量问题，还是团队管理问题。

❑ 销售中心：开发和测试人员投入工时比严重失衡，导致研发过程中产生较多的缺陷，并且缺陷重新打开率较高，需要进一步分析测试人员是否投入不够。

❑ 供应链中心：开发和测试人员投入的工时比为 3 : 1，团队平均每人每天投入研发工作超 8h，缺陷产生较少，团队发展较为稳健。

这些宏观性指标可以反映出团队现状，便于探索团队的改进方向。同时，针对微观性改进指标，我们可以采用前 3 章中的解决方案，根据技术团队在不同发展阶段遇到的问题以及所处的环境灵活调整指标。

4.4　如何通过消息闭环驱动团队改进

到目前为止，我们针对性地为技术团队搭建了一套度量指标体系，并找到了合适的度量运营方法来推进团队改进。

现在，我们需要每周收集这些指标数据，并在固定时间点发给相应的负责人，以反馈各部门（团队）的问题。同时，我们会定期组织相关的主题会议，从技术团队维度分析问题的根因、讨论解决方法、协调资源，并推进各部门按时改进。不过，在此过程中，我们经常会遇到如下 3 个问题。

1）每周手工收集的指标无法实时反映问题。

2）对于报告反映的问题，技术团队的解决效率很低，需要多次催促才能解决。

3）当度量实践框架和运营模式基本固定时，剩下的工作就是每周、每日地收集指标数据。重复性工作让效能团队的效率降低很多。

于是，我们决定通过消息闭环来改变这一切，减少效能团队的重复性工作，同时提升及时触达和解决问题的能力。

4.4.1　平台间的割裂性

首先，让我们分析一下实施消息闭环的阻碍点。

在规划 DevOps 工具链平台的时候，我们并没有像商业化 DevOps 平台（比如云效、Coding 等）那样，规划一个一站式 DevOps 平台，即提供从需求、开发、测试、发布、运维到运营的端到端协同服务和研发工具支撑平台，主要有两方面原因。

原因一：技术团队一直处在转型过程中，团队的管理方式还在从粗放式向精细化管理转变。在此背景下，技术团队希望工具链平台能够先按照角色职能进行分类建设，比如测试人员关注的在线测试平台、开发和运维人员关注的自运维管理平台、产研线上协作人员关注的在线协作平台。

原因二：起初效能团队没有太多的人力支持，只能利用有限的人力优先集中解决痛点问题，这也导致多平台现象的发生。

多平台建设不会给团队产生太大影响，但如下两类问题的解决依然会给团队增加成本。

问题一：解决一个多平台关联问题，需要研发人员在平台间切换或者链接跳转来进行问题的分析、定位，比如研发人员想在在线协作平台查看项目关联测试计划的执行情况，需要通过链接跳转到在线测试平台。

问题二：大部分指标可在某一个平台进行采集，但针对某个场景化问题，需要在不同平台进行指标的串联分析。以技术团队日常任务跟进场景为例，技术负责人首先通过在线协作平台的任务看板查看团队的任务规划情况以及任务执行情况，当发现问题后，通过自运维管理平台查看团队成员所负责服务流水线的执行情况，进而分析是否存在代码质量问题，接着通过在线测试平台查看测试计划的执行情况，进一步分析是否存在团队成员自测不充分问题。

平台间的割裂现象将导致两方面问题。

1）无法通过一个主线打通各平台，让割裂的平台看似是一个完整的工具链平台。

2）针对场景化问题的分析，无法将割裂的平台中的数据聚合成一个度量体系。

我们将通过内建质量后的消息触达以及 RPA 工具来解决以上问题。

4.4.2　内建质量后的消息触达

在做好内建质量的前提下，我们可通过多平台间的功能打通以及消息触达来解决平台间的割裂问题，以此解决技术团队日常管理中单场景和复杂场景下的问题。

1. 单场景下的消息驱动

公司在创建之初，就围绕飞书进行了平台搭建，比如将"飞书工单"作为公司业务的审批工具，将飞书作为全公司的办公协作软件。我们也基于飞书消息机器人进行了 DevOps 工具链平台消息触达功能的开发。

要解决单场景下的问题，首先要梳理问题的出现场景，下面介绍两个单场景下问题案例的分析。

（1）在线协作平台工作项消息触达场景

在在线协作平台创建产品需求之后，需求负责人复制需求创建的链接并发送给相应研发人员，告知该需求已经创建完成。此时，研发人员可"飞阅"产品设计文档。当研发人员非常多时，若需求负责人逐个发送链接，工作效率就会非常低。为了解决人工通知耗时的问题，我们梳理了所有工作项的触发事件以及通知对象，如表 4-3 所示。

表 4-3　工作项的触发事件以及通知对象

工作项类型	触发事件	通知对象
待办	创建、编辑、完成、取消、暂停、重新启动	创建人、待办负责人、关注人
项目	创建、编辑、完成、取消结项、暂停、重新启动、删除	创建人、项目负责人、项目成员、关注人
需求	创建、编辑、完成、取消、暂停、重新启动、删除 流程变更、审批	创建人、需求相关负责人、关注人 相关流程审批人
Story	创建、编辑、完成、取消、暂停、重新启动、删除 流程变更	创建人、Story 相关负责人、关注人 相关流程审批人
任务	任务指派、完成、删除、取消	创建人、任务指派人、下一流转人
缺陷	创建、解决、删除、关闭、重新打开	创建人、缺陷指派人、下一流转人
风险	安排、删除、编辑、关闭	创建人、解决人
备注 @	详情页面 @ 人	@ 人

当触发事件后，平台通过飞书消息机器人将消息内容发送给相应对象。消息内容可根

据飞书消息模板进行配置，包括被通知对象关注的指标和核心字段等。不过，在线协作平台需与在线测试平台、自运维管理平台打通，进行指标数据的聚合。

（2）流水线构建和部署消息触达场景

流水线是自运维管理平台的生命线，管理着服务生命周期全过程。内建质量和质量门禁的有效实施依赖于流水线执行的过程性指标以及质量门禁结果的及时触达。

我们将此场景下的触发方式分为代码提交触发、手动触发、定时触发 3 种；将消息通知的触发方式分为流水线触发前、流水线执行完、流水线执行失败 3 种；将消息的通知对象分为飞书个人、飞书群以及 Webhook 3 种。该场景下的事件源包含所有环境下的服务及其资源。

当消息卡片触达产品或研发人员时，他们必须及时处理和反馈问题的产生原因。比如当任务完成超期时，平台会发送"逾期消息"给具体的开发或测试人员，通知其反馈任务逾期的原因。公司可通过问题的反馈效率和解决效率来考核各部门。（因为这些指标都是正向的，有利于团队进步。）

自运维管理平台需与 GitLab 平台、在线测试平台、在线协作平台、资源管理平台、CMDB、工单系统等打通。

2. 复杂场景下的消息驱动

平台闭环消息的重要性在于能够帮助管理者进行团队的日常管理。只有将管理细化到每日的产研活动，才能有效帮助团队发现问题、找到根因、解决问题。

接下来，我们结合技术负责人基于 DevOps 工具链平台进行团队管理的日常场景，为读者介绍复杂场景下的消息触达案例。

（1）通知负责人进行迭代规划

当迭代需求范围确认后，产品负责人会在在线协作平台创建迭代任务，并将需求规划到迭代中，单击"开始迭代"按钮，触发"迭代启动"消息并通知团队成员；收到消息后，技术负责人组织产品和小组成员做规划、设计（包含技术方案设计、测试用例设计等）；技术评审后，技术负责人单击"迭代开发"进入开发，触发"迭代任务拆分"消息并通知研发人员；收到消息后，研发人员创建研发任务，并将任务关联到迭代中。此时，整个迭代规划由消息驱动完成。

（2）通知负责人跟进团队日常任务执行情况

当迭代规划确认后，技术负责人的日常管理工作就是跟进团队任务执行情况、及时发现问题、帮助团队解决阻碍点。我们通过消息驱动技术负责人开展团队的日常管理工作。消息内容可按照团队、产品线、项目 3 个维度进行配置。下面从团队维度进行讲解。

1）每个工作日早上 9∶30，平台会触发消息机器人发送团队整体的任务执行情况给各团队技术负责人。消息卡片包含 3 个核心指标，每个核心指标包含 3 个辅助性指标。技术负责人单击查看链接可以跳转到在线协作平台，在平台上可看到此消息卡片，单击相关指标，可查看详情，如图 4-20 所示。

同时，消息机器人会发送整体需求的完成情况给各团队产品负责人等。

2）每个工作日早上 9：00（比给技术负责人发送时间早 30min），消息机器人会向产品、开发、测试人员发送工作项完成情况。产品人员任务跟踪消息卡片如图 4-21 所示。

图 4-20　效能组团队概览消息卡片

图 4-21　产品人员任务跟踪消息卡片

3）每个工作日晚上 6：00，消息机器人会向产品、开发和测试人员发送今日工作完成情况，以提醒今日还有哪些工作未完成。

（3）通知负责人跟进构建部署流水线的执行情况

构建和部署流水线消息配置后，技术负责人可查看对每个服务构建部署流水线的执行情况，并通过构建日志分析流水线执行失败的原因，比如质量门禁未通过、镜像制作失败、代码规范检查未通过等。

（4）通知负责人跟进测试计划的执行情况

当在线测试平台的测试计划执行完成后，消息机器人会向相关人员发送测试计划的执行结果。常规测试计划执行结果消息卡片如图 4-22 所示。

图 4-22　常规测试计划执行结果消息卡片

（5）负责人分析团队的研发效能

每周五，我们手工整理技术团队的研发效能分析报告并发送给技术团队核心成员，并在下周的质量保障协调会上分析每个团队的问题，同时协助分析问题，提供建设性解决方案，并跟进各技术团队的改进情况。

我们要求在每个迭代启动前，技术负责人都能和团队成员达成约定，比如，每天构建 1 次流水线和今日事今日毕，并且要求技术负责人都能够守住底线：团队成员每天高效完成任务，坚决不加班。

通过内建质量后的消息驱动，团队更具活力。对于管理者来说，只有将管理做到日常，深入每项产研活动，才能进行有效的团队管理；对于产品和研发人员来说，只有每天跟进任务，深入了解流水线执行情况，才能进行有效的个人管理。

4.4.3　RPA 工具加持

除上述场景外，还有日常服务巡检、监控告警等，若这些场景问题都通过消息驱动解决，功能开发非常耗时。

同时，我们发现一个报告若固定了框架结构和汇报主题，每次汇报只需要将截图替换掉即可。那么，是否有工具能够将需要的截图截好，并汇总、保存到飞书文档？如果是的话，我们每周只需要在每个图片添加分析文字即可。

1. RPA 工具

RPA（Robotic Process Automation，机器人流程自动化）是一种应用程序，通过模仿用户在电脑端的手动操作方式，使用户手动操作流程自动化。

RPA for Python 以前叫作 TagUI for Python，是一个面向 RPA 开发的 Python 包。其扩展性非常强，拥有网站自动化、计算机视觉自动化、光学字符识别和键盘鼠标自动化等基本功能。

只要预先设计好使用规则，RPA 就可以模拟人执行打开浏览器、点击、输入、截图等操作，协助员工完成大量规则较为固定、重复性较高的工作。

2. 跨平台的场景化指标汇总问题的解决

我们基于 RPA for Python 进行了功能扩展，实现了将一些固定的文字以及分析内容插入图片。这样，我们只需定义好 RPA 的行为规则，就可解决跨平台的场景化指标汇总问题了。

下面给出一个日常服务巡检场景案例。

日常服务巡检是非常耗时的工作。由于服务比较多，运维人员只关注核心链路的服务。运维人员每周的工作就是到 APM 平台、基础运维管理平台、自运维管理平台进行截图，然后汇总到巡检报告并补充分析内容。

我们利用 RPA for Python 将核心链路的服务在上述几个平台截取指标数据，并通过消息机器人发送给服务负责人，避免运维人员每天登录多平台进行问题汇总，极大地提高了运维人员的工作效率。

4.5 深度思考

4.5.1 团队常规管理

1. 构建多模研发模型

构建多模研发模型以应对不同的场景：一是稳态模型，采用瀑布模型应对市场竞争不激烈、结果可预测的业务场景；二是敏态模型，采用迭代式、增量式、敏捷模型应对市场竞争激烈、需求不确定、倾向于创新的业务场景。根据不同的业务场景选择不同的研发管理模型，保持多态管理模型。

2. 持续交付

持续交付和敏捷只是过程管理的手段和一些最佳实践理论。奥卡姆理论曾说：若无必要，勿增实体。与其不知道怎么做，不知道怎么转型，不知道怎么度量，还不如不做。大部分团队的软件工程管理都没有做好，能做好的团队人效提升 20% 完全没问题。团队重要的是完成组织和领导交代的任务，而不是把所有实践都搬上来。

3. 敏捷度量

度量不仅包括结果性指标，还包括过程性指标。团队开始敏捷管理，首先要在组织架构（协作模式）、团队意识、个人工程实践、团队工程实践、管理和文化上做规划和思考，思考我们是否具有持续交付业务价值的决心和动力，以及我们是产品驱动、业务驱动还是技术驱动。

4. 效能管理

严格的流程规范、管理制度可以解决大部分效能问题。

5. 工具

谷歌工程效能部门强调提供更多的工具，帮助工程师提高效率，消除不必要的浪费，提高价值交付能力。同时，开发工具的团队也需要多部门支持。

6. 管理和文化

优秀的管理者不是要求别人为他服务，而是为共同的目标服务。组织不仅要有能力协同内部，还要有能力协同外部。组织只有打造学习型团队，不断激发员工，才能保持持久的创新力。

4.5.2 团队深度管理

1. 有效管理

对于一个研发团队而言，它需要拥有合理的组织架构、高效的研发流程、科学的绩效考核、良好的团队文化。管理者应该做到从管理中追求效率，从效率中提升价值；能够衍生出功能团队、效能团队和创新团队；做到组织多向性管理，纵向注重业务价值交付，横向注重专业能力提升；塑造优质的工程师文化。

2. 马车模型

路程 = 单马动力 × 步调一致性 × 方向有效性 × 时长

高效执行 = 个体动力 × 协作水平 × 方向有效性 × 时长 =（能力 × 意愿）×（默契 × 机制）×（目标 × 沟通）× 时长

多维度管理可以从个体自身动力、员工激励、团队协作、目标方向几方面考虑。

3. 业务方之殇

有赞公司的特赞之声通过游戏的方式减轻了研发和业务团队的冲突，避免了认知偏差上的尴尬。对于业务人员来说，业务痛点得到重视，他们便能尽快解决问题（交付价值）。对于技术人员来说，产品价值得到更好的体现，他们便会产生更高的成就感（兑现价值）。业务与技术人员不再孤立，形成完美的闭环（持续价值）。

4. 管理上限和下限

很多管理者在做团队下限管理，引领团队在限定时间内完成限定的工作。当公司业务激增时，管理者需要对团队做上限管理。此时，激励、突破和方向就是管理者的价值体现。

5. 沟通管理

眼睛对视交流，启发式提问，探寻可能性，反问获得引导权，持续关注争议观点，缩小范围，聚焦问题，讨论问题本质，解决问题。

在你成为领导者之前，成功的全部就是自我成长；当你成为领导者之时，成功的全部就是帮助他人成长。

以上观点结合了刘建国老师的"技术管理实战 36 讲"课程。

4.5.3 站在巨人的肩膀上

要想快速提升研发效能，就要学会站在巨人的肩膀上快速搭建符合自己要求的平台，利用平台的可扩展性，进一步提升研发效能。下面推荐一个开源的研发效能数据平台以及一种度量指标可视化分析方式。

1. DevLake

DevLake 是开源的研发效能数据平台，提供了自动化、一站式的数据集成、分析以及可视化功能，帮助研发团队快速构建效能数据面板，发现关键瓶颈与提效机会。

- ❑ 数据指标多样：将需求、设计、开发、测试、交付、运营相关的效能指标归于一处，围绕软件研发全生命周期，以价值流动串接各环节的资源，避免局部优化。
- ❑ 多数据源：同类工具共用抽象层，数据格式及统计方法标准化，灵活整合不同 DevOps 工具数据；架构和插件设计灵活，方便用户二次开发，支持接入自己的数据源进行分析。当前，DevLake 支持接入的主流工具包括 JIRA、GitHub、GitLab 及 Jenkins。
- ❑ 内置研发效能指标体系：针对效能指标定义与计算方法模糊问题，DevLake 内置了一套研发效能指标体系，无须用户手动配置复杂的计算路径。

2. 用故事型思维打造交互式可视化分析

对于技术人员来说，学会聚合指标以及通过指标有效地表达问题，并且能够让听众知其然，更知其所以然，往往更重要。

数据故事是将数据驱动分析思维转换为交互式可视化分析思维，通过数据可视化来影响管理者的业务决策、战略或行动。数据故事的力量在于传达的信息有亲和力。

DevLake 可对需求交付的不同阶段进行可视化展示，完整描述了一个需求交付全链路的结果性指标和过程性指标。其中包含的每个指标都支持下钻分析，在展现形式和讲述方式上都易于用户理解。

其实，我们的研发质量报告以及服务巡检报告就是以故事型思维进行的数据可视化分析。

4.6　本章小结

对于流程和数据双驱动的 DevOps，本章介绍了度量指标体系如何构建，还介绍了通过消息闭环驱动团队改进，这样我们可通过对过程性数据的持续收集和分析发现交付过程中存在的瓶颈，通过对软件产品和用户线上数据的获取及时发现问题并做出调整，通过结果性数据去评价团队的效能。

第 5 章
如何降低故障率

安而不忘危，存而不忘亡，治而不忘乱。

——《周易》

从技术团队质量保障体系建设角度看，前 4 章分别讲述了代码质量保障体系、测试质量保障体系、自运维管理体系以及度量指标体系，基本涵盖了服务从需求到编码再到运行的管理过程。本章将从稳定性体系建设出发，持续提升服务运行时的稳定性，降低系统故障率，为质量保障体系补齐最后一块拼图。

读者可将重点放在如何通过稳定性体系、运维制度以及事件管理平台建设相结合的方法，提升技术团队整体运维协作能力；如何通过多维度驱动方式，运营质量保障体系。

结合前几章内容，最终为读者构建一幅完整的技术团队运维协作全景图。

公司经过一年的发展，技术团队已经初具规模，目前的基础技术架构基本可满足新业务快速发展的需求。效能团队随着技术团队发展需要，规模扩充到 15 人。效能团队用一年的时间给技术团队带来了不一样的改变，而这种改变也让自身立场和职责范围发生了微妙的变化。

1）成为技术中心基础技术架构升级、工程实践能力提升、质量和稳定性保障相关项目的推进者和负责人，扩展了技术中心项目管理范围，和 PMO 互补互利，让 PMO 充分发挥项目管理能力。

2）成为一个"三方中立"团队，让度量指标数据更具说服力，同时也成为数据报表管理中心，负责周期性地组织相关改进小组或专家组，根据度量指标来协助技术团队发现问题和解决问题。

5.1　故事推进

近期，随着业务量的增加，监控告警事件和线上问题频繁发生。每次研发核心例会上，各部门负责人经常会针对一个线上问题是哪个团队引起的而争执不清。但每个问题的发生都是多方面引起的，可能是外部环境引起的，可能是上下游服务依赖引起的，也可能是整体技术架构引起的。这就引出了技术团队对告警事件以及线上问题的管理问题。

一开始，技术团队的处理方式是，针对出现的问题先进行根因分析，再针对性地组织复盘。但当问题比较多时，复盘会议也会很多，并且基本由事发团队的技术负责人组织。而且复盘会议很容易成为"批斗"现场，最终草草了事。迫于业务压力，在各方意见不一致的情况下，第一责任团队先妥协，并承诺解决问题。其实，这种方式严重损害了团队关系，且只能暂时解决表象问题。

随后，技术团队针对问题进行了场景化分类，增加了问题的定性定级和故障处理流程，并为每个场景指定具体的技术负责人。当同一类问题出现时，技术负责人组织涉及的团队进行问题根因分析，并对问题进行定性定级。问题被定性为故障，则需要进一步执行故障处理流程。这种方式在一定程度上解决了团队间相互推诿的问题，增强了团队间的协作，提高了问题解决效率。

不过，几个月下来，技术团队整体的问题数量并没有减少。由此也可以看出，虽然问题解决效率提高了，但问题的产生源头尚未摸清。针对这个问题的讨论，就有了如下对话。

5.1.1　一段与技术支撑团队的对话

开发人员：系统又出现故障了，都不知道从何下手，赶紧帮忙看下。（此时，开发人员发来日志让自运维管理平台的技术负责人帮忙分析。）

效能人员：从日志看，服务好像出现了资源限制问题。

运维人员：别查了，昨天云平台又出现问题了，有台虚拟机出现了故障，导致运行在这台机器上的 Pod 全部被驱逐到其他节点，引发资源抢占现象，幸好不是流量高峰期，等这台机器功能恢复就解决了。

效能人员：这台机器出现问题前难道没有任何征兆？

运维人员：我们没有设置监控指标，云平台虽然有相关功能，但功能太简单了，无法满足需求。

开发人员：服务出现问题也没有什么征兆，每次都是服务无法访问或者接口调用失败时才能发现问题。运维能否搭建一个监控系统，以根据设置的阈域指标提前预警。

运维人员：基础架构运维团队已经在规划搭建监控系统，听说快上线了，但最近没什么声音了，你可以去问问。

……

中间件负责人：这是谁设置的数据库名称，都不看规范文档吗？请大家遵守规范，研发人员申请的服务依赖资源都可以到各中间件平台进行查询，自行修改一下不符合规范的命名。这又是谁申请的 HBase 表，申请后几个月都没有使用，占用空间还很大，还要不要？不要的话，我们就删除了。

开发人员：我们可以以服务的角度去查询这些服务关联资源吗？最好能够在操作服务的时候直接观察到服务依赖资源的信息和状态，便于发现问题。

中间件负责人：现在还不行，需要开发实现。

……

运维人员：我们最近在制定团队资源成本管理方案，包含各团队申请的虚机、网络资源、中间件资源、数据库资源等。你们有没有好建议？

效能人员：有些资源是共用的，比如集群、中间件等，这些类型资源的成本将如何统计？

开发人员：系统稳定性还没保障呢，现在就要计算成本了？按照这种方式统计各团队的成本没有可比性，比如 To C 和 To B 团队的业务量不在同一个级别，团队使用的资源肯定也不是一个量级，怎么对比？不过，从技术团队整体角度看资源成本还是有意义的。

运维人员：确实，我们也在想方法，这不是在收集大家的意见嘛！

……

通过近期与技术团队一起分析和解决问题的过程，我们可以发现如下 3 个问题。

1）开发人员对于线上问题或故障基本是发现了才解决，没有进行统一管理和分析，更没有进行整体的问题回顾和总结。

2）开发人员没有灵活可配置的监控告警平台，对已有的基础设施问题无法提前预警。同时也没有基于服务的监控告警平台。

3）基础中间件也是一种服务资源，但未进行统一管理，也无法进行度量。基础中间件的使用规范比较简单，但没有落实使用规范检查自动化。现阶段，人工检查效率较低，成本太大，并且容易遗漏，导致资源浪费。

然而，这些问题和故障频繁出现又有什么关联？让我们继续往下看。

5.1.2　效能团队发现的问题

近期，系统频繁出现故障成为公司众人皆知的事情。CTO 得知这一消息之后，很快组织召开了技术团队核心成员（包含各技术部门负责人、技术支撑部门负责人以及相关核心成员）的"问责会"。

技术部门负责人：研发团队没有一个合适的监控平台，一般是事后才能发现线上故障。

架构团队负责人：之前搭建的 APM 平台你们怎么不使用？

技术部门负责人：你们搭建的平台很难用，功能繁多，并且研发人员无法从服务视角使用这个平台。我们不可能天天盯着平台来观察系统出现的问题。

……

这时，技术支撑部门负责人打断了对话。该负责人主要负责开展技术中心架构团队、运维团队、效能团队管理和规划工作。

技术支撑部门负责人：经过我这段时间的深入了解，发现架构团队搭建的平台的功能确实比较基础。并且，很多管理平台都是基于开源平台进行的二次开发，已有的功能束缚了大家的想象力，让架构团队失去了改进的动力。另外，技术团队一些特殊的规范和约束等很难在开源平台快速实现，还在通过人工检查进行管理，这在一定程度上也降低了平台的易用性。

技术部门负责人：其实，这些都是团队自动化运维能力的缺失，这里的运维能力指的是所有支撑团队和平台的运维能力，不是运维人员的运维能力。

架构团队负责人：你要给我们点时间，近期还在招人，平台的规划都还没……

技术支撑部门负责人再次打断了对话。

技术支撑部门负责人：大家应该都知道 ITIL，它归纳了各行业在 IT 服务管理（ITSM）方面的最佳实践，为企业实践提供了客观、严谨、可量化的标准和规范。很多公司基于 ITIL 进行 IT 系统的运营管理，并取得了很好的效果。他接着解释道：ITSM 的对象是 IT 基础设施。这些基础设施的有机整合就形成了 IT 基础架构。IT 基础架构管理侧重于从技术角度对基础设施进行管理，包括识别业务需求、部署实施、支持维护等。接下来，技术支撑部门将基于 ITIL 方法逐步为技术团队提供稳定的技术支撑和运维服务。

……

技术部门负责人：当然，研发团队也应该尽量保证代码质量和服务性能的稳定。

架构团队负责人：后续我们把这个季度的迭代规划发出来，大家有意见也尽量提。

……

CTO：既然大家已经发现技术团队的短板，而主要的问题可能在技术支撑团队，那就由技术支撑团队牵头，负责落地这个事情，其他部门配合技术支撑团队，尽快有针对性地把技术团队的 IT 服务管理能力建设起来。他随后补充道：最好尽快立项，以项目的形式推进，这可以由效能团队负责。同时，每周在研发核心例会上汇报项目进展。

技术支撑部门负责人：明白，我们会尽快组建治理小组，做好近期和远期规划。

这次讨论也让我们效能团队更深层次地认识到底层 IT 服务管理能力建设的重要性。

根据《企业 IT 运维发展白皮书》所述，IT 运维技术可以从自动化运维能力、平台化运维能力、数据化运维能力和智能化运维能力 4 个层次进行阶段性落地。我们之前讨论过平台化运维能力、数据化运维能力的建设，现阶段需要进一步加强自动化运维能力的建设。

ITSM 是 ITIL 的核心，也是一套协同流程，通过服务等级协议（SLA）保证 IT 服务质量，如图 5-1 所示。ITSM 强调流程、人员和技术三大要素的有机结合：流程是关键，技术是重要因素，人员接受流程管理。这和 DevOps 有着共通的理念。其中，ITSM 的 10 个核心管理流程分为服务提供和服务支持两组。服务提供组包括服务级别管理、财务管理、服务可持续性管理、可用性管理、容量管理，服务支持组包括配置管理、变更管理、发布管理、事件管理、问题管理。该框架将指导效能团队进行基础服务能力体系和稳定性保障体系的建设。

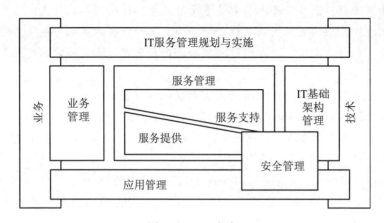

图 5-1　ITIL 框架

来源：《ITIL 白皮书 V1.0》

5.1.3　DevOps 能力分析

为了让技术支撑部门各团队迅速进入治理改进状态，部门负责人首先引导大家思考了 DevOps 能力模型，让各技术团队找差距，分析当前存在的问题。效能团队以《阿里巴巴 DevOps 实践指南》为基础，梳理了技术团队当前的 DevOps 能力，并组织会议让大家有针对性地从以下 4 方面进行分析和讨论。

（1）基础能力

基础能力体现在系统服务化水平和基础设施建设水平上，是研发和交付的基础，是高内聚、低耦合技术和业务架构实现的基础。其中，系统服务化水平与应用架构紧密关联，最理想的情况是搭建 Serverless 架构，比较差的情况是搭建整个系统耦合在一起的单体巨石架构。基础设施建设水平体现在研发人员对基础设施的关注度上，关注度越高，在基础设施上的投入成本越高，建设完善度越高。

度量指标：IT 基础架构迁移周期（搭建一个完整的可用基础架构所需的时间）。

指标对应目标：1 天。

指标对应现状：2 周，差距约 90%。

（2）交付能力

交付能力体现在工具化水平、测试自动化水平和部署发布水平上，可衡量团队工程实践能力。工具化水平体现在研发全流程中使用的工具（如项目协作工具、构建工具、依赖管理工具、环境管理工具等）的单点能力和协同能力；测试自动化水平体现在测试的反馈效率和自动化程度，是提升部署发布能力的基础；部署发布水平体现在把制品上线到生产环境并提供服务的能力，可衡量平台发布的自动化程度、稳定性（如平滑的灰度发布）和适应性（面对不同情况的处理能力及出现问题后的自愈能力）。好的交付应该是持续、快速、高质量和低风险的。

度量指标：需求交付周期、需求开发周期、线上变更后发布时长。

指标对应目标：2 周、1 周、1 小时。

指标对应现状：1 月、3 周、1 天，差距约 80%。

（3）运维能力

运维能力体现在系统的可观测水平、应用（服务）运维水平和基础设施运维水平，是系统弹性和韧性水平的体现。可观测水平是运维能力中最重要的部分，主要体现在监控水平上；应用运维水平体现在对应用进行的运维操作水平上，包括配置项的修改、应用运行时参数的调整、应用扩缩容的水平；基础设施运维水平体现在对系统的基础设施的运维操作水平上，包括对虚拟机、容器平台、基础服务（如域名、配置中心等）的操作水平。最好的运维就是自运维。

度量指标：完整构建部署流水线时长。

指标对应目标：5 分钟。

指标对应现状：30 分钟，差距约 85%。

（4）协同能力

协同能力体现在业务团队和技术团队间的协同、开发团队与架构团队间的协同水平上，可衡量业务响应能力。开发团队和架构团队间的协同可使交付更加顺畅和高效，提高业务响应速度，同时保障系统弹性和韧性；业务团队和技术团队间的协同可使价值传递和交付更加精准、高效，反馈更加及时，快速推动业务发展和提高创新效率。

度量指标：需求价值验证周期、故障修复时长。

指标对应目标：1 天、10 分钟。

指标对应现状：1 周、0.5 天，差距约 90%。

结合不同的能力级别定义，我们构建出技术团队的 DevOps 能力模型，如表 5-1 所示。

表 5-1 技术团队的 DevOps 能力模型（灰色区域级别的能力已经达到）

分类	能力	L0	L1	L2	L3	L4
基础能力	服务化水平	低（单体或刚开始服务化）	中（基于特定框架的业务开发）	中（基于特定框架的业务开发）	高（完全基于云原生架构开发服务）	高（仅关注业务开发）
	基础设施投资水平	高（非云原生基础设施）	高（非云原生基础设施）	中（云原生基础设施）	较低（主要基于 Serverless 架构）	低（完全基于 Serverless 架构）
交付能力	工具化水平	低（无 DevOps 工具链）	中（孤岛式工具）	较高（持续交付工具链）	较高（持续交付工具链）	高（端到端 DevOps 工具链）
	测试自动化水平	低（无自动化、反馈时间长）	较低（自动化能力培养中）	中（部分测试自动化）	较高（大部分测试自动化）	高（完全自动化）
	部署发布水平	低（手动发布）	较低（自动发布）	中（接口声明式发布、手动发布）	高（接口声明式、有人为干预的灰度发布）	高（接口声明式发布、自动化灰度发布）
运维能力	可观测水平	低（只能观测散点基础服务资源）	较低（散点基础服务资源和服务可追溯）	中（服务整体可观测）	高（全景业务和服务可观测、可追溯）	高（全景业务和服务可观测、可追溯）
	应用运维水平	低（人工运维）	较低（部分应用自动化）	中（研发人员自运维）	较高（自动化运维）	高（服务自动维）
	基础设施运维水平	低（单点、人工运维）	较低（单点、自动化工具运维）	中（集群、自动化工具运维）	中（集群、自动化工具运维）	高（集群自动维）
协同能力	开发团队和架构团队协同水平	低（开发、架构团队批量部署、独立运维）	较低（开发、架构团队协作部署，加大部署频次）	中（开发团队自主部署，协助架构团队运维）	较高（开发团队持续交付，与架构团队融合）	高（开发团队持续交付、自运维）
	业务团队和技术团队协同水平	低（业务团队与技术团队相互独立、抛接需求、少同步）	较低（业务团队与技术团队定期同步信息，批量开发、部署、发布）	中（以业务需求为单位持续开发、部署、发布）	中（以业务需求为单位持续开发、部署、发布）	高（业务需求快速响应和交付，且即时反馈）

其中，DevOps 能力模型的 5 个能力级别的定义如下。

❑ L0：手动批量交付、手动运维，服务能力完全取决于开发者个人，业务交付质量普遍低。

❑ L1：手动为主、工具为辅的批量交付和运维。在这个阶段，自动化工具开始引入，以辅助完成运维、发布等工作，通常已经有了服务化的基础，基础设施部分上云。但引入工具和自建工具孤岛式存在，没有关联。业务、开发、运维人员采用定期同步的方式沟通，需求交付还是批量式的。

❑ L2：基于业务需求的部分自动化交付和运维。在这个阶段，业务需求能持续交付，已经采用接口声明式方法运维，通常已经使用云原生基础设施，并且使用云上的资源管理服务；大部分工具串联起来能实现一定程度的持续交付；服务开始具有中间件级别的治理能力，但还无法做到自运维，如回滚等操作还需要人工完成。

❑ L3：基于业务需求的端到端自动化交付和有限制的自运维。在这个阶段，业务需求的交付频率和交付质量有了明显提高，服务化水平已经相当高，针对特定的技术栈研发人员可以做到大部分情况下关注业务开发。服务发布自动化和采用接口声明式方法，只在灰度发布上需要少量人为干预。大部分情况下，服务可自运维和自治理。

❑ L4：业务需求端到端持续交付和调整、完全自运维。在这个阶段研发人员只需关注业务开发，且业务需求能够快速交付和调整，服务与技术栈解耦。整个交付过程完全自动化，服务能够完全自治理。

通过以上分析可明显看出，技术团队当前的 DevOps 能力基本处于 L1 级别，整体的基础能力、运维能力和协同能力在迈向 L2 级别过程中遇到了阻碍点，并长时间处于停滞状态。

由此可以看出，这些底层基础支撑能力的欠缺才是真正导致系统故障率高的直接原因。

5.1.4　DevOps 能力加强建设

1. 效能团队的工作

各团队经过一周的思考和讨论，总结 DevOps 全链路中关键环节的现状、问题和改进点，从而制定近期和远期规划。效能团队的总体工作围绕软件交付过程（规划→编码→构建→测试→部署 & 发布→维护）展开，通过 DevOps 能力加强建设提高交付效率与质量、基础能力、组织软实力。此项工作取得非常好的效果。下面以维护阶段的问题分析和技术先进性问题分析为例，展示效能团队的工作。

（1）维护阶段的问题分析

1）现状分析如下。

❑ 基本具备应用监控能力，通过 APM 可实时监控、告警。

❑ 基本具备基础设施监控能力，通过"云平台 CES + Prometheus"可对基础设施实时监控、告警。

❑ 监控数据满足日常巡检需要。

❑ 有基础的元数据管理能力。

2）问题分析如下。

❑ 缺少突发事件指挥系统，针对告警事件的处理缺少系统支撑。

❑ 缺少应急预案，故障处理依赖个人经验。

❑ 缺少故障演练、系统压测。

❑ 监控平台功能繁多，但没有针对技术团队需求来开发。

3）改进分析如下。

❑ 建设突发事件指挥系统，通过追踪告警事件，联动 CMDB、APM、自运维管理平台协助研发人员快速定位问题并按照标准操作方法进行处理。

❑ 加强 APM 系统的根因分析能力和问题下钻多层次分析能力建设。

❑ 丰富 APM 告警策略。

❑ 建设故障植入系统和加强性能测试能力培养。

（2）技术先进性问题分析

1）现状分析如下。

❑ 单云、单中心部署。

❑ Dubbo 作为微服务框架。

2）问题分析如下。

❑ 存在单中心故障隐患。

❑ Dubbo2.x 不能充分发挥 Kubernetes 特性。

❑ 架构先进性不够。

3）改进分析如下。

❑ 多云混合。

❑ 开发云原生应用。

❑ 应用分布式数据库。

❑ 应用图数据库。

❑ 安全防护。

❑ Dubbo 2. 升级为 Dubbo3.0。

这两个问题的解决都需要效能团队参与。效能团队经过多次线下讨论，很快制定了核心目标。

2. 效能团队的核心目标

效能团队根据部门的规划重点，将核心目标聚焦在配置管理、故障管理和事件管理能力提升方面。图 5-2 针对团队 OKR 进行了模糊化处理，隐藏了具体的提升项和具体负责人等敏感信息。

下面将从配置管理、故障管理、事件管理等维度展开分析，为读者提供问题的解决思路、实施理念和实践方法。同时，效能团队将通过精益运维项目，建立技术支撑团队的基础架构运维管理规范，提升技术团队整体的系统稳定性保障能力。

图 5-2　效能团队核心目标示例

5.2　云时代下的 CMDB

CMDB（配置管理数据库）是与 IT 系统所有组件相关的信息库，存储着 IT 基础架构配置项的详细信息，在基础设施层面管理着 IDC 机房、机柜、机架、网络设备、服务器等；在应用层面管理着应用元信息、代码信息、部署信息、脚本信息、日志信息等。

ITIL 体系在 20 年前已经非常成熟，但 CMDB 一直没有作为运维的核心对象去建设。其实从根本上看，传统 CMDB 作为以设备为核心的信息管理平台，维护设备之间的关联关系。

5.2.1　以服务为核心的配置管理

随着互联网运维体系的发展，特别是云原生和微服务架构的兴起，技术团队对线上服务实时状态的监控要求越来越高。在这种场景下，服务（很多互联网公司称为"应用"，指的是同一个概念）各维度的管理复杂度越来越高。云计算的发展让运维工作逐步省去了 IDC、服务器、设备等这些底层基础设施的管理。所以，以设备为核心的传统 CMDB 形态在逐步弱化。

从广义上讲，以服务为核心的分布式服务框架、部署环境、中间件、域名、代码、部署参数等都应该纳入配置管理范畴。所以，要想实现服务状态实时管理以及运维自动化，首先要转变思维，将设备资源和服务的配置分开管理（所谓的"双态运维"），这样才能满足云环境下上层应用的需求。

1. 服务配置管理建设过程

赵成老师曾在"赵成的运维体系管理"课程中提到：CMDB 是面向资源的管理，服务配置是面向应用的管理，强调把资源配置和应用配置进行解耦管理。结合对该课程的理解，本书为读者构建出以服务为核心的配置管理架构，如图 5-3 所示。

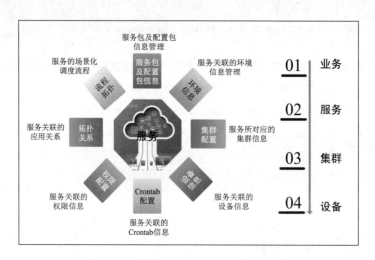

图 5-3 以服务为核心的配置管理架构

结合赵成老师课程的分享内容，按照服务配置管理架构建设思路，服务配置管理可大致分为 3 个步骤。

1）梳理服务配置基础信息。这些信息都是服务的元数据信息。

❑ 服务基础信息，如服务责任人等。

❑ 服务部署涉及的基础软件包，如语言包（Java、C++、Go 等语言包）、Web 容器（Tomcat 等）、Web 服务器（Apache、Nginx 等）、基础组件（日志监控、系统维护类工具等）。

❑ 服务部署涉及的目录，如运维脚本目录、日志目录、应用包目录、临时目录等。

❑ 服务运行涉及的各项脚本和命令，如启停服务脚本、健康监测脚本；服务运行时的参数配置，如 JVM 参数，特别重要的是新生代、老年代、永久代的堆内存大小配置等。

❑ 服务端口号。

❑ 服务日志的输出规范。

2）服务配置信息的建模和数据固化。"服务名—IP"的映射关系非常关键，不仅可以应用到运维管理上，也可延伸到整个技术架构上。服务配置信息和 CMDB 资源配置信息也要进行统一管理，便于通过"服务名—IP—设备"的层级关系找到服务与设备之间的关系，如图 5-4 所示。

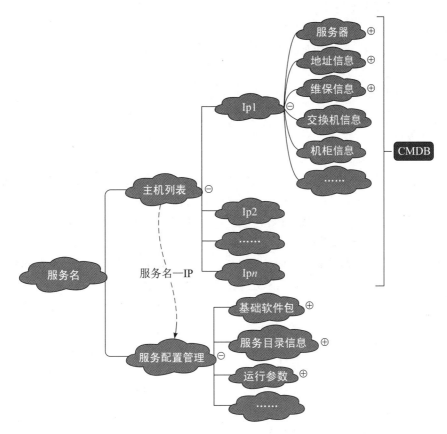

图 5-4　服务配置信息和 CMDB 资源配置信息建模

在这种形态下，大型互联网公司便形成了双态运维的管理模式。不过，中小型互联网公司在基于公有云建设的过程中，由于无须关注设备信息，完全可以以服务配置为核心，甚至只管理服务配置。所以，在很多场景下，CMDB 被称作服务配置管理数据库。

3）基于服务配置管理的流程规范的制定和平台的搭建。比如，基于服务配置管理制定系统稳定性规范、故障管理规范、持续集成和发布规范，搭建监控告警和事件管理平台。

2. 服务配置管理展现形式

大家应该听说过服务树，它是小米公司早期在互联网大会上分享的运维实践概念，接着各互联网公司基本围绕这个思路去建设 CMDB。从服务树字面意思可看出，它是以树状层级结构组织和管理服务的。其实，我们可以这样理解服务树和 CMDB 之间的关联关系，即服务树是 CMDB 的表现形式，CMDB 是服务树的存储形式。

这样就形成了以服务树形式组织和管理服务信息和服务资源信息的模式。为了能够结构化展示，接下来要解决服务树的层级划分和服务分组问题。

（1）服务树的层级划分

服务树的层级划分主要有两种方式。

1）按照组织结构划分，比如按照部门层级关系进行划分。

这种划分方式的优点如下。

❑ 可清晰地看出每个部门的服务信息和服务资源信息。

❑ 很容易实现团队维度的服务和服务资源的统计。

❑ 可逐级查看上一级或下一级部门的服务和服务资源信息。

这种划分方式的缺点如下。

若技术团队组织架构频繁调整，服务树层级结构也会频繁调整；若组织架构调整过程中涉及部门的拆分和撤销，服务归属很难实现自动化。

2）按照业务域划分，比如按照运营、销售、供应链、电商等业务域进行划分。

这种划分方式的优点如下。

❑ 紧跟公司业务形态的变化，便于分析为支撑业务发展所需的技术、资源和成本。

❑ 只要公司的业务形态（领域）不发生转变，业务域基本保持不变。

❑ 便于从业务价值交付视角建设上层应用平台，比如通过持续交付平台的建设，提升技术团队对业务团队需求的交付效率。

这种划分方式的缺点如下。

公司需要持续关注业务形态的变化和业务模块的划分。对于初创公司来说，在业务形态不是很稳定的情况下，这种划分方式可能会导致服务树层级的频繁调整。

（2）服务分组

为什么要进行服务分组？其实，这是为了满足上层应用平台建设的需要。

通过服务分组可解决 4 个场景问题。

1）多环境。一般情况下，服务的运行环境有开发环境、测试环境、预生产环境、生产环境。每个环境中运行着不同的服务实例。所以，对于持续交付平台来说，我们要想了解服务的哪些实例部署到哪些环境，就需要对服务进行环境分组。

2）多租户。在没有对网络、中间件等资源隔离的情况下，共用服务需要按照租户类型进行分组。

3）多云多中心。技术团队采用公有云技术，但为了保障服务运行的稳定性以及灾备需要，都会采用多云多中心方案。虽然服务运行的配置信息基本一样，但服务所运行的云环境可能不一样，所以需要对服务进行云环境分组。

4）多特性。在提高单元测试覆盖率过程中，服务需按照黄金流程、核心链路服务进行分组，根据不同组的特性设置不同的指标。针对一些特殊场景，比如大促、秒杀活动的限流降级，需要进行核心服务和可降级服务分组，如图 5-5 所示。当出现问题时，可降级服务需停止对外提供，静默一段时间后再重启。

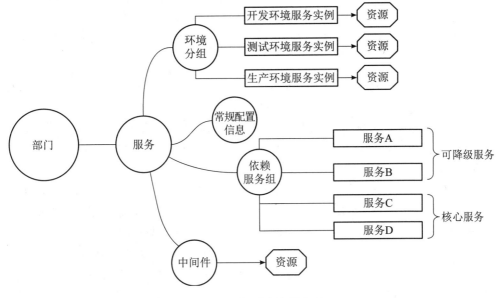

图 5-5　服务层次关联关系

这时，服务树可按照不同层级进行划分，按照多层次进行展示，按照不同场景进行分组。服务树便可以从服务视角建立起"部门—服务—服务分组—资源"的关联关系。这种关联关系会静态地存储到 CMDB 中，并以 API 形式供上层应用平台调用。

5.2.2　运维思维的转变

通过上节的介绍，想必大家基本可达成共识：以服务为核心的 CMDB 是运维的基石。

但要想 CMDB 发挥更高的价值，我们需要把更多精力放到对上层应用的支撑上，因为应用才是运维的核心。"部门—服务—服务分组—资源"关联关系对上层应用平台的建设是非常重要的。但最根本的还是需要技术团队整体转变运维思维，否则即使花费大力气开发平台，技术团队也未必能够将其应用起来。就像赵成老师所说：思维上的转变，远比技术上的实现更重要。

若要转变技术团队整体的运维思维，首先要认同 CMDB 在运维基础服务体系中的价值，再从业务价值交付角度出发提升团队整体的运维能力、转变团队整体的运维协作模式。

1. CMDB 在运维基础服务体系中的价值

一般情况下，CMDB 自下而上的 4 个层次建设对外可提供如下能力。

1）管理层：该层为系统提供了最基本的支持，包括对组织、人员、角色、权限的管理，支持定义各类角色和管理权限，通过与外部 IT 管理（云）平台集成实现用户的统一认证。

2）服务要素层：按照云化 CMDB 的理念，服务要素包括模型（资源信息和关联关系等）、数据和操作，与之对应的分别是模型维护、配置项维护和操作维护功能。

3）API 层：通过封装服务要素层的功能，对外提供模型管理接口、配置项管理接口和操作接口。

4）场景层：该层采用可扩展方式进行设计，主要包括 3 种场景。其中，ETL 和配置可视化是两个基本场景。

场景一：ETL 主要实现对外部数据的抽取、转化和处理，并将处理结果通过 API 层的配置项管理 API 进行数据录入，记录配置数据的变化，建立配置基线，并围绕基线形成基线比对等功能。

场景二：配置可视化主要针对配置数据进行展示（图形、声音、文字等），包括配置拓扑展示（以图形展示配置项间的关联关系）、配置项多维度查询、配置报表以及告警。

场景三：开发人员可以结合 API 层提供的能力，基于基础场景实现场景自定义，比如自定义基础资源管理、基础资源拓扑关系、应用资源拓扑关系和应用资源管理等。

通过上述 4 个层次能力的建设，我们构建出 CMDB 和上层应用平台的关联关系，如图 5-6 所示。

下面分析应用平台层与 CMDB 之间的调用关系。

1）监控平台通过 API 层获取服务间关联关系，监控应用在各环境下虚机上的运行状态以及依赖资源的使用情况，并根据阈值提前告警。

2）事件管理平台可调用 API 层获取服务关联和依赖关系，以便研发人员分析服务调用链路，提供服务相关的基础配置信息，定位操作变更。

3）容量分析平台可根据 API 层和场景层获取某个环境下的资源容量，并根据配置策略，实现容量的弹性伸缩。

4）中间件资源管理平台可通过访问 API 层获取服务和资源的关联关系，支持核心资源的访问控制，支持通过服务基础配置信息构建服务和分布式中间件服务实例的关联关系。

5）微服务框架和服务治理平台可以通过调用 API 层获取服务间关联关系、服务分组、环境分组以及服务依赖资源信息，以便落实服务优雅退出、限流降级和开关预案等策略。

6）持续交付平台可通过调用 API 层获取服务和环境配置信息、层次关联关系、环境分组信息，支持将服务部署到指定环境。

这些上层应用平台都属于基础运维服务体系，可见 CMDB 的运维基石地位。

至此，围绕 CMDB 的基础运维服务体系理念基本形成，这也是技术团队整体运维思维转变的开始。

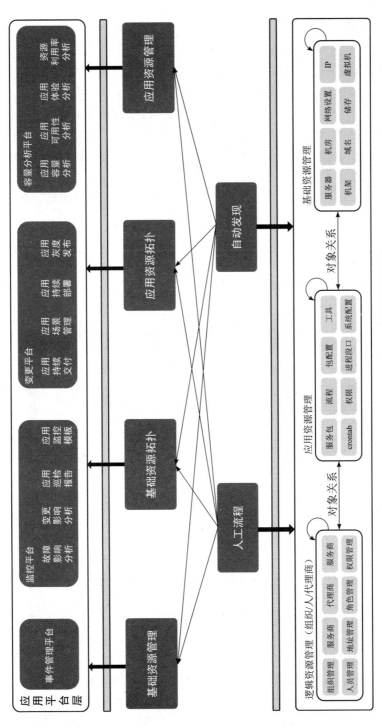

图 5-6　CMDB 和上层应用平台的关联关系

2. 打造团队整体的运维能力

《阿里巴巴 DevOps 实践指南》中指出技术团队的运维能力主要体现在能够站在全局视角去提升系统的可观测水平、应用运维水平和基础设施运维水平。Netflix 和 FaceBook 互联网公司也提出：支撑平台（支撑技术团队的工具平台）应该在提供基础服务的同时，还应该辅助提升研发人员的自运维能力。这些头部互联网公司提倡研发人员在平台上完成任何运维操作，而不是将所有运维操作都交给运维人员。反过来看，平台的有效运转也需要从全局角度考虑融合运维和技术架构。这些理念基本改变了技术型公司对传统运维的定义，进而影响着技术团队使用支撑平台的方法。

所以，运维一定不只是运维团队的事，涉及整个技术团队。下面从业务价值交付维度和组织架构维度建设技术团队整体的运维能力体系。

（1）从业务价值交付维度建设技术支撑团队自运维能力体系

从业务价值交付全链路看，效率、质量、成本这三个维度是技术团队关注的核心指标，而整个技术支撑团队自运维能力体系建设和这 3 个维度有着契合之处，如图 5-7 所示。

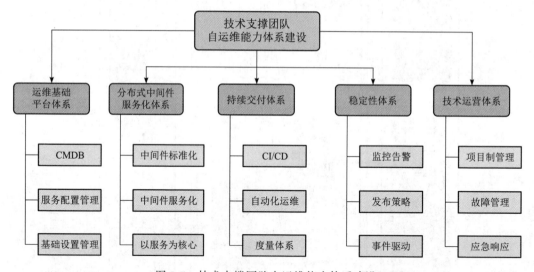

图 5-7　技术支撑团队自运维能力体系建设

技术支撑团队自运维能力体系可从以下 5 方面建设。

1）运维基础平台体系建设：包括对 CMDB、服务配置、基础设施等的管理，这些是运维能力建设的基础，也是技术架构体系标准化和服务化建设的基础。

2）分布式中间件服务化体系建设：支持对中间件的标准化和服务化，以服务为核心，同时支持中间件参数和容量的动态调整和管理，是整个技术架构体系的支撑。

3）持续交付体系建设：在服务生命周期，通过持续构建、持续部署等工程实践协助研发人员自运维管理服务，并通过度量体系驱动技术团队发现和解决问题，提高服务高质量交付效率。

4）稳定性体系建设：通过监控告警体系、多维度发布策略、服务治理、容量规划、故障植入、压力测试等手段提升服务、设备、集群、环境的稳定性，同时通过事件驱动辅助研发人员进行精准的问题根因分析，保障技术架构体系稳定落地。

5）技术运营体系建设：确保制定的标准、规范、制度和流程能够高效运转，并将部分流程规范融入管理体系；通过项目制管理、故障管理、应急响应等形成反馈改进闭环，让技术团队各角色都能参与进来，加强团队技术运营意识。

（2）从组织架构维度建设技术团队整体的运维能力体系

从组织架构维度，我们可从如下 5 方面规划支撑平台，以此支撑技术团队整体的运维工作。

❑ 基础运维：包括环境运维、集群运维、设备运维、系统运维以及网络运维等。

❑ 应用运维：包括业务和基础服务层应用的稳定性保障和容量规划等。

❑ 数据运维：包括大数据、数据库等的数据运维。

❑ 架构运维：包括基础服务框架、中间件等的运维。

❑ 运维开发：包括自运维管理平台、协作平台、度量平台等的研发和运维。

由此，技术团队可通过支撑平台进行运维，技术支撑团队可通过自运维能力体系建设更好地支撑技术团队的工作，这些都是团队整体运维能力的体现。

3. 改变技术团队整体的运维协作模式

经过运维思维的转变，技术团队接下来需要思考如何改变运维协作模式。

结合自运维能力体系建设过程，技术团队整体的运维协作模式需要进行五大改变。

1）开发运维团队可向技术团队提供服务配置管理平台，通过平台进行服务相关元数据自维护管理，降低运维人员的干预，充分发挥研发人员的自运维能力。

2）架构运维团队制定中间件使用规范、协作流程规范、巡检规范，提供中间件服务化能力和管理平台，推进中间件资源自助化和自动化，并支撑多服务、多环境、多中心的建设。

3）开发运维团队提供持续交付平台，通过持续构建、持续部署等工程实践协助研发人员自运维管理服务，并通过度量体系驱动技术团队发现和解决问题，这是改善研发团队和技术支撑团队协作方式的抓手。

4）开发运维团队提供监控告警平台、服务自运维管理等平台，让研发、应用运维、数据运维人员可根据监控告警信息发现设备、集群、环境以及容量管理问题；同时提供事件管理平台，自动推进事件管理流程中各环节的负责人进行精准的问题根因分析。通过平台串联各角色工作，自动解决问题。

5）一个专门的团队或角色承担起技术运营工作，通过工程实践、平台、流程规范、保障制度等多维度加强团队技术运营意识，并且整个技术团队参与。

仔细思考了一下，当前我们效能团队 60% 的时间投入在运维工作，40% 的时间投入在技术运营相关工作。我们对自身的定位就是技术团队的润滑剂和催化剂，促使技术团队整体做好运维工作。这些也都是运维思维转变的体现。

5.2.3 如何在 CMDB 中落地服务配置管理

1. 确立 CMDB 在技术架构体系中的定位

CMDB 作为技术中心全局唯一权威数据源，被称为元数据配置管理平台。其在技术架构体系中的作用如图 5-8 所示。

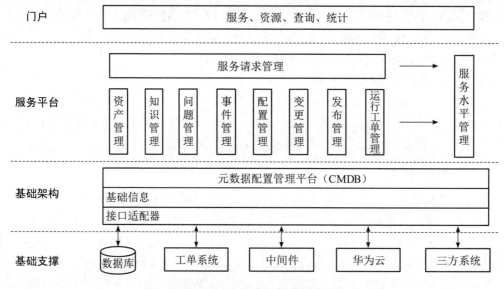

图 5-8　CMDB 在技术架构体系中的作用

CMDB 管理着服务、资源等信息的元数据，能够自动、实时、准确地服务整个自运维能力体系的上层应用，并能够以场景化串联方式，将运维工具进行碎片整合，成为配置数据交换的枢纽。

CMDB 中的元数据包含服务基础信息、资源信息、配置信息、关联信息、服务运行信息、开发信息（比如代码库地址）、质量门禁信息、权限信息等。我们可通过 CMDB 自身、人工操作两种方式维护资源信息。

1）CMDB 可自动发现并同步公有云和资源管理平台中的相关资源信息（如 ECS、ELB、中间件等资源信息）。

2）研发人员可通过工单申请资源，由各中间件管理平台自动把数据推送到 CMDB 进行统一管理；同时，运维配置管理员也可手动在后台配置和维护设备和网络等资源信息。

这样，CMDB 便从一个传统、静态的信息库，转变为一个敏捷、动态的元数据配置管理平台，并可对自运维能力体系相关平台提供服务，形成以消费场景为驱动的服务型CMDB。

2. 通过 3 个视角进行 CMDB 可视化

通过对服务树，资源，搜索、校准和统计可视化，研发人员可基于 CMDB 从服务视角进行服务拓扑关系，服务和资源关联关系，资源和服务关联关系的查询、校准、统计和配置的自运维管理。

（1）服务树视角

服务树可视化可展示服务基础配置信息、服务扩展配置信息以及服务关联资源信息。

1）服务基础配置信息如图 5-9 所示。

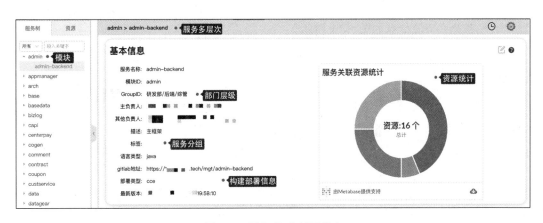

图 5-9　服务基础配置信息

服务基础配置信息包含服务模块、服务层级、服务分组、资源统计、构建部署等。

❑ 服务模块：代表一个独立的业务域。当组织结构频繁调整时，服务模块始终不变。

❑ 服务层级：包含"部门—模块—服务—服务分组—资源"的层级关系。

❑ 服务分组：通过标签对服务分组和分类后的信息。

❑ 资源统计：按照资源类别统计的服务所依赖的资源。

❑ 构建部署：自运维管理平台中构建和部署流水线的执行信息。

2）服务扩展配置信息如图 5-10 所示。

服务扩展配置信息包含服务环境分组、服务角色成员、服务部署配置等。

❑ 服务环境分组：不同部署环境下服务实例的分组信息。

❑ 服务角色成员：针对服务成员进行角色和权限的配置信息，比如可针对不同的部署环境，设置不同角色的服务自运维操作权限。

❑ 服务部署配置：服务部署环境下的运行参数信息。

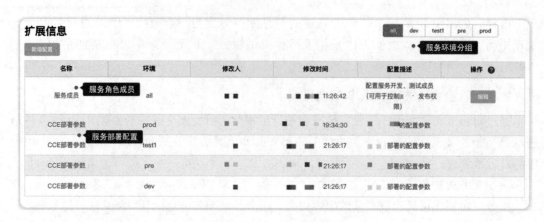

图 5-10　服务扩展配置信息

3）服务关联资源信息如图 5-11 所示。

图 5-11　服务关联资源信息

服务关联资源信息包含关联资源列表、资源环境分组、工单来源等。

❑ 关联资源列表：服务所依赖的资源信息。

❑ 资源环境分组：不同部署环境下服务所依赖的资源分组信息。

❑ 工单来源：申请服务依赖资源时的工单编号，可用来追溯服务依赖资源的变更。

（2）资源视角

资源可视化可展示所有类型资源的信息、资源详细配置以及操作管理信息。

1）所有类型资源的信息如图 5-12 所示。

所有类型的资源信息包含资源类型、资源环境分组、资源配置管理等。

❑ 资源类型：展示服务依赖的所有类型的资源，其中 EIP、ELB、域名属于网络资源；ECS 属于基础设施资源；SDK 属于服务依赖软件包资源；其他资源是服务依赖的中间件资源。

❑ 资源环境分组：不同类型资源在不同运行环境下的分组情况。

❑ 资源配置管理：此操作只能由运维配置管理员进行，研发人员必须通过工单进行申请，工单审批通过之后才可进行配置管理。

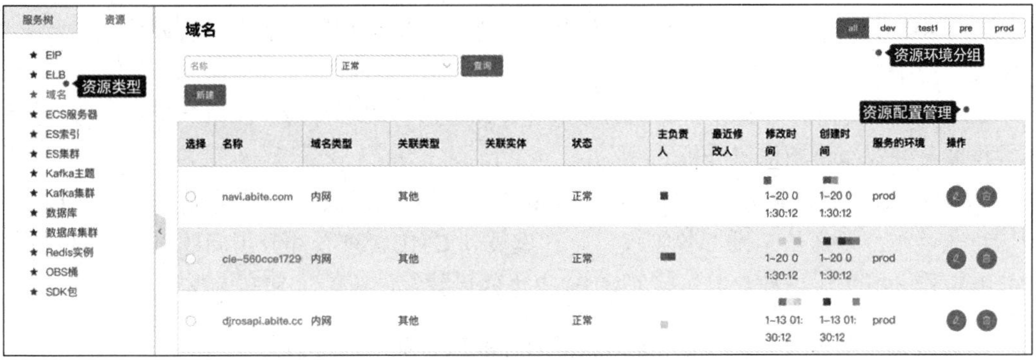

图 5-12　所有类型资源的信息

2）资源详细配置和操作管理信息如图 5-13 所示。

图 5-13　资源详细配置信息和操作管理信息

资源详细配置和操作管理信息包含关联服务、权限管理、标签管理、操作记录等。

- [ ] 关联服务：资源和服务的关联关系。此服务只能由运维配置管理员进行操作和配置，研发人员通过工单申请查看。
- [ ] 权限管理：资源操作权限管理消息，比如对数据库读、写、查看权限的管理等。
- [ ] 标签管理：通过标签对同类资源分组管理，或针对同一个服务的不同资源实例分组管理的消息。
- [ ] 操作记录：资源的所有历史变更操作记录，为上层应用平台提供资源变更信息，比如可为事件管理平台提供服务问题发生点的资源增删信息，便于辅助研发人员进行问题根因分析。

（3）搜索、校准和统计视角

CMDB 支持服务和资源信息的搜索、服务和资源的统计、资源信息自动校准。

1）CMDB 支持通过多种维度的条件搜索、查询、统计和导出服务与资源信息以及服务与资源间的拓扑关系。

2）CMDB 支持针对服务和资源的度量统计，可进行集群环境、团队、个人、服务、标签等维度下的资源使用情况分析。

3）CMDB 支持资源自动校准，通过定期同步中间件资源、云平台资源信息，将异常资源信息通过飞书发送给运维配置管理员。管理员到 CMDB 查看并分析问题出现原因，并通过校准功能进行资源校准，以保障 CMDB 提供的元数据的唯一性和高可靠性。

3. 通过工单提升 CMDB 对外提供服务的可靠性和及时性

围绕服务生命周期全部类型工单的申请可达到 3 个目的：统一约束服务资源申请入口；统一约束服务的暂停、重启、删除、下线、关联关系解除等操作；保障服务研发过程中活动的稳定进行，减少未经审核的操作造成的线上事故发生，比如可通过线上变更工单进行服务上线前的资源申请、SQL 审核、发布审核等操作的管理。同时，这些结果信息都将作为元数据存储到 CMDB 中。

通过工单打通了各资源管理平台和 CMDB 平台，进一步提升了 CMDB 对外提供服务的可靠性。

服务和资源相关工单的审批信息同步到飞书，每个环节的工单状态都可在移动端和桌面端同步查看和操作，极大地提高了工单审批效率和工单处理效率，进一步提升了 CMDB 对外提供服务的及时性。

至此，我们搭建了以服务为中心的配置管理平台，确立了 CMDB 在技术架构体系中的地位，转变了技术团队整体的运维思维。CMDB 平台能够通过 API 为上层应用平台提供可靠的服务，实现服务的部署管理、运维管理和性能管理，为技术团队运维管理、稳定性保障以及自运维能力体系的稳定运转打下坚实的基础；同时在底层技术支撑层面，提升了上层应用平台的稳定性，一定程度上降低了故障发生概率。

5.3 如何通过精益运维项目提升团队稳定性保障能力

随着技术中心改进行动的落实，这场整治活动开展得如火如荼。

1）技术支撑部门首先针对一些笨重的中间件和开源平台进行了"瘦身"，将部分资源管理平台对接到 CMDB，加强了稳定性保障能力的建设，比如完善全链路跟踪系统、基于 Kong 网关开发限流降级功能；其次重点梳理了上层业务应用容量规划的场景，通过性能压测构建了容量规划体系和流程规范，同时进行 Dubbo3.0 升级预研。

2）各技术部门基于 CMDB 平台进行服务配置管理，针对性地复盘了负责的业务、技术架构和代码质量等，筛选出质量待办和稳定性保障待办工作。

不过执行一段时间后，部分部门负责人在研发核心例会上反馈：虽然技术支撑部门规划了一些新功能，但部分系统的稳定性还是比较差，最终问题定位在分布式中间件资源管理平台的使用上，可能是资源使用不规范导致的，也可能是平台操作失误导致的。并且研发人员无法监控各服务依赖资源的使用情况，导致即使很多资源的利用率很低也无法及时被发现。另外，研发人员不知道如何更好地利用新功能，因为大部分研发人员只通过群里发布的平台上线说明了解新功能。

这在一定程度上导致研发人员反馈的问题没有得到彻底解决。不难发现，架构运维团队的核心问题不是平台功能的缺乏，而是没有基于实际研发场景将分布式中间件服务体系运营起来。此现象持续一段时间后，研发人员也就丧失了献计献策的动力。而架构运维团队长期处于系统维护状态，也就丧失了改进优化的动力。一旦出现故障，各技术部门将矛盾指向了技术支撑部门。

5.3.1　"插足"别人的管理世界

这时，技术支撑部门负责人找到了效能团队，并提出一个核心需求：找出基础技术架构支撑平台中的问题，推动技术团队共同改进。

第一印象中，这个工作应该分配给架构运维团队，因为基础技术架构支撑平台大部分由架构运维团队负责管理和运维，它们专业性强，更容易发现系统问题，我们很可能会"插足"别人的团队进行"不专业"的指挥。

接到任务之后，我们并没有直接给出肯定的答复，而是先从可行性方面进行了调研。

1）执行的可行性。基础技术架构支撑平台缺乏统一的使用规范和有效的实践方法，并且平台的自动化和自运维能力较弱。这需要推进技术支撑团队运维协作模式的改变，并将中间件服务体系有效地运营起来。效能团队恰好在此方面有着非常丰富的实践和落地经验。

2）改进的可行性。技术支撑部门负责人之前已经对基础技术架构支撑平台的稳定性非常不满，并提出很多改进方案，但架构运维团队的落实进度比较慢。这次的改进需求更加迫切。

既然该工作具有可行性，接下来就让我们分析一下还有哪些阻碍点。

我们面临的问题是，在此领域不够专业，更何况在同一部门存在一定的竞争性，而当前发现的问题也要尽快解决。于是，我们与技术支撑部门负责人进行了沟通。

我们：这种全局性问题的改进需要联动各技术部门一起去做，而不是仅仅协助架构运维团队发现平台中的问题。

技术支撑部门负责人：这是肯定的，我可以在例会上同步下，让各部门负责人配合。

我们：架构运维团队需要指定一些专业的人员参与，一起发现问题和整理改进项。

技术支撑部门负责人：我会让各平台和各中间件负责人配合。不过，他们的主动性可能不会太高，你们要多激励。

……

我们：我们想通过项目的形式来推进这个事情，你来做项目整体的技术负责人吧？这个项目肯定不只涉及基础架构的优化，还可能涉及技术方法和团队协作模式的改进，这些都需要一个专业的负责人统领全局。

技术支撑部门负责人：可以，我来协助你们，但大部分活动还需要你们来组织协调。

……

我们：经过我们的调研发现，各中间件资源的管理方式不统一、平台间耦合度较高、平台自运维能力以及平台自动化能力较弱。这些问题的解决既能推进资源管理平台的改进，也能快速解决技术团队资源使用上的问题。

技术支撑部门负责人：我最近也发现这些问题比较严重，可以将这些问题的解决作为项目第一期的目标。

……

我们：这样也能够让架构运维团队专注于专业问题的解决上。

技术支撑部门负责人：嗯，是的。

……

经过沟通，我们基本确定了项目的核心参与对象、项目整体的技术负责人、项目大致的核心目标和行动方向。

技术支撑部门负责人第 2 天便在研发核心例会上将此事进行了公布，一是当着 CTO 的面告知各技术部门改进基础技术架构支撑平台的决心；二是当着架构运维负责人的面说明了基础技术架构支撑平台问题的严重性；三是当着我们的面把协作阻碍点解决了，也告诉我们可以行动起来。

其实，无论有没有如上背景，基础技术架构支撑平台中的问题都是技术支撑团队急需解决的问题。如上只是方便读者融入场景思考。

5.3.2 怎么开展项目

开展项目的基本"套路"在本节不再讲述，我们将从几个核心环节讲述如何开展此类项目。

项目有一个好的开端，对后续工作的顺利开展起着决定性作用。好的开端无非要做好项目的启动前准备，考虑好需要哪些关键干系人参与、定义好各职能职责、分哪些阶段去实现以及确定项目要达到的目标。总之一句话，找到合适的辅助者，让其能够尽职尽责地辅助我们解决面向对象遇到的问题，并能够和我们一起在指定的时间达成预期的目标。

1. 制定项目目标

这个项目比较复杂，项目目标很难制定。

首先，每个中间件资源管理平台都有很多功能和性能指标，不好从单一维度进行量化。

其次，每个中间件小组每个季度都有目标，很难协同项目的目标。

最后，架构运维团队小组多，组织起来比较困难，成员配合度也不是很高。

这些问题增加了项目目标制定的难度。架构运维团队的组织结构比较传统，如图 5-14 所示。

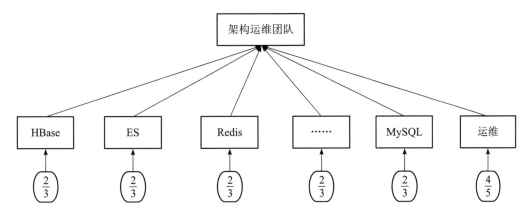

图 5-14　架构运维团队的组织结构

基于这个项目的独特性，我们找到了项目技术负责人进行沟通最终达成如下共识。

1）项目一期以各中间件资源管理平台的功能改造、使用规范统一、核心指标自动化巡检为目标。项目周期为 2 个月，既可保证改造的充分性，也能很快看到执行效果。

2）架构运维团队各小组的季度目标和项目目标进行融合，并以项目目标的达成为主。

基于这些共识，我们组织各技术部门负责人进行了项目目标的同步和讨论，同时邀请项目技术负责人参加，在听取大家的建议后，最终达成如下共识。

1）每个技术部门针对中间件改进都需要指定一个负责人参与，并且每个负责人最多负责管理 2 个中间件改进小组。此举措的主要目的是赋能各负责人，在项目结束后能够作为本部门的专家顾问，自行解决部门内部遇到的系统问题，并能够帮助团队践行最佳实践。

2）每期项目结项时，各部门的资源使用情况必须达到巡检指标要求。

此后，我们利用 1 天的时间，组织确认了各改进小组的参与对象，制订了具体的项目目标和执行计划，并组织项目核心成员（各部门负责人、项目技术负责人、各小组专家顾问、各中间件小组负责人、架构运维团队负责人）进行了项目目标的同步。

至此，精益运维项目正式拉开序幕。

2. 确定项目组织结构

项目组织结构决定了项目的推进形式。有效的组织结构还能够让信息有效传达，利于问题的快速解决。

我们按照现有团队，构建了 3 层组织结构（各层级对应不同的负责人），形成伞状多层级项目组织结构，如图 5-15 所示。

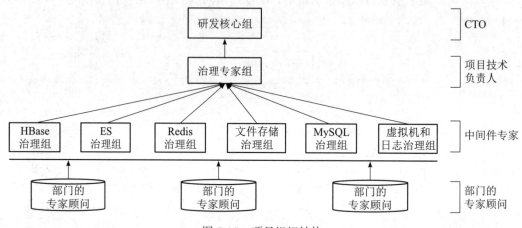

图 5-15　项目组织结构

其中，各中间件治理组成员由各部门的专家顾问和各中间件专家组成，各治理组中间件专家作为小组负责人；治理专家组成员由各中间件专家和项目技术负责人组成，项目技术负责人作为小组负责人；研发核心组成员由研发核心例会的参会人员组成，CTO 作为负责人。

横向看，项目组织结构利于我们在不同层级实施不同的策略，进而通过制定好的项目规范和运作机制，让各层级的工作机制自主运转起来；纵向看，利于我们从下往上汇总各层级的结论和问题，从上往下协助各治理组和部门寻找阻碍点的解决方案，把控改进方向。此项目组织结构也为制定有效的各职能职责和运转机制打下基础。

3. 制定职能职责

制定职能职责有利于项目在没有效能团队主动推进的情况下，还能正常运转。项目管理者的核心能力不是时时刻刻盯着"谁没做好"，而是让项目依据运转机制自行运转，并帮助项目成员协调资源、制定方案、解决阻碍点。

项目各层级负责人和参与的会议，如图 5-16 所示。

项目组织结构下各层级负责人的职能职责如下。

1）部门的专家顾问：每周参加中间件治理研讨会，汇总部门研发人员提出的相关问题，讨论解决方案，掌握平台使用方法；定期组织并参与部门宣导会，做好所在部门的实践方法宣贯，协助解决部门遇到的共性问题。

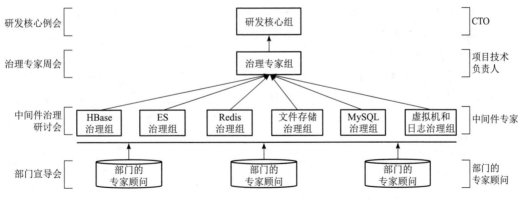

图 5-16　项目各层级负责人和参与的会议

2）中间件专家：每周参加治理专家组周会，汇总治理组每周发现的问题和解决的问题，同时提出遇到的阻碍点；每周组织中间件治理研讨会，讨论问题处理的优先级，确认新发现的问题，提供解决方案建议，从研发人员角度讨论方案的可行性。

3）项目技术负责人：参与治理专家组周会，从基础架构全局角度对发现的问题进行需求优先级排序，提供解决方案建议，推进架构运维团队迭代解决问题；同时负责周期性地在研发核心例会上汇报项目整体进展。

4）CTO：负责从全局把控技术团队的改进方向并协调资源。定期组织各层级干系人执行项目关键活动，包括但不限于中间件治理研讨会，治理专家组周会和部门宣导会等，协调各层级负责人解决各中间件治理组遇到的问题，汇总项目进度和问题解决进展。

当设定了目标，制定了合理的组织结构和各层级职能职责，并与核心项目干系人达成一致意见时，项目已经成功一半。接下来，我们需要将项目运作起来。

5.3.3　怎么运作项目

我们需要制定合理的项目流程规范、项目运转机制以及奖惩机制，明确各层级负责人在各阶段职责并跟进执行。

1.制定项目流程规范

本项目的核心流程规范包含 3 方面：项目输入流程规范、项目输出流程规范、项目的过程完成标准。

（1）项目输入流程规范

在精益运维项目中，各中间件资源管理平台甚至没有完整的使用说明文档，因为它们都是基于开源项目进行二次开发的，完全没有从当前研发场景进行使用方法梳理。其次，各中间件的使用规范未统一，包含命名规范、申请规范、不同环境下的容量管理规范、过期处理规范等。

这些都需要各中间件治理小组进行整理，并每周定期讨论、输出最佳实践（基于平台解决核心场景问题的实践方法）。

（2）项目输出流程规范

各中间件专家组织各部门的专家顾问，研讨小组成员每周提出来的问题，并固定 3 个技术主题进行探讨。这 3 个主题可能会随着每周研讨会的结论进行调整。最终，各专家治理组输出技术分享文档，并由各部门的专家顾问通过部门宣导会进行分享。

（3）项目的过程完成标准

项目的过程完成标准决定着项目每周的过程性指标是否达标。这需要各技术部门遵守中间件使用规范的同时，各中间件负责人及时提供丰富的功能和巡检指标。其中，关键环节的巡检指标由各治理组负责人组织各部门的专家顾问讨论而出，并由项目技术负责人在研发核心例会上确认。

我们推进实施的策略：项目前期，各治理组负责人根据制定的巡检指标通过人工方式进行巡检；项目后期，推进各中间件资源管理平台巡检自动化和提前预警等功能的实现，以此进行项目过程性指标完成的定义和检验。ES 治理组巡检指标如表 5-2 所示。

表 5-2　ES 治理组巡检指标

关键项目	指标	超标建议
集群节点数量	不超过 100 个节点	删除未使用索引或重建部分索引到新集群
单个节点数据量	不超过 5TB	删除未使用索引或扩容
单个分片数据量	不超过 50GB	索引数据可以删除情况：管理后台配置删除策略 索引数据不可以删除情况： 1）使用索引模板，按照日期创建索引 2）重建索引，使用更多分片，如果分片数已经是节点数的 2 倍，增加节点数
索引分片数量	不超过节点数量的 2 倍	重建索引，使用适量分片

关于"虚拟机和日志治理组"制定的项目流程规范（包含日志和虚拟机的使用手册、最佳实践、巡检指标、治理组每周的讨论主题和结论、每周的巡检日志等），感兴趣的读者可到"参考资源"中第 5 章的"场景案例"寻找答案。

2. 制定项目运转机制

制定项目运转机制是为了让各层级干系人养成良好的工作习惯，知道在哪些时间点参与关键活动，负责达成哪些阶段性目标，有利于流程自动化运转。

针对项目运转机制，我们与各层级负责人达成如下约定。

1）中间件治理研讨会：每周四下午 2 点举行，会议持续时长不能超过 1h，主要由中间件专家组织，会议形式不限。

2）治理专家组周会：每周五下午 2 点举行，会议持续时长不能超过 1h，由效能团队组织。

3）部门宣导会：每两周举行一次，一般放在周五的早上 10 点，会议持续时长不能超过 45min，由各部门的专家顾问组织并以中间件技术主题总结形式进行分享。

项目前期，部分会议由我们配合各层级负责人组织（掌握会议的一般流程和侧重点）；项目中后期，会议交由各层级负责人组织（发挥各治理组的力量）。项目的执行过程固化在一定程度上可推动各层级负责人在会前准备内容、及时解决问题。

3. 制定项目激励机制

良好的项目激励机制可以激发成员的活力，让努力的团队得到回报，也能吸引更多的支持者参与到项目的改进过程中。

当我们正在思考以何种形式进行项目经费申请的时候，技术中心培训组传来一个消息：本季度它们的核心目标是组织技术培训 n 次。培训组却犯了愁，因为感觉没有对技术团队的改进起作用。

而我们这个项目的输出就是技术文档，涉及中间件管理、运维、稳定性保障等。想到这里大悟，我们主动联系了培训组，经过一番讨论，我们达成合作，既解决了项目经费问题，也让培训组完成了任务。

1）每个培训周期，我们安排一名讲师整理培训文档，并进行 45min 左右的主题分享。每次分享讲师可以获得 500 元奖励。不过，分享的主题和内容需经过培训组审核。

2）每个季度，参评优秀讲师可以获得 3000 元奖励。

有了项目经费，整个项目组的活动也丰富了起来。每次会议前都能准备一些小零食；每个项目里程碑节点，各中间件治理组组织一次聚餐，很大程度上增强了各治理组成员间的信任感以及小组凝聚力。这种氛围也吸引更多的支持者参与到精益运维项目中。

根据项目的流程规范、运转机制，我们将项目的每期目标拆分到每周，并安排具体负责人。当各中间件治理组制定好了巡检指标，我们便可每周通过巡检结果分析各治理组的治理情况以及各部门的资源使用情况。

5.3.4　项目的成果

基于以上规范和机制，基础技术架构支撑平台的改进稳步推进。

1. 项目总结

项目一期结束后，我们主要从技术团队稳定性保障能力的提升和降本增效 2 个维度进行全局性分析，并且对核心巡检指标进行局部性分析。虚拟机和日志、MySQL 治理组的总结如表 5-3 所示。

表 5-3　虚拟机和日志、MySQL 治理组的总结

治理组	负责人	重点事项（小于 5 个）	达到的效果	降本增效	核心指标
虚拟机和日志		1）制定日志和虚拟机的使用手册和总结最佳实践 2）定期组织日志和虚拟机课题交流 3）巡检日志和虚拟机指标是否在合理的范围内，并跟进待办 4）巡检虚拟机回收指标是否在可回收范围内，并跟进待办	1）提前找出各项目存在的隐患，如内存溢出，CPU 负载过高 2）让日志和虚拟机小组理解虚拟机中指标的概念以及日志规范 3）减少虚拟机资源浪费	1）虚拟机确认可回收 128 台 2）编写代码时，考虑到性能问题，减少机器资源的申请 3）平台具备自动化巡检功能、自动预警和告警功能	虚拟机回收指标 1）CPU 负载在 7 天时间范围内的最大值不超过 0.5 2）CPU 空闲率在 7 天时间范围内平均值大于 85% 3）磁盘空闲率在 7 天时间范围内平均值大于 80%
MySQL		1）制定 MySQL 使用手册和总结最佳实践 2）定期组织 MySQL 课题交流并解决优化问题 3）提取巡检指标，并按照指标进行巡检 4）对巡检出的问题以及线上资源使用情况进行梳理	1）定期找出线上问题以及隐患，并稳定执行 2）巡检自动化并定期发送周报，及时发现问题 3）TiDB 资源回收，节省 8.5TB 空间 4）让 MySQL 治理组理解相关规范，并按照规范使用	1）TiDB 资源回收，节省 8.5TB 空间 2）一些指标合并到审核发布平台，从源头杜绝相关隐患 3）稳定性待办项解决，性能得到优化 4）完成中间件资源管理平台和工单系统、CMDB 的对接，实现资源自动化管理	MySQL 回收和优化指标 1）单表大小大于 100GB，则回收 2）表字段数大于 100，则回收 3）表自增 ID 大于原表的 80%，优化 4）线上运行时间超 10min 的事务，优化

2.项目收获

经过 4 个月的时间，我们基本解决了技术团队对各中间件资源不了解的问题，从全局视角优化了各中间件资源管理平台，更重要的是将分布式中间件服务体系运营起来了。

通过各中间件资源管理平台的自动化巡检和监控告警，以及各中间件资源使用规范检查自动化，技术支撑部门的分布式中间件服务体系的稳定性保障能力以及架构运维团队的技术运营能力得到了提升。虽然这些行动只是稳定性保障能力提升的"冰山一角"，但为技术团队整体的稳定性保障能力的提升打响了"第一枪"。

下个季度，架构运维团队将所有中间件资源管理平台以服务视角进行了改造，和 CMDB 和工单系统对接，统一了资源申请和下线的规范，避免了研发人员到不同平台管理资源。同时，架构运维团队主动以最佳实践推广全链路跟踪和限流降级等平台功能；应用运维团队也在推进性能压测事项，每周都在通过 RPA 发送各团队服务的压测报告。

很明显，精益运维项目还在持续进行，并围绕着自运维管理能力体系提升技术团队的稳定性保障能力，降低故障发生的可能性。

5.4　如何通过故障管理提升团队自信心

技术团队经过一个季度的实践和改进基本控制了故障频率，一定程度上解决了故障数持续增长的问题，但故障平均处理时间还是比较长。

如何进一步提升故障定位和解决效率？首先，要改变团队对故障的认知和处理方式；其次，部署流程规范的制定以及事件管理平台的搭建必不可少。

5.4.1　我们对故障的理解

1. 如何理解故障

曾在一篇文章中看到一句话"系统正常，只是该系统无数异常情况下的一种特例"，这句话很好地诠释了故障发生的正常性。而且随着业务体量的增大，故障频率会越来越高，所以团队应该"接受"故障和"理解"故障。

在理解故障的过程中，团队应该深入故障的背后去发现问题，比如技术框架问题、技术支撑体系问题、团队管理问题、团队协作问题等，要针对性地分析问题并解决，这样才能避免同类故障的发生。

2. 如何对故障进行定级和定责

在解决故障过程中，一个普遍的现象就是相互指责、相互推诿，特别是涉及跨团队解决的问题，比如上下游服务调用失败、核心配置文件变更。即使问题得到快速解决，但在复盘时，可能也会出现互相指责现象，最终导致团队间协作效率低下。针对这类现象，我们要做好故障的定级和定责。

（1）故障定级

5.1 节讲过技术团队按照不同场景，比如支付、运营、配送、采购等进行故障级别梳理，而每个场景下的故障还可以在逻辑、规则、问题细化，并以量化指标进行描述。只有从细粒度入手，才能深入问题的根源。

（2）故障定责

故障定责不是为了追究问题是谁引起的，而是为了梳理谁是问题的"第一负责人"。即使此故障涉及多个团队的服务，甚至是基础服务框架或中间件，都需要找出"第一负责人"，由其负责此故障的根因分析和解决。下面从容易引起争执的 3 个方面进行"第一责任人"梳理。

1）变更执行。如果变更方没有及时通知到受影响方，或者事先没有进行充分的评估，若出现故障，责任在变更方；如果变更方已经通知到位，而受影响方没有做好准备措施导致出现故障，责任在受影响方；如果变更操作的实际影响程度大大超出预期，导致受影响方准备不足而出现故障，责任在变更方。

2）服务依赖。如果服务调用方私自调用接口，或者调用方式不符合约定规则，责任在调用方；如果服务方没有明确示例或说明，导致调用方出现问题，责任在服务方。

3）第三方责任。如果故障是公有云平台故障、虚机故障、网络故障、电缆故障等不可抗力因素导致，责任在第三方，一般由运维团队作为第一责任人推进解决。

3. 如何对造成故障的团队和个人进行惩罚

既然故障无法避免，技术团队是不是可以容忍所有故障呢？比如一个团队频繁发生 P0 级故障，那肯定要从这个团队的管理方面找问题。

所以，技术团队要制定对故障的奖惩规范。

哪些团队需要惩罚呢？我们觉得越过红色"高压线"的团队和个人需要惩罚，比如平均每个季度出现 10 个以上 P0 级故障的团队，私自部署系统上线的研发人员，在流量高峰期未经授权进行业务配置修改的业务方，私自修改数据库的 DBA 等。通过对越过红色"高压线"的团队和个人进行惩罚，他们会对故障产生敬畏感。

4. 如何对故障进行应急响应和复盘

针对突发故障，团队也要有应对策略，比如针对云中心瘫痪场景，技术团队要提前进行多中心灾备建设。当比较棘手的故障出现时，一定要有专业的应急小组进行处理。应急小组成员可以由技术团队中各领域专家组成。他们不仅负责故障的应急处理，还负责故障的预案演练。

技术团队在故障处理原则为：优先恢复业务，再找问题根源。应急小组日常负责云平台、部署环境、基础架构、服务链路、数据存储等方面的故障植入、故障模拟，找出故障出现和解决的"套路"，配合 PMO 进行故障管理。

故障复盘主要是通过回顾问题分析故障根因，进而归档形成故障案例，便于后续再次出现类似问题时能够快速找到解决方法，不断弥补团队技术和管理上的不足。

当技术团队制定了故障定级和定责规范、奖惩规范、应急响应和复盘流程，在故障"第一负责人"和应急小组的配合下，PMO 应该能够快速定位问题，并有效地解除故障风险。

5.4.2　通过制定部署流程规范降低故障率

为了约束技术团队在部署服务过程中的行为，保障服务高质量上线，提高系统稳定性，我们联动技术团队制定了部署流程规范；同时，对接工单系统和自运维管理平台实现对服务部署过程中流程和规范的管理。

服务部署过程包括部署前准备、部署过程中检查、部署后验收和运维 3 个阶段。下面从这 3 个阶段进行流程规范的梳理。

1. 部署前准备阶段

服务上线前，技术负责人组织召开上线评审会，邀请相关团队技术负责人、测试负责人和产品负责人进行上线检查项的评审；评审通过后，技术负责人提交相关工单（包括资源申请工单、SQL 变更工单、服务上线变更工单等），协调各服务的部署时间和部署顺序，并安排线上验证人员和应急响应人员。

部署前准备过程中的规范包含部署前资源申请规范和上线前检查规范。

（1）部署前资源申请规范

服务部署过程中各环节的资源，比如服务依赖的中间件资源、数据库资源、Kubernetes 配置资源，都需要通过工单进行申请。工单需要依次经过上级负责人、各资源负责人或 DBA 等职能角色的审批。各阶段审批人要起到复查审核的作用。

（2）上线前检查规范

上线前的基本检查项可从如下 9 方面进行梳理。由于篇幅限制，读者可到本书"参考资源"中第 5 章的"方法实践"中寻找相关上线检查项模板。

- ❑ SQL 脚本是否完整、合法。
- ❑ 需提前执行的 SQL 脚本是否执行完成，数据库验证是否通过。
- ❑ 消息队列是否配置完成。
- ❑ 配置中心的配置、调度任务的配置等是否完成。
- ❑ ES 索引、Redis 配置、HBase 表等是否创建完成。
- ❑ RPC 基础版是否打包完成。
- ❑ 服务版本回滚方案、数据库回滚机制、线上脏数据处理方案是否考虑全面。
- ❑ 业务配置项、功能开关是否已经按照业务需求进行配置。
- ❑ 灰度发布策略和异常处理方法等是否考虑全面。

2. 部署过程中检查阶段

部署过程中检查主要包括线上变更工单检查、生产数据库变更工单检查以及服务自运维管理权限检查。

（1）线上变更工单检查

在生产环境部署服务都需要通过审批。线上变更工单贯穿整个服务的部署过程，关联服务最新的构建版本信息，所以工单和构建部署流水线是一一对应的，可作为服务问题（事件）溯源的纽带。

线上变更工单检查规范如下。

1）线上变更工单的审批是针对服务的上线审批，支持一次审批、多次部署。

2）服务成功部署上线后，测试负责人需进行线上验收。验收通过后，工单才能关闭。工单关闭后，该服务无法再基于此次审批通过的工单进行部署。

（2）生产数据库变更工单检查

生产数据库变更工单影响着 SQL 审核和服务上线，也影响着服务能否顺利部署，所以工单系统将生产数据库变更工单设置为组合工单包含新功能特性变更和 SQL 变更流程的审核)，并与 DBMS 和自运维管理平台对接，极大地提高了职能间的线上协作效率。生产数据库变更工单的检查流程如图 5-17 所示。

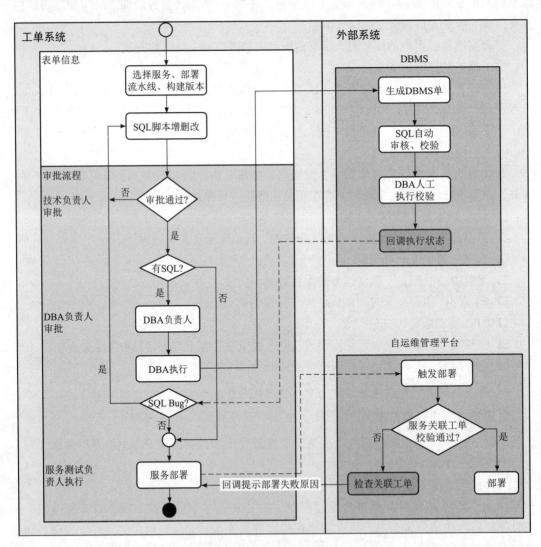

图 5-17　生产数据库变更工单的检查流程

生产数据库变更工单字段中包含关联的在线协作需求项，以便自运维管理平台自动变更需求的完成状态及验收状态。

（3）服务自运维管理权限检查

服务的部署、暂停、重启、回滚等自运维管理操作能且仅能在自运维管理平台进行。这些服务自运维管理权限可由平台自动检查，如图 5-18 所示。

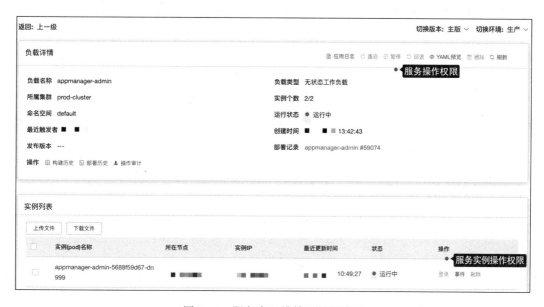

图 5-18　服务自运维管理权限检查

其中，服务自运维管理权限在 CMDB 中配置，包括不同环境下各角色针对服务和服务实例的操作权限（操作按钮置灰为无权限）。自运维管理平台对接 CMDB 后，便可实现操作权限的校验和检查自动化，避免个人误操作导致的线上故障。

3. 部署后验收和运维阶段

部署后验收和运维主要包含服务线上功能验收、服务回滚、服务线上问题紧急处理和服务每日巡检。

（1）服务线上功能验收

线上变更工单审批通过后，服务部署上线。此时，服务测试负责人需要观察线上问题，确保服务性能稳定、功能稳定后，再执行工单关闭操作。同时，产品人员需配合业务人员完成实单验证以及线上功能走查，然后执行需求关闭操作。

（2）服务回滚

服务部署前，技术负责人应该提前指定应急回滚版本，原则上只能回滚到部署前版本。服务部署后，若线上发生如下 4 种情况，必须触发回滚操作。

❑ 输出大量错误日志或依赖服务对应系统出错。

❑ 服务响应超时或服务请求失败率较高。

❑ 功能验收不通过或发现严重的缺陷。

❑ CPU、内存等各项监控指标严重超标。

回滚操作只能由服务负责人在自运维管理平台触发执行。回滚前，服务负责人从业务角度出发，提前准备服务依赖的各种资源在生产环境下的脏数据、差异数据的应急处理方案，协助业务方尽快恢复业务正常运行。

（3）服务线上问题紧急处理

验收过程中若发现严重缺陷，需第一时间处理。若服务关联的上线变更工单未关闭，服务仍可以继续部署。若工单已经关闭或关联需求已经关闭，相关人员需要重新申请。

（4）服务每日巡检

为保证服务正常运行，每个服务负责人每天需巡查各自管控服务的运行情况。为了提升巡检效率，每天早上 9 点，RPA 自动截取相关服务的监控指标，通过飞书发送给对应服务负责人。巡检指标来自 APM 平台。

为了保证核心场景服务的正常运行，我们将各场景的服务按照调用关系构建出多个核心链路，针对每个场景指定一个技术负责人来负责问题的解决。点击服务，我们可看到其拓扑关系，以便进一步展开问题分析。下单支付场景的核心链路如图 5-19 所示。

每个场景的技术负责人可通过 APM 平台配置核心场景链路的告警策略，比如可针对服务平均响应时间、服务调用成功率、服务调用量、服务的 CPU 和内存使用率、服务存活状态、服务重启状态、JVM 的 CPU 占用率、JVM 活跃线程数、JDBC 连接池空闲连接数等一切可收集到的指标参数进行告警阀域值设置。

同时，由于核心链路对实时性要求较高，技术负责人收到预警和告警信息后，需要立即响应，及时解决问题，直到业务恢复正常，告警方可解除。当然，核心链路不能太多，我们要求不能超过 3 个。

部署过程规范治理过程中，我们发现只要产研人员高效率协作，并能够严格按照部署规范执行，故障会减少 80% 以上。这也说明人对部署过程的影响比较大，也进一步说明重复、复杂的人工操作自动化、线上化的重要性和必要性。

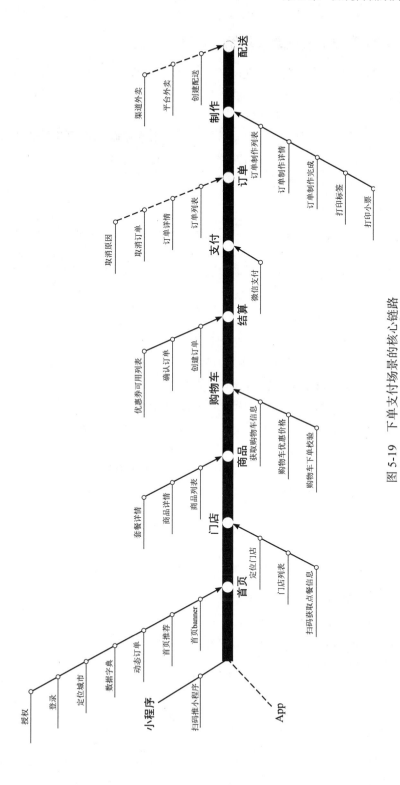

图 5-19　下单支付场景的核心链路

5.4.3 通过事件管理平台驱动故障闭环管理

调研发现，当告警、巡检报告、线上问题、故障等通过飞书发送给研发人员的时候，研发人员会对重点消息失去关注。而且没有相关平台对这些事件进行跟踪管理，也就无法让故障管理形成闭环。

可视化管理平台可对事件统一管理，通过一定的筛查规则，将重要的事件精准地发给指定的负责人。平台还能够提供一定的辅助信息协助负责人解决问题。同时，平台还具有对事件定级定性、指派负责人和统计分析等功能。

1. 事件管理平台的功能

事件管理平台可收集和获取全面的事件数据，协助事件"指挥官"更加精准地进行事件指派；可与监控和自运维管理平台建立连接，实现实时的事件接收和消息推送，确保事件在系统和人员间被快速流转、跟踪和分析。事件管理平台功能示意图如图 5-20 所示。

事件管理平台的核心功能如下。

❑ 支持平台间自动对接接入和人工创建录入两种方式获取事件。

❑ 支持用统一的方式处理事件，可灵活对接不同平台的事件；支持增加监控通道和告警规则，支持事件的指挥和分派策略的配置。

❑ 当服务报错时，可结合 CMDB 提供的服务和资源关联关系，将上下游依赖服务发生的事件、基础运维指标（CPU/内存使用率）、中间件报错信息等整合到本次事件中，辅助负责人分析问题。

❑ 支持对事件进行分类统计，并形成一套共性问题解答的知识库。每个事件和服务的关联关系可存储到 CMDB 进行管理，便于后续从服务维度查看历史问题。

2. 事件管理平台的功能框架

图 5-21 为事件管理平台的功能框架，展示了事件管理平台常规的功能项。读者也可以参考国外的一个收费版的事件管理平台 PagerDuty 进行构建。

3. 事件应急预案流程

针对紧急事件（比如定级为 P0 的线上故障）的处理，事件应急小组应该制定应急预案（这里的"运维"指的是对事件的运维），如图 5-22 所示。此预案流程在线下执行比较顺畅时，可在事件管理平台线上化。

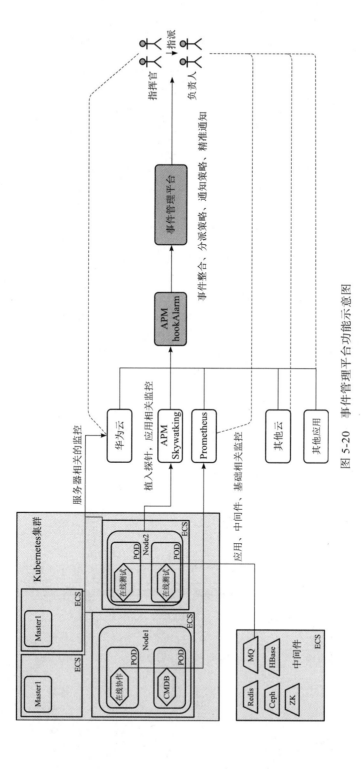

图 5-20 事件管理平台功能示意图

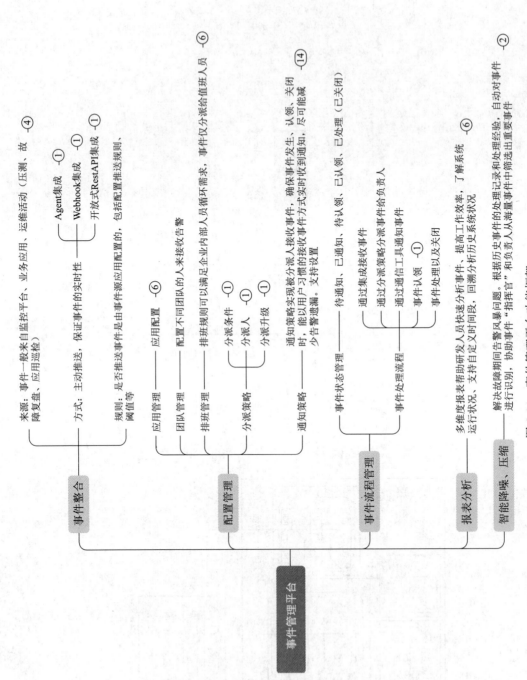

图 5-21　事件管理平台功能框架

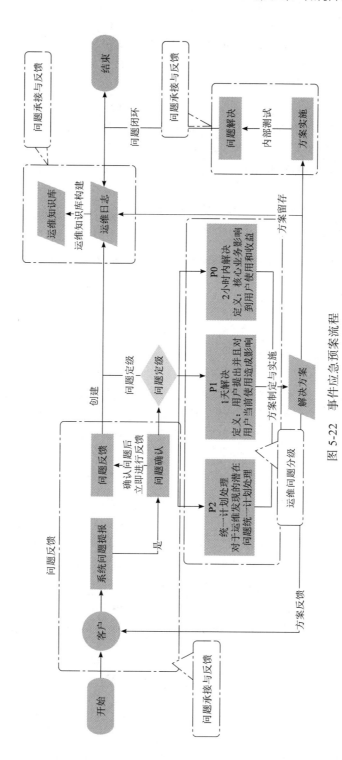

图 5-22　事件应急预案流程

自此，我们通过事件管理平台可以将所有的事件进行分类，并可对发生的事件进行定性定级和统计分析。同时，平台可根据场景问题为该事件指派"指挥官"，并提供事件的关联问题分析。

PMO 可通过事件管理平台驱动事件"指挥官"处理定性为故障的事件；事件应急小组可通过事件管理平台驱动团队处理 P0 级故障；事件"指挥官"可通过事件管理平台指挥每个阶段的负责人进行问题的根因分析（每个阶段的分析时间限制在 30min 以内，否则平台将自动上报待办事项）。同时，结合线下复盘，实现技术团队的故障闭环处理。

经过一段时间的实践，在我们的积极配合下，技术团队彻底改变了对故障的认知，很大程度上增强了事件"指挥官"、事件应急小组和 PMO 对故障管理的信心，提升了团队协作效率，提升了故障处理效率，进一步提升了技术团队的稳定性保障能力。

5.5 搭建质量保障体系

更进一步地，技术中心将稳定性保障活动纳入代码质量提升项目，并将项目升级为技术团队质量保障项目，管理和运营技术团队从需求到代码运行再到运维反馈的全链路关键活动，并将其落实到技术团队质量保障工作，最终形成技术中心质量保障制度和规范。此项目也是由效能团队推进的。限于篇幅，读者可到"参考资源"中第 5 章的"场景案例"寻找答案。

基于代码质量保障体系、测试质量保障体系、自运维管理体系、度量指标体系、稳定性体系的建设，效能团队协助技术团队基本完成质量保障体系的搭建，如图 5-23 所示。

我们将其总结为"12345 体系"，即 1 个质量保障项目持续运营，2 个质量治理流程双管齐下，3 个会议分层驱动解决问题，4 个核心环节护航落地，5 个基础体系做保障。

自此，基于质量保障体系和自运维能力体系（技术中心双体系），以及管理制度的持续运营，技术团队各角色能够有条不紊地紧密协作，形成良性运维协作模式，如图 5-24 所示。

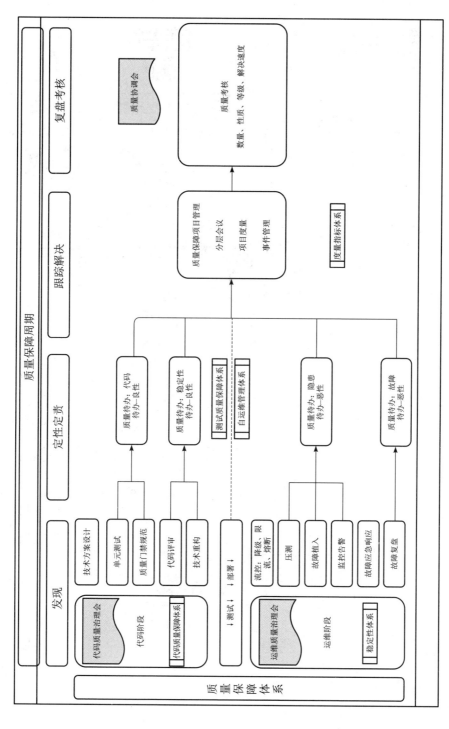

图 5-23　质量保障体系全景

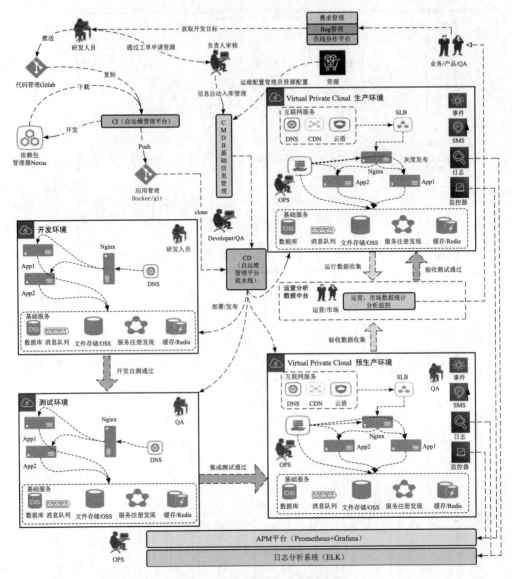

图 5-24　技术团队运维协作全景

5.6　深度思考

5.6.1　Kubernetes 带来的运维能力变革

1. Kubernetes 的自运维能力

在容器技术普及之前，传统虚拟机环境对各种关系的处理方式比较粗粒度，很多不相关的服务被一起部署到同一台虚拟机，只因为它们偶尔会互相发起 HTTP 请求。更常见的情况就是，当一个服务被部署到虚拟机之后，运维人员还需要手动维护很多和它协作的守护进程，以处理日志收集和灾难恢复等工作。

Kubernetes 容器有着独一无二的细粒度优势，因为容器的本质是一个进程，是由 Linux 的 Namespace、Cgroup、Rootfs 三种技术构建出来的进程的隔离环境。当服务实例运行在 Kubernetes 中，无须运维人员进行辅助性操作。

2. Kubernetes 的自动化编排与调度

Kubernetes 可按照用户的意愿和系统规则完全自动化地处理好容器间的各种关系，这就是编排；也可把一个容器按照某种规则放置在最佳节点，这就是调度。

Kubernetes 不仅为用户提供了容器编排和调度功能，更是提供了一套基于容器构建的分布式系统的基础依赖。这些都是基于微服务架构实现自动化运维的基础。

3. Kubernetes 的设计思想

Kubernetes 的核心设计思想就是声明式 API，这种 API 对应的编排对象和服务对象都是 Kubernetes 的 API。只需要一个 Yaml 文档（描述应用的最终运行状态），研发人员便可以享受 Kubernetes 带来的服务生命周期自动化管理，这也是实现自动化运维的基础。

当大家真正理解 Kubernetes 声明式 API 背后的设计思想，才能够真正明白底层基础技术框架对研发效能提升的重要性。这也是云计算能够迅速普及的根本原因，也是技术架构体系整体运维能力提升的根本。

5.6.2　团队管理之教练与赋能

1. 柔性管理

该模式强调管理者应该服务于团队，适用于企业和团队转型。其利用管理者亲和性，了解员工深层次需求，激励员工；增强团队信任，帮助团队成长；激发员工潜能，进行有效沟通；通过目标管理，帮助团队制定目标并推动团队高效达成。

2. 第四选择

奈飞公司在企业人才管理上的第四选择，强调要管理团队中的人才，要和优秀的人做有挑战的事，以超过业务复杂度提升的速度提升人才密度，把制度和流程简化并线上化，让更多优秀员工去抑制因公司规模扩张带来的混乱。把优秀的人集合起来，让每个优秀的人知道干什么，能干什么，为什么能干。

3. 自知管理

承认自己无知是认知升级的关键，也是常说的空杯心态。把自己伪装成所有事情都知道，会让身边的人敬而远之。

4. 全六路

上三路：愿景、身份和价值观；下三路：能力、行动和管理环境。上三路让管理者赋能团队知道为谁存在、如何存在以及为何存在，属于管理"心"的层次。下三路让管理者赋能团队解决问题的知识、思考框架和执行能力，快速构建系统性的认知能力以及设计行动方案的逻辑能力，属于赋能"头"的层次；也让管理者协助团队改变行为、激发潜能、养成习惯、影响他人以及管理环境，属于赋能"手"的层次。

5. 分层管理

团队管理要做到向上管理、向下管理和日常管理，这些都是团队的基础价值产出管理，为公司的短期效益做贡献。基层管理者应该注重团队成本的控制和质量的提升；中层管理者应该具有创造性思维、微观思维、系统性思维和当下思维，合理用人，保障团队的稳定性并提高团队工作效率；高层管理者应该关注企业的发展方向和持续竞争力，学会利用闭环思维，为企业的成长和长期持续发展负责。

不患寡而患不均，不患贫而患不安。

以上观点结合了姚冬、陈春花和胡家闳老师的分享。

5.7 本章小结

本章重点讲解了通过提升技术团队整体的运维能力、稳定性保障能力以及事件管理能力，来提升团队的故障处理效率，降低故障频率；同时，讲解了如何通过质量保障项目和精益运维项目持续运营技术中心的质量保障体系和自运维能力体系（技术中心双体系），以为业务价值持续高效、稳定地交付打下基础。

第三篇 *Part 3*

管理模式实践

Chapter 6 | 第 6 章

如何改善现有的管理模式

我们不能用制造问题时的同一水平思维来解决问题。

——爱因斯坦

自建 DevOps 工具链平台的一个最大优势就是贴合公司自身的业务形态和技术特点，从实际出发。一是可快速满足当前团队管理需求；二是可快速落实产研协作流程规范；三是可打通公司内部所有平台，提升协作效率，提供多维度度量指标，辅助管理者探索团队的改进方向。

所以，如何打通 DevOps 工具链平台，从项目全链路交付角度满足组织的管理需求，并能够站在客观视角改善现有的管理模式，将是本章重点探讨的内容。

读者可将关注点放在如何通过在线协作平台以及线下实践改善不同阶段的产研协作关系，提高项目和团队的管理效率，提升业务价值交付的有效性。

6.1 故事波澜

在提升研发效能的过程中，我们需要与技术中心各团队沟通协作，因为这些团队都是 DevOps 工具链平台的需求方和使用方。如果一开始我们就面向全员直接推广平台，对于团队来说无外乎是一场"灾难"，所以，我们需要找到推广平台的关键路径。而大部分平台的一个共性就是具有管理属性，比如具有看板、度量等功能的平台。若能够让团队中的管理者使用平台，并能够帮助他们发现问题并解决问题，那么后期的推广便顺理成章。

我们还需要找到具有共同目标的辅助角色，借助他们的力量一起落地平台。项目管理部（PMO）与我们有共同的目标，为什么这样说？

1）象征着权力和权威。大部分互联网公司都有项目管理部门，此部门辅助管理角色发现问题，在一定程度上象征着权力和权威，这是我们需要的"东风"。

2）监督产研团队。项目管理部门成员（PM）下可深入产研团队跟进研发进度、事件解决进度、Bug 解决进度等；上可深入技术团队管理层管理公司级项目、制定团队战略规划、协调全局资源分配，并掌握软、硬管理技能，具备疑难杂症的解决能力。而通过平台的度量、可视化管理、事件驱动等功能可以协助项目管理者发现端到端问题，并推进问题的解决。

3）制定产研协作流程规范。PMO 从技术团队全局视角，掌控着各部门间、团队间、角色间的研发管理协作方式。而平台将产研协作流程规范线上化、功能化和自动化，可以更好地提升项目管理者的管理效率。

一般情况下，PMO 把控着技术团队的质量底线、交付底线和规范底线。所以，如何利用好与 PMO 有共同目标的契机，通过在线协作平台落实管理方法，提高管理效率，并能够协助他们发现和解决技术团队的问题，将是我们团队成功与否的关键。

6.1.1　刻板印象

故事的发展都会有波澜，原因在于产研团队对 PMO 的刻板印象。让我们通过项目经理职位和职责的演进过程了解这种刻板印象产生的原因。

互联网企业一般会设置项目经理职位。随着企业对岗位职责细分程度的不同，每个公司对项目经理的定位也不同。

稍具规模的企业一般会设置独立的项目经理职位，负责公司级重点项目、核心项目或战略项目的全生命周期管理，主要包括项目成本核算、资源协调、项目推进及质量管理等；在项目研发过程中，参与产品需求评审、技术方案评审、项目进度跟进、质量和风险把控、上线后产品验收等核心活动，为项目整体的交付负责。

随着企业团队规模的扩大以及工作领域的细分，项目经理的职责越来越趋于职能化，由专职的项目经理转变为仅负责项目管理工作的项目管理者。其职责范围也从传统管理的"大包大揽"转变为"纯管理"。当然，这种职能的转变是管理演进的必然结果。

而项目管理者这种持续的"纯管理"（所谓的"软技能"），会给产研团队留下一些刻板印象：项目管理者对业务和技术没有深入的理解，导致他们对产品需求的开发时间有一定认知偏差，从而给研发排期不符合实际。若项目管理者再通过强势的倒排方法进行项目排期，会让这种印象更加深刻；若再根据与研发团队"妥协"出来的排期进行研发进度跟进、Bug 修复追踪以及测试质量管控，会让这种印象更加强烈。

这些刻板印象导致项目经理在通过平台进行管理时，执行效果不佳，甚至遭到反对。我们经过多个版本的迭代以及多次与各部门负责人沟通后发现如下 3 个问题。

1）项目管理模式不统一。PMO 仅负责技术团队战略型项目及跨团队项目的管理，大多采用强瀑布模式进行项目管理。而各技术部门的项目都是由各部门自行管理的，并且各部门的项目管理理念和方法都不一样，比如有的团队采用敏捷项目管理模式，有的团队采用版本迭代模式。这也导致当项目经理跨团队管理项目时，管理方法会被各团队技术负责人质疑。若平台在此情形下进行推广和使用，落地效果肯定不佳。

2）PMO 缺乏对项目管理方法的赋能。一般的产品和开发人员并不具备项目管理能力，甚至部门或团队技术负责人对项目管理基本理论和实施方法的理解也不够深入。针对某个环节的站会、复盘会、估算会等，他们身在其中，却不知其用意。针对如何平衡项目的三要素（质量、时间、成本），他们自身缺乏全局视角。

3）项目管理流程无法闭环。项目管理流程中缺乏对业务价值的验证环节，一般将项目按时交付就结项了。功能上线后无法得到使用，甚至上线几天后便下线这类现象，对技术团队的打击是相当大的。他们心里会想：当初倒逼着赶进度，上线后业务人员也不使用，即使业务人员用了也没为公司带来多少利润，项目的价值在哪里？我们的价值在哪里？

这类现象的出现也从侧面反映出技术团队整体的管理成熟度不高。此时，一般建议对平台的管理功能进行缩减，做到极简，随后再根据实际场景逐步推广更多的功能。同时，我们效能团队也要考虑如何协助项目管理部统一项目管理模式，普及项目管理理念和方法，进而让项目组成员清晰地认识到项目的价值。

6.1.2　关于平台的故事

之前，技术团队都在使用 JIRA 平台（研发管理和协作管理平台）进行需求、缺陷、任务的管理，而使用 Excel 进行项目管理（主要汇总 JIRA 平台各工作项的数据）。当 JIRA 平台无法满足管理者管理需求时，比如多维度分析报表（特别对历史数据的多维度分析以及报表多样化展示等）、特殊工作项的审批流程、内部多平台间的功能联动等需求，技术中心考虑自研研发协作管理平台。于是，在线协作平台诞生。

后来，在线协作平台经历 2 次版本迭代，已经具备基本的管理功能，比如工作台、看板、仪表盘、查询中心、配置中心等，基本可替代 JIRA 平台。不过，此阶段平台开发小组完全没考虑平台的定位以及管理者的核心诉求，一直在堆积功能，所以小组在技术团队推广平台时，遭受较大阻力。而当大部分团队不使用该平台进行协作管理时，平台上的数据便失去了说服力，PMO 也将不会使用此平台进行项目管理。

此时，我们仔细分析了在线协作平台的问题，总结如下。

1）平台没有抓住核心受众。作为研发协作管理平台，核心受众应该聚焦在管理角色上，比如部门管理者、团队管理者以及项目管理者。平台的功能重点应该围绕日常管理模块（规划、监督）、度量模块（发现问题）、消息提醒模块（催进度、管理逾期任务）。

2）产研团队对平台基础功能的使用有额外成本。虽然平台的面向对象是管理者，但底层的数据来源于一线产研团队对平台的操作。而平台基础功能，比如工作项创建、状态修改、工时登记等的输入和变更操作复杂，对于产研来说，操作成本较高。

3）针对指标度量页面需要定制开发。相关统计需求提交后，基本需要一周的时间才能交付，这打消了需求方的积极性。

4）平台对产研协作流程规范调整的应对不够灵活。平台的底层工作流是实现流程规范的基础，但它的底层逻辑是通过硬编码实现的。当产研协作流程规范发生调整或变动时，平台无法及时通过修改配置等来应对。（我们对平台此部分的功能逻辑进行了技术重构，底层使用 Activiti，基于 Apache 许可的开源 BPM 平台实现。）

所以，我们要考虑如何根据团队的实际场景来聚焦平台的核心功能；如何通过在线协作平台联动 DevOps 链路各平台，实现操作自动化；如何通过更灵活的方式及时获取度量指标数据，协助管理者发现和解决问题；如何通过更改配置的方式应对产研协作流程规范的调整。

6.1.3　管理理念的碰撞

不过，即使我们做到了如上一切，具有管理属性平台的推广可能也不会那么顺利。

你读到这里时，可能会有点绝望。为什么会这样呢？大家不妨回想一下前几章中提到的一些平台，这些平台都具有一个共性：能够帮助一线产品、研发、运维人员提高协作效率和个人工作效率。换句话说，这些都是利好他们的平台。而在线协作平台不仅需要他们操作输入信息，还需要他们操作及时，并且还要对他们考核和管理，这本身就存在一定的"悖论"。

当一线产研人员被管理时，他们都会发自内心地将数据变得好看点（造数现象），甚至想脱离这种束缚，比如上线后故意不关闭需求，这可能是底层员工对管理者的无声呐喊和挣扎。而对于管理者来说，他们希望通过平台数据来发现部门（团队）问题，这本身也存在一定的"矛盾"。

随着公司业务的不断演进，技术团队的组织结构会频繁调整，组织间的层级关系也会随之发生微妙变化。随着技术团队不断招聘新人，不同时间段的管理要求也会随之调整。这些都会影响平台的核心功能模块（管理方向）、统计模块（度量方向）、项目管理规范和协作流程（制度方向）等的规划。

你能够认识到这些层面时会形成如下两种认知。

1）具有管理属性平台的设计应该尽量精简和通用，平台规划过程中要始终做减法。在此基础上，平台还要支持通过灵活的配置和调整满足一些特性需求，并且能够提供一定的定制功能，以满足不同层级管理者的诉求。

2）推广和使用具有管理属性的平台是一件难事，不要因为一时的受挫而气馁。此类平台注定是一个管理理念和实践方法相互碰撞的"战场"。记住二八原则，别指望所有的需求都能满足，核心是让管理者认可平台的管理方向。不过，你能够把管理属性平台在技术团队推广、运用得比较好，也说明你已经具备在管理者层面和组织层面的横向运作能力以及较高的沟通协调能力。

接下来，我们分享一下如何通过搭建在线协作平台改善产研协作关系；如何通过平台自动化提高项目管理效率；如何通过引入项目制提升项目交付价值的有效性，进而改善现有的项目管理模式。反过来，当平台能够很好地帮助 PMO 进行项目管理时，平台也能够得到很好的推广，这是一个反哺的过程。由于平台间功能和指标的联动性，DevOps 链路中关联的平台也能够得到相应推广和使用。

6.2　如何通过搭建在线协作平台改善产研协作关系

自研平台和三方平台的一个最大的不同点是：自研平台需要根据公司自身的业务形态、管理方式、技术团队和业务团队现状去设计，是平台适应团队的过程；而三方平台需要团队主动去适应它的管理理念和管理方法。从管理维度看，平台适应团队的过程更容易让团队接受。不过，随着团队管理方式的不断演进，自研平台需要不断迭代。而当技术团队的管理成熟度不高或项目管理部的管理方式比较粗放时，三方平台可能会成为团队管理的阻碍点，最终成为需求和缺陷的记录中心和统计中心，完全失去管理属性。

所以，无论在实施项目管理方法前，还是在规划在线协作平台前，我们都需要将技术团队的底层管理模式、协作承载项以及流程规范（产研规范、协作规范、操作规范等）分析清楚，在平台的功能模块和展示形式最终达成统一后再去实施。套用或照搬大厂平台设计模式或流行的项目管理模式，可能会引起"水土不服"。

6.2.1　梳理技术中心项目管理方式

1. 项目管理模式和研发模型

首先看两个经典的项目管理模式：传统项目管理和敏捷项目管理。

两者有着截然不同的管理理念，如图 6-1 所示。项目管理是围绕质量、成本和时间展开的。传统项目管理是强计划驱动的，需求固定下来后才可分配人员和时间，并在项目推进过程中积极跟踪和控制风险；敏捷项目管理是价值驱动的，先固定成本与时间，需求在交付期间频繁细化，在固定的时间盒中优先交付高价值需求。

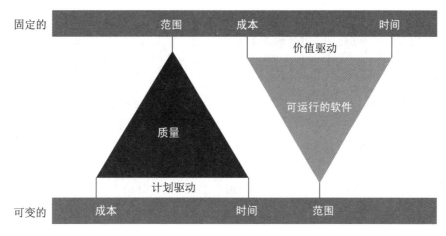

图 6-1　传统项目管理和敏捷项目管理理念

所以，传统项目管理和敏捷项目管理的背后是预定义过程和实验性过程的理念差异。预定义过程更注重计划，控制变化；实验性过程更加拥抱变化，通过快速实践获得反馈后调整前进。

PMBOK 将项目管理模式分为预测型（计划驱动型）、适应型（敏捷型）、迭代型、增量型或混合型，如图 6-2 所示。

预测型	迭代型　　增量型	适应型
需求在开发前预先确定	需求在交付期定期细化	需求在交付期频繁细化
针对最终可交付成果制订交付计划，然后在项目结束时一次交付最终产品	分批交付产品整体的各种子集	频繁交付对客户有价值的各种产品子集
尽量限制变更	定期把变更需求融入项目	在交付期间实时把变更需求融入项目
关键相关方在里程碑时间点参与	关键相关方定期参与	关键相关方持续参与
通过对基本可知情况编制详细计划而控制风险和成本	基于新信息逐渐细化计划而控制风险和成本	随需求和制约因素的显现而控制风险和成本

图 6-2　PMBOK 体系的项目管理模式类型

一个项目可能有上述一个或者多个阶段。一家企业中的不同团队可能使用着一种或多种项目管理模式。比如对于企业核心系统开发、外包式项目、交付性质强的项目会以传统项目管理模式进行，它们要么需求变更少，要么需要详细的项目计划和业务承诺。针对互联网产品，其需求和用户往往不稳定，采用敏捷模式可以更快地获得市场反馈。

其次，我们看一下不同项目管理模式下的研发模型。

传统项目管理中最常见的研发模型为瀑布模型，敏捷项目管理中最常见的研发模型为 Scrum。瀑布模型将软件生命周期分为制订计划、需求分析、软件设计、程序编写、软件测试和运行维护 6 个基本活动，并且规定了它们自上而下、相互衔接的次序，如同瀑布流水，逐级下落。Scrum 是一个解决复杂多变问题的框架，基于精益思维，采用了一种迭代和增量的方法来优化预测以控制风险，帮助团队和组织创造价值。Sprint 是 Scrum 的核心，将创意转化为价值。它有固定时间盒，为期 1 ～ 4 周。前一个 Sprint 结束后，下一个 Sprint 紧接着开始。实现产品目标所需的所有工作都发生在 Sprint 内，包括 Sprint 计划会议、每日站会、Sprint 评审会议和 Sprint 回顾会议。这些组成了 Scrum 框架的"3355 理论"。Scrum 框架如图 6-3 所示。

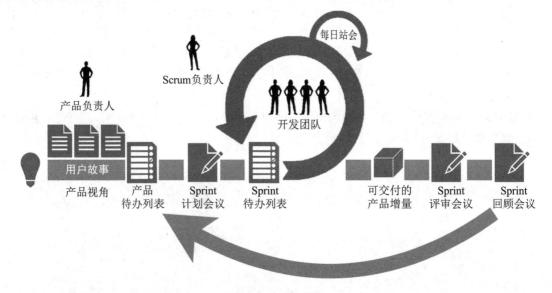

图 6-3　Scrum 框架

只有深入理解项目管理模式，并身体力行地实践不同的研发模型，才能够真正结合技术团队的实际使用和管理场景，探索出适合当前团队的项目管理方式。

> **特殊说明**　有关项目管理模式和研发模式概念的介绍可参考 Coding 官方博文。

2. 不同形式下的项目管理方式

经过深入调研发现，技术团队和 PMO 实施的项目管理模式是不相同的，分别属于迭代型和预测型，并且团队中一直流传着"传统管理"和"敏捷管理"之争的故事。从全局看，PMO 没有统一的项目管理方式，给后续实施管理方法带来很大阻碍；从局部看，PMO 没有深入研发团队了解并帮助团队解决管理方面的问题，导致团队间无协作；从横向组织结构看，PMO 管理的跨团队型项目需要各研发团队配合，这就引起矛盾。

随后，我们组织 PMO 以及各技术部门负责人进行讨论，最终在平台管理方面达成了一致意见（通过平台进行项目管理），并且针对组织结构下的项目管理方式和不同场景下的项目类型达成一致意见。

（1）组织结构下的项目管理方式

技术团队下有多个部门，每个部门下有多个研发团队，每个研发团队下可能有多个项目，比如供应链团队下有 WMS、TMS、库存、销退等项目。这里特别强调一下"项目"的概念，因为技术团队经常会纠结：什么粒度的需求开发能够以项目推进？其实，并没有限制在什么级别的需求数量、人员规模、项目成本、业务价值等条件下才能立项，而是秉承"万物皆项目"的理念，比如团队完成一件有价值的事情、交付一次需求、一次版本上线等都能称为一个项目。所以，为了统一管理方式，平台以项目作为技术中心全局的管理媒介，这在一定程度上收敛了平台的度量维度，统一了产研间的"沟通语言"。

1）跨团队型项目管理方式。针对 PMO 负责的跨团队项目，我们可在平台建立一个虚拟项目（比如，一次性交付项目），将各团队下的项目需求与虚拟项目关联，而各团队下的项目可按照正常节奏进行迭代。当然，各团队下的项目需求优先级要和跨团队型项目下的需求优先级进行匹配，PMO 负责进行需求优先级、服务资源和人力协调。

跨团队型项目管理方式如图 6-4 所示。

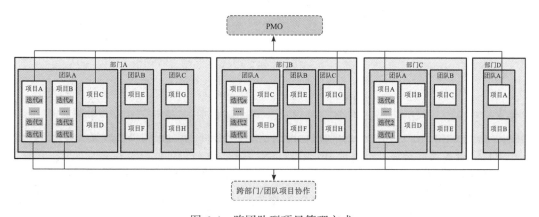

图 6-4　跨团队型项目管理方式

2）迭代型项目管理方式。根据各研发团队按照版本周期性开发节奏和研发习惯，技术团队下的项目管理方式可采用迭代交付形式，如图 6-5 所示。

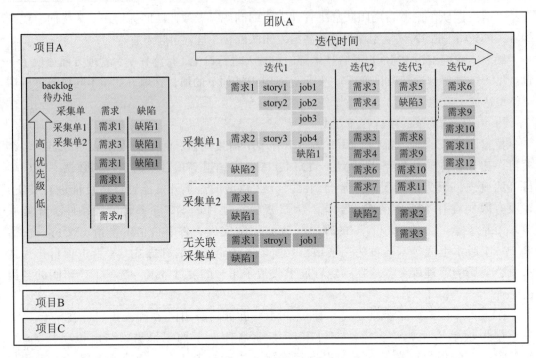

图 6-5　迭代型项目管理方式

研发人员可在平台创建迭代型项目，项目下的每个迭代可采用 2 周、4 周两种时间盒固定开发节奏。当然，一线产研人员无须关注瀑布模型和 Scrum 这些概念，只需使用平台提供的功能即可。

（2）不同场景下的项目类型

结合不同的技术团队管理场景，平台将项目分为 3 类进行管理。

1）一次性交付型项目。

特点：公司层级进行系统建设、战略规划，需要多团队进行配合，涉及多个项目改造。一般为公司级项目、战略性项目、跨团队型项目，按时间计划进行冲刺，在指定的时间范围内一次性交付。一般由 PMO 主导（负责项目管理），也可指定部门负责人为项目负责人进行管理。

案例：电商平台项目、中台项目、订单系统重构项目等。

2）阶段交付型项目。

特点：每个阶段都有较为明确的需求开发和具体的项目周期，以里程碑节点进行交付，分阶段进行实现，而且每个阶段时间跨度不同。此类项目多数是跨团队型项目，一般由指定的部门负责人或 PMO 进行管理。

案例：比如半年内建设公司供应链系统，分 3 个里程碑节点进行交付。

3）迭代交付型项目。

特点：项目需求不断迭代，项目结束时间粗略或暂时无法明确，项目目标需要根据业务实际情况确认，以固定的时间周期进行冲刺。一般是技术团队面向业务方交付的项目，也可能是公司内部平台类构建项目。此类项目一般由指定的团队技术负责人或产品负责人进行管理。

案例：在线协作平台是团队协作管理平台，是一个持续演进项目，没有具体的结项时间。开发团队每两周根据从管理者和产研团队收集的需求进行周期性迭代交付。

迭代交付型项目开始初期，产品经理需要进行需求的调研，将需求录入需求池进行管理。项目经理负责组织需求优先级评审，根据实际人力资源，在固定时间盒内快速交付有效但不完美的最简版本。接下来的每次迭代都包含规划、设计、编码、测试、评估 5 个环节。产品经过不断迭代，最终接近完善的形态。如果达到业务目标，该项目结束。

至于项目的线下管理活动和管理方式，本书不做重点介绍。不过，我们始终认为只有线上、线下管理方法相结合才能达到高效的项目管理。这也是我们提醒管理者要注意的问题，不要妄想通过线上化解决一切管理问题。

从项目维度看，不同类型项目的管理流程也是不一样的，比如一次性交付型项目下的功能需要在一个固定的时间点安排上线；而迭代交付型项目下可以分批次在不同时间点上线。不过，技术团队可固定将周二和周四作为统一的功能发布时间。

也就是说，不同类型的项目代表着不同的项目管理方式以及管理流程，梳理清楚这些内容可以协助 PMO 细化管理粒度，为后续项目管理流程规范的落地做好顶层设计。统一以项目作为全局的管理维度，为 PMO 管理项目夯实了底层逻辑。当然，这对于平台的通用设计也起到了简化作用。

6.2.2　梳理平台承载项和工作流

项目管理相关平台的运行需要底层模型的支撑，比如 JIRA 平台中的工作项关系模型：Epic - Feature - Story - Job 以及工作流模型 Workflow，这两个模型支撑着平台中各角色的协作方式和流程规范落地，是平台的灵魂。举个例子，工作项 Story 是产品负责人负责的需求，Story 的工作流中有待开始、研发中、测试中、已完成 4 个工作状态。其中，Story 从"待开始"到"研发中"状态由产品人员负责更改，代表故事已经评审宣讲完成，并可进入开发阶段；Story 从"研发中"到"测试中"状态由开发人员负责更改，代表故事已经开发完成，并可进入测试阶段；Story 从"测试中"到"已完成"状态由测试人员负责更改，代表故事已经测试完成并完成上线验证。不难发现，Story 的工作流承载了产品、开发、测试等角色在不同环节的协作，在每个环节约定好完成标准以及各职能职责，便实现了产研协作流程线上化。

在线协作平台也不例外，需要一些模型的支撑。至于用户需求为什么叫作 Story、研发人员如何通过平台遵守产研协作规范以及产研人员如何通过平台进行有效的项目研发活动和在线协作等，这些都需要 PMO 进行管理理念和方法的培训。

1. 工作项关系模型

在线协作平台采用 Project - BR - Flow - Story - Job 工作项关系模型，如图 6-6 所示。

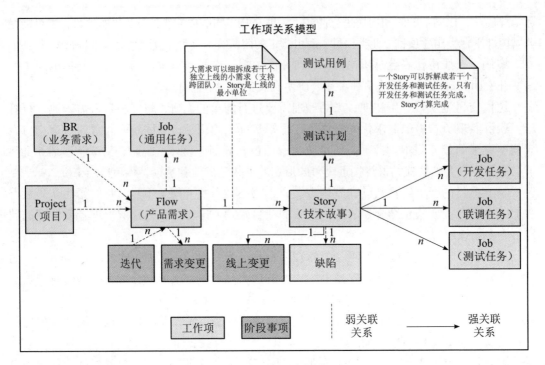

图 6-6　工作项关系模型

Project 指的是项目，一般由项目经理负责创建，需求可以关联到项目，这样便形成了项目的交付链路。

BR（Business Requirement）指的是业务方提给各产研团队的业务需求。业务方可通过平台的 BR 模块跟进每个业务需求的开发进展。

Flow 指的是产品经理创建的产品需求。

Story 指的是研发负责人、研发团队成员、产品经理等一起拆分的小需求。

根据对业界项目管理平台的调研和使用经验，我们发现一个很头疼的共性问题：很难驱动产品经理拆分用户故事，减小需求颗粒度。敏捷管理团队也面临同样问题。对于产品经理来说，需求在平台上就是一个标题，然后附上一个产品 PRD 文档。

既然在产品设计环节难拆分，为什么不放到研发环节呢？根据我们的实践经验发现，在持续交付模式下，拆分用户故事需要更多角色参与进来，这样才能够让小组成员全面掌握产品需求，更能够全方位梳理清楚产品的业务逻辑、规则、边界以及异常场景等。而进入研发活动前的需求澄清环节恰好需要多角色参与，Story 恰好可以作为这个环节沟通讨论的载体。也就是说，Flow 其实并不是真正意义上可面向研发人员的产品需求，而是一个管控业务、产品、开发、测试、运维人员之间协作流程规范的载体。产品经理可通过 Flow 跟进需求整体的进度和状态。

Job 指的是一线研发人员创建的各种类型的任务。

Story 和 Job 无法独立存在，在平台创建时必须强关联到 Flow，因为我们认为所有研发人员的任务都必须能够找到需求源头，便于团队后续复盘。

根据平台工作项间的层级关系，我们可划分出团队各职能角色活动范围，为不同视角下的功能模块设计打下基础。

2. Flow 承载下的流程规范

不同类型的 Flow 承载着不同的工作流，代表着不同的研发模式以及产研规范要求。所以，需求的类型划分以及各类型需求的工作流设计至关重要。

首先，我们调研了技术团队所有涉及需求变更的场景。这些变更涉及资源、成本、质量、进度以及审计等方面。

- ❑ 对于应用软件场景，涉及自研业务软件、外购商业软件以及业务相关软件的配置调整。
- ❑ 对于基础设施场景，涉及基础网络、虚拟网络等 IT 基础设施的变更。
- ❑ 对于技术架构场景，涉及高可用架构、PaaS 架构、中间件架构等的配置调整。
- ❑ 对于数据操作场景，涉及用户行为数据、业务流程数据、设备运行数据以及外部采集数据的变更。
- ❑ 对于日常管理场景，涉及技术、稳定性测试、运维、文档等管理的变更。

其次，我们将如上场景进行抽象，将应用软件场景涉及的变更归属为产品业务需求变更，将基础设施、技术架构场景涉及的变更归属为技术需求变更，数据操作和日常管理场景涉及的变更归属为通用需求变更。

产品业务需求必须在测试、预生产、生产环境进行验证、质量门禁检查和灰度验证等环节；产品经理需在预生产环境进行上线前功能验收，并需引导业务方在生产环境进行上线后功能走查验收。Story 必须在预生产环境验收通过后上线。Story 可并行开发和上线。产品业务需求工作流如图 6-7 所示。

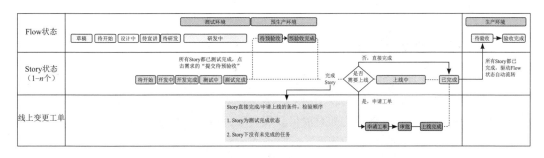

图 6-7　产品业务需求工作流

与产品业务需求相比，技术需求不是必须在预生产环境验证，但需要具体的需求方进行预生产环境验收；最终由测试人员引导需求方在生产环境进行走查验收。技术需求工作流如图 6-8 所示。

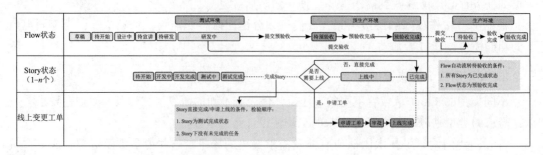

图 6-8　技术需求工作流

通用需求工作流如图 6-9 所示。

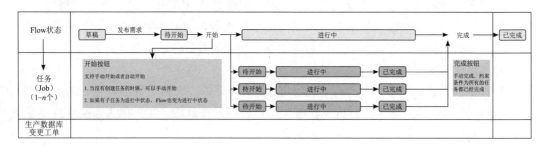

图 6-9　通用需求工作流

当然，对于每个环节（状态变更时），我们可以设置不同的完成标准，比如工单审批通过、质量门禁检查通过、核心测试用例执行进度达标等。

工作项关系模型和工作流模型的统一对产研协作流程规范、项目管理流程规范的落地起到决定性作用，也是平台设计的基础。

6.2.3　梳理不同视角下的功能模块

随着技术中心管理理念和管理方法的演进，平台开发也经历了 3 次大的变革。

1）公司在创立之初，技术团队采用项目一次性交付模式，所以技术团队管理层想尽快通过平台实现流程的线上化管理，比如对项目立项、项目启动、项目评审、项目研发、项目测试、项目上线、项目运维等过程的管理。项目负责人在平台创建完项目之后，各角色可进入平台参与项目各阶段的协作，关注项目全局和局部进展、问题，为项目按时保质交付负责。

2）随着技术团队规模扩大以及迭代交付管理模式出现，管理层更注重结果，各部门（团队）负责人侧重项目的过程管理和活动管理，比如项目站立会、项目排期、项目估算、项目验收、项目复盘等活动。该时期，技术团队管理下沉，各层级管理者需注重管理方法的实践。平台开发团队针对管理角色规划了仪表盘模块，以便观察单项目和多项目的进展和分析质量问题；并规划了看板、甘特图、多任务分发、工时估算、知识库等过程管理功能。此时，PMO 和各技术部门基本形成多类型项目管理局势。

3）随着技术中心各部门职责以及管理方式的稳定，PMO 主要负责一次性交付型和阶段型项目，技术部门主要负责迭代交付型项目。而各部门（团队）内部都有平台需求规划。但这些需求归属到任何项目都不合适，只能归属到团队管理部分。所以，平台开发团队针对前端功能模块进行了进一步抽象和重组，规划了工作台、项目、仪表盘、查询中心和配置五大区域模块。

下面具体介绍平台设计内容。

1. 一个关键前提

平台设计还有一个关键点，就是要能灵活应对组织架构的调整。

一般情况下，每个工作项都会设置相关字段，比如部门、团队、产品线、负责人等，这些字段多是为了度量统计、查询分类等。这种设计比较简单。但部门（团队）的组织架构调整时，就会面临未完成工作项归属问题以及统计数据有效性等问题。

所以，在经历几次组织架构调整后，我们决定对组织结构信息进行重构。首先，将组织结构信息［包含成员所在部门（团队）、各部门（团队）负责人以及部门（团队）层级关系等信息］作为元数据存储到 CMDB；其次，去除各工作项中部门、团队等组织结构相关字段；最后，工作项以其字段中负责人所属部门（团队）进行归属。

这样便可实现 CMDB 平台对外提供组织结构信息服务，可受益于整个 DevOps 链路平台。CMDB 平台中组织结构信息可对接 EHR 平台，当 EHR 平台中数据发生变化时，CMDB 可同步变更。由于各工作项都没有组织结构相关信息，因此无论技术中心的组织结构如何调整都不会影响平台展示和底层数据。为了简化起见，历史"已完成"状态下的数据（工作项等）可不做调整，涉及度量统计的页面只展示新组织结构下"进行中"状态的数据。

更进一步，平台的团队管理、个人管理等区域模块都可简化为统计和详情汇总功能的实现。这些部分的前端展示框架都可采用同一个模板，只是统计查询维度和条件不同而已，这进一步减少了平台设计和研发工作量。

2. 分层管理和度量模块

工作台、项目、仪表盘、查询中心以及配置五大区域模块对应团队和个人管理、项目管理、度量管理、查询管理以及配置管理模块。管理者和产研人员可在工作台模块进行团队和个人管理；在项目模块进行不同类型项目的管理；在仪表盘模块进行多维度度量统计；在查询中心模块进行多维度搜索查询；在配置模块进行工作流、消息通知、质量门禁、角色权限制等的配置。

下面介绍团队和个人管理、项目管理、度量管理模块。

（1）团队和个人管理模块

不同角色进入平台看到的内容不一样，平台默认进入所属部门（团队）工作台（若部门下有多层级团队，平台默认进入所属团队工作台，也可选择进入其他团队工作台）。以产品负责人角色进入工作台为例，在线协作平台工作台如图 6-10 所示。

图 6-10　在线协作平台工作台（产品负责人角色）

在线协作平台工作台模块的核心功能如下。

1）概览。根据不同角色选取 3 个核心指标反馈团队或个人整体的工作状态，这 3 个指标可在后台配置。指标选取在每个 OKR 周期可能会有变化，需与技术中心达成一致意见。每天早上各角色会收到相关概览消息通知，以协助各管理角色初步发现团队或个人问题。

2）工作项。根据不同角色的工作重点进行显示内容设置，比如业务方比较关注采集单的进度和管理，可只显示采集单；产品经理比较关注需求的规划和进展，可只显示需求；开发负责人比较关注任务的规划和进展，可只显示任务和缺陷；团队负责人可能需要关注所有工作项，可显示所有工作项。进入各工作项后，可通过列表视图和看板视图两种方式进行工作项的规划和日常管理，比如可将需求放入所属项目或迭代规划中，可通过看板视图进行站会活动等。

图 6-11 展示了团队负责人进入工作项模块，通过看板视图进行需求迭代规划。

图 6-11　通过看板视图进行需求迭代规划（团队负责人）

3）测试计划。此功能模块对接在线测试平台和自运维管理平台，展示团队测试计划执行情况。

4）迭代计划。支持相关人员进行团队需求迭代规划，展示每个迭代进展。此迭代可以是项目中的需求迭代，也可以是直接创建的需求迭代。

5）团队统计。从人力资源、研发质量、研发进展、逾期分析 4 个维度进行团队效能度量。

6）待办。所有的任务指派、工时填报等都会自动成为待办项，是必须及时处理的工作项。

技术团队内部的需求管理和研发管理流程如图 6-12 所示。技术团队可按照此流程进行团队线上和线下的需求管理和研发协作管理。

针对团队和个人管理，80% 的日常产研活动都可在工作台进行，几乎不用切换到其他工作模块，而管理者只需关注管理规划和基础度量部分。可以看出，整个工作台模块的功能都是不同筛选条件下的工作项汇总和度量。

（2）项目管理模块

项目管理角色可以通过项目管理模块进行不同类型项目的管理。一次性交付型项目管理模块如图 6-13 所示。

在线协作平台项目管理模块的核心功能如下。

1）项目基础信息展示。该模块支持项目成员查看项目下各工作项的整体情况。

2）不同视图切换。该模块支持项目成员通过看板进行项目需求规划、WBS 和日常站会活动，通过甘特图进行项目排期对齐和进度管理。

3）项目里程碑。该模块支持项目成员通过项目里程碑功能，根据各需求下不同节点的计划完成时间，自动生成项目的各计划完成时间点，并支持手动调整。PMO 可根据各团队关联到项目的需求开发和测试计划完成时间，进行项目的初步排期；若排期出现冲突，再沟通协调，之后手动进行调整。

4）项目基础统计。支持观察项目的整体进展、质量和风险等。

对于迭代交付型项目，平台支持规划迭代，设有研发看板和基础统计功能（比如累积趋势图和燃尽图等）。项目管理模块的整个页面仅展示最常用、最核心的功能，不常用功能以 Tab 页切换、页面跳转等形式进行展示。

（3）度量管理模块

仪表盘度量进行了分层管理设计。CXO 注重技术中心研发效能全局性指标的改进；部门负责人注重团队和项目集全局性指标的改进；团队负责人关注团队过程性指标的改进。对于自研平台来说，最重要的就是能够在不同发展阶段，让管理角色认可一定的度量改进方法，这关系到平台的"命运"。

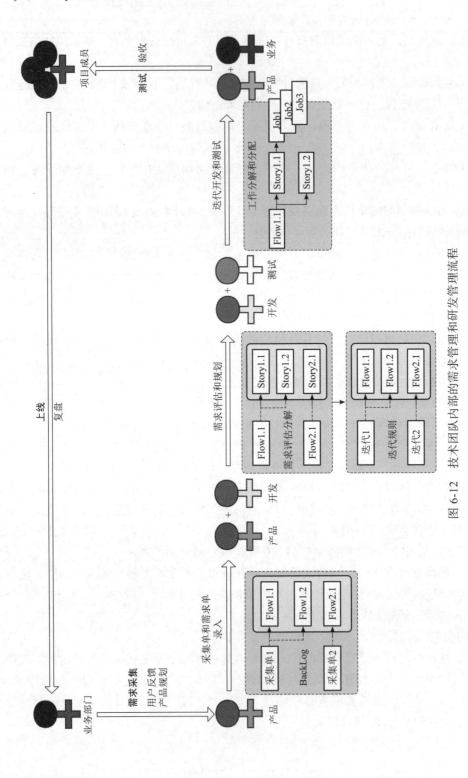

图 6-12　技术团队内部的需求管理和研发管理流程

图 6-13　一次性交付型项目管理模块

图 6-13 中项目报表部分其实是跳转到仪表盘的项目度量模块。这样便可在仪表盘进行项目集的统计管理。度量管理模块是基于 Metabase 实现的，支持度量指标随时调整。

这些功能能提升技术团队的在线协作和问题发现效率。在推广平台过程中，我们通过如下 3 种方式配合 PMO 进行宣贯和培训。

1）我们按照不同角色梳理了平台使用的最佳实践。

2）我们介绍在不同场景如何通过平台开展管理活动，比如，如何基于看板进行需求规划和 WBS；如何基于甘特图进行项目进度管理；如何基于平台进行团队管理和不同类型的项目管理；如何通过仪表盘发现团队问题等。

3）我们组织各团队负责人进行项目管理方法的培训，定期举办项目管理工作坊活动，加强向技术团队中坚力量赋能项目管理方法，让更多管理角色成为项目管理能手，并逐步聚拢平台拥护者。

当技术中心的管理模式、产研流程规范稳定后，在线协作平台基于统一的概念模型、工作流实现了分层和度量管理，以便不同的管理角色通过平台进行项目管理和团队管理。同时，我们在提升平台操作便捷性和易用性基础上，还在提升自动化能力。因为只有这样才能让平台产生的数据更客观可信，进一步降低产研人员的操作和理解成本。

6.3　如何通过平台自动化提高项目管理效率

自研平台的一个好处就是可以在不改变已有的、有效的研发习惯前提下，通过平台自动化提高数据输入和输出效率。在日常管理规划过程中，我们经常会遇到如下 3 个问题，这可能也是大部分团队遇到的共性问题。

1）产品团队热衷于 Excel。

即使平台已经支持需求的快速创建、批量创建、列表可视化编辑，产品经理还是习惯于通过 Excel 进行需求管理。我们深入他们与业务人员的日常对接工作中发现，产品经理与业务人员沟通后，可能只是将一些关键逻辑和核心事项记录下来，经过一段时间整理后，才产出正式的产品需求。而在与业务人员沟通时，产品经理最方便的就是打开 Excel 现场记录，后续直接在此表格基础上进行修改。现在有了在线协作平台，为了实现线上化管理，他们还需要再将这些需求登记到平台，这极大地消磨了他们使用平台的动力。

Excel 无法及时同步给团队成员以及无法及时同步变更需求，这样就会导致技术负责人追着产品人员要迭代规划，PMO 追着产品人员要项目需求，甚至会因团队成员间信息不对称而使功能上线后验收不通过。

2）研发任务无法及时地在平台进行拆分。

各团队认领 Story 后，就会组织技术方案讨论和拆分任务。而这些活动都是在线下进行的，讨论过程中需要随时调整每个人的任务的优先级、估算工时、依赖关系、字段信息等，所以研发人员更习惯使用 Excel 或 Xmind。同时，Story 下的任务颗粒度要求拆分到 2 天工作量，进而可能产生很多任务。为了实现线上化管理，他们还需要将任务逐个登记到平台。这些机械的重复工作会严重降低他们的工作效率。这样就会导致虽然研发任务拆分很及时，但在线上无法及时看到展示结果，以至于管理者无法及时看到团队和项目等维度的度量数据。

3）PM 对于催 Bug 修复、催进度感到很痛苦。

对于 PM 来说，最大的痛苦便是日常催进度和催 Bug 修复，最无法忍受的便是看到一堆逾期未完成或未关闭的工作项。而对于产研团队来说，被催也是一种痛苦，因为平台工作项的未及时操作，并不能反馈其真实的工作进展。在这个过程中，PMO 和 产研团队便产生了矛盾，并且是因平台而产生的。所以，如何通过平台最大化降低项目研发过程中的烦琐操作，将极大地影响项目过程管理的有效性。

其实不难发现，第 1 点和第 2 点需要解决平台的输入问题，只有数据易输入、易操作、易理解，才能发挥价值；第 3 点需要解决平台的输出问题，只有提高平台在研发过程中的自动化能力（数据产出自动化、操作流程自动化、事件驱动自动化），才能提升数据输出的有效性、及时性和客观性。

6.3.1　输入自动化

1. Excel 自动填充

既然产品和研发团队都习惯在 Excel 中进行需求整理、规划和任务分解、指派等管理活动，我们规划了如下两个功能。

1）Excel 模板。其中包含不同工作项所需的必填字段，支持增加字段。不过，为了便捷录入工作项数据，模板中简化了必填字段，尽量降低人工录入成本。

2）Excel 上传入口。我们在工作台、项目、迭代中的需求规划页面、迭代、Story 下的任务规划页面新增 Excel 上传入口。平台会自动校验表格数据格式和规范，若符合要求，自动生成需求列表或任务列表。同时，平台支持在线修改，当单击"提交"按钮后，触发相应工作项自动创建。平台生成可编辑任务列表页面如图 6-14 所示。

图 6-14　任务列表页面

在创建完工作项后，平台会通过飞书消息将创建完的工作项，发送给指定负责人。负责人可通过消息中的链接跳转到任务规划页面，并可编辑、修改。若涉及修改计划工时和计划时间，平台会发送变更审批消息给工作项负责人所在团队的技术负责人，待技术负责人审批通过后，此变更生效。

2. 阶段性字段填充

需求工作项中有很多字段需要填写，但一些字段在需求刚创建时无法确认。此时让产品经理填充这些字段，对他们来说并不合理。所以，在设计平台之初，我们将需求的很多字段设为非必填项，希望产品人员在后续确认后再补充。现在回想起来，这个想法简直太天真了，结果往往是字段为空，并且持续到需求关闭。

与其让产品经理填充所有字段，不如按照职能职责，将字段的填充分布到需求开发的不同阶段进行。比如，在产品设计完成时，产品经理填充接下来的计划宣讲时间和期望上线时间；团队技术负责人审核完需求以及技术方案后，指定开发负责人、测试负责人，并填充计划完成时间等。平台会根据产品线（每个产品线都有相关负责人）自动填充负责人字段，同时会根据需求下预拆分 Story 的相关计划完成时间，自动计算出需求相关的计划时间，并进行自动填充。需求开发不同阶段的字段填充效果如图 6-15 所示。

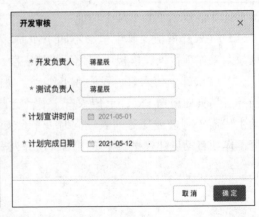

图 6-15 需求开发不同阶段的字段填充效果

此过程进一步细化和明确了各职能职责,加强了产研协作。

当然,输入自动化还有很多,本书仅以两个常见场景给大家展示在设计平台过程中如何在不改变产研习惯的前提下,提高他们的工作效率以及使用平台进行规划和管理的意愿。希望读者也能够掌握这种理念,尽快让你负责开发的平台理解团队的管理理念(不要试图去说服他们使用你所提供的平台,无论平台功能多丰富、管理理念多先进),并且能通过特定的交互设计等影响团队的管理方式。

6.3.2　输出自动化

平台大部分度量数据来源于各工作项状态变更时间与计划时间的对比统计。所以,我们首先要解决各工作项状态自动联动变更以及按照工作项间层级从下到上自动汇总统计时间等数据;其次要解决各工作项问题自动发现和交互反馈问题,以此形成工作项的闭环管理。

1. 工作项状态自动联动变更

首先,绘制工作项状态层级关联关系逻辑图,并且制定工作项每个状态开始和结束的标准。比如,当 Story 下只要有一个开发型任务进入"进行中"状态时,Story 可联动进入"开发中"状态,同时关联的需求自动进入"研发中"状态;当 Story 下所有开发型和测试型任务进入"已完成"状态,Story 可联动进入"测试完成"状态;当上线变更工单审批通过,并关闭时,Story 可联动进入"已完成"状态;当需求下所有 Story 都进入"已完成"状态时,Story 自动联动进入"待验收"状态。

图 6-16 提供了一个简化版工作项层级关联关系逻辑图。实际情况要更复杂,因为需求不仅有多种类型,而且每个需求的管理过程中还有 WIP 限制、质量门禁检查以及过程审批等产研协作流程规范的约束。

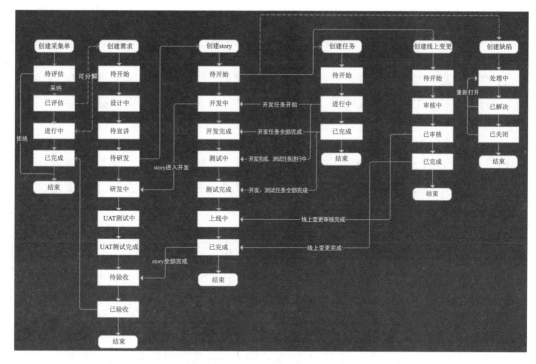

图 6-16　工作项层级关联关系逻辑图

其次，将有价值的原子信息汇聚到叶子节点工作项。叶子节点工作项包含任务、测试计划、上线变更工单、缺陷、风险以及待办等。其中，任务工作项包含代码质量、研发进度等信息；测试计划工作项包含用例执行情况、自动化测试通过率等信息；缺陷、风险和待办都是过程中随机产生的工作项，其当前状态和总数量是关键信息。平台通过工作项状态层级关联关系从下到上便可统计出需求、迭代以及项目的研发进度、质量、风险以及人力成本等指标。

我们在第 2 章中讲到，开发型任务的状态可通过代码提交进行自动联动变更，测试型任务的状态可通过测试计划的执行进行自动联动变更。所以，项目、迭代、需求交付的整个链路的状态可通过一线产研人员最基础的代码提交、缺陷关闭、测试计划和线上变更执行等操作自动联动变更。

打通如上链路可以进一步让研发人员聚焦到代码编写和测试用例执行上，让团队管理者聚焦到项目、迭代的过程管理和度量驱动改进上，让高层管理者聚焦到仪表盘中全局性指标的问题发现上。而工作项状态变更以及度量统计交给平台自动完成。

2. 自动通知、自动提醒、自动登记

为了实现自动化闭环驱动团队发现问题、解决问题和完成变更操作，平台联动飞书消息机器人通过消息触达来反馈个人、团队或项目中的问题，即通过消息交互及时追踪和反

馈问题。

飞书消息机器人可分为任务追踪机器人、研发质量机器人、审批消息机器人、通知提醒机器人。

- ❏ 任务追踪机器人：负责团队或个人概览问题以及当日计划任务完成情况消息的触达、各工作项逾期和逾期原因的交互反馈消息的触达。研发人员收到逾期提醒消息时，不仅要处理逾期工作项，还需要在飞书上选择并提交逾期原因。任务追踪消息无法进行屏蔽设置。

- ❏ 研发质量机器人：负责自运维管理平台构建部署流水线执行结果消息的触达以及在线测试平台测试计划执行结果消息的触达等。研发质量消息无法进行屏蔽设置。

- ❏ 审批消息机器人：负责需求的过程阶段审批、关联工单审批消息的触达。平台的审批工作流需与飞书的工作流打通，这样便可实现平台和飞书工作流状态的同步变更。同时，产研团队可通过移动端和电脑端进行多端同步操作，可极大地提高管理者的审批效率，并且不给他们留下任何遗忘审批和超时审批的借口。审批消息无法进行屏蔽设置。

- ❏ 通知提醒机器人：负责平台工作项的创建、状态变更、字段变动以及工时登记等消息的触达。工作项负责人可收到消息通知，并可进行消息的交互。比如，下班前，平台通过触发通知提醒机器人向有研发任务的人员发送工时登记消息（消息中包含一个链接）。研发人员点击链接跳转到平台，便可登记负责的所有未完成任务在当天的实际工时。此类型消息不仅提高了研发人员登记工时的效率，也培养了他们登记工时的习惯。

对飞书消息机器人分类主要是为了让研发人员关注其想关注的重点消息通知。在这种情况下，产研团队应该没有理由延期交付（即使延期，也需要提交原因），这极大地提高了团队管理效率。

至此，在线协作平台已经联动在线测试平台、自运维管理平台、CMDB、APM 平台、工单系统以及飞书，构成一条完整的项目交付和反馈链路。我们为技术中心搭建了一套完整的项目全链路交付管理平台，如图 6-17 所示。

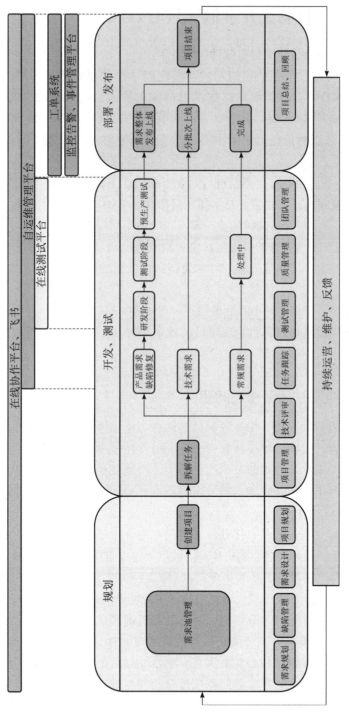

图 6-17　项目全链路交付管理平台

6.4　如何通过项目制提升价值交付有效性

最后，还有一个项目价值交付有效性问题待解决。

根据康威定律可知，复杂的组织结构对部门间协作效率影响非常大。而 PMO 最主要的职责就是在技术中心内部做好各技术部门间的资源协调和跨团队型项目的管理工作。随着公司业务的快速发展，各业务方不断涌入的需求逐渐压垮技术团队。若 PMO 仍承担协助业务方监工的角色，技术中心的压力会越来越大，可能会导致出现如下 3 个问题。

1）高业务目标下，业务方会不断进行新业务探索，不断提出新的业务需求，更注重技术团队对业务需求交付的量。此时，技术团队将生存在 PMO 执行项目的高压下。

2）技术团队花费大量人力交付的业务需求可能得不到应用，逐渐对业务失去信心。

3）各技术部门在人力有限的情况下，主要负责自己部门业务方的需求交付，降低其他部门的业务方提出的业务需求优先级。针对跨团队型项目的管理和资源协调，PMO 会愈发被动。

建立一个能够拉齐各部门业务目标的制度，是 PMO 的首要职责。当然，这个问题得不到解决，肯定会影响团队通过平台管理项目的效率。所以，协助 PMO 解决管理闭环问题，也是我们的首要目标。

6.4.1　通过项目制解决资源协调问题

目前，每个技术部门支撑一个业务部门的业务，比如供应链研发部门支撑公司供应链业务部门采购、库存、品控、供应商管理、仓配以及销退等业务。同时，每个业务部门会向对应技术部门提需求，若需求涉及范围比较大，需要其他技术部门支持，比如供应链业务部门提出一个商品上下架新规则，涉及多类商品标签的更改，需要上游营销中心、商品中心、客服中心等部门支持。

所以，当多项目并行运行时，部分技术部门可能会出现人力紧缺现象。在人力成本控制比较严格的情况下，这种问题会越积越重。我们通过度量指标也证实了这一点。

于是，我们借鉴之前项目的经验并与 PMO 协商后，提出项目制概念。

项目制的核心作用是解决公司战略级项目的资源协调问题，通过组建立项评审委员会、立项申请、立项评审、优先级标准制定、资源借调机制等进行项目价值判定，通过业务部门和技术部门双向打分机制进行价值交付有效性判定。项目制的重点在于在项目启动前，梳理清晰项目的价值，并得到核心成员认可；项目交付后，业务部门能够根据实际运营情况，复盘项目的价值。这也是技术部门和业务部门间目标对齐、价值沟通的一种方式。该项目由我们配合 PMO 开展和落地。

经过多次讨论和实践，我们提炼出项目制工作框架，如图 6-18 所示。

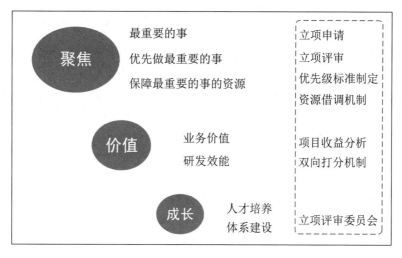

图 6-18　项目制工作框架

下面从流程制度和各职能职责两个维度阐述项目制工作框架的运转机制。

6.4.2　通过流程制度让项目制项目有据可依

1. 项目制项目目标、项目制项目执行范围和项目制项目流程

从万物皆项目的维度看，项目制的运转对于 PMO 来说也是一个项目。

（1）项目制项目目标

从技术中心维度看，项目制目标有 3 个。

❑ 策略化管理。以相对灵活的组织制度，强保公司重点级项目（P0 级核心项目）。

❑ 标准化管理。以标准的"制度＋规范"管理，提高业务部门及技术部门整体的效能，改善两个部门间的协作关系，后续由点及面推广。

❑ 精细化管理。以相对科学的量化方式，度量项目的投入产出比。

（2）项目制项目执行范围

项目制项目执行范围为 B 端技术部门以及对应业务部门共同支撑的核心项目。

（3）项目制项目流程

项目制项目流程包含业务需求调研、立项准备、立项评审、资源协调、项目推进、项目交付、项目评价环节。

2. 项目优先级和并行支持项目数评定制度

项目优先级分为 P0 级和 P1 级，其中 P0 级项目为技术中心最先推进、最大努力保障交付的项目，如表 6-1 所示。

表 6-1　项目优先级定义

优先级	标准
P0	1）对公司级核心目标有直接贡献的，经 CEO 批准的战略尝试或转型项目 2）补齐产品的核心基础能力，公司有决心走下去而非试错的项目 3）补齐业务中台、技术中台基础能力的项目 4）较大的风控、资损或者法律风险止损类项目
P1	1）能对绩效目标产生直接价值，保证绩效目标实现的必要项目 2）技术团队投入超过 60 人天，每季度降本增效收益超 300 万元的项目

根据现有各技术部门的人力评估，确定各部门可并行支撑的项目数，如表 6-2 所示。

表 6-2　技术中心各部门可并行支撑的项目数

部门	P0 级项目数	P1 级项目数
运营中心	≤ 3	≤ 8
供应链	≤ 4	≤ 10
营建拓展	≤ 2	≤ 6
综管财务	≤ 1	≤ 4
基础架构	≤ 2	≤ 6
最大上限	10	30 ～ P0 级项目数

当各优先级项目总数未达上限时，业务人员可以继续提需求；当各优先级项目总数达到上限时，可先进行项目评审，待技术部门人力释放后，再安排研发。但技术团队整体同时支撑的 P0 级项目总数不能超过 10，这是为了让技术团队有一定时间偿还技术债。

3. 资源借调机制和考核机制

（1）资源借调机制

P0 级项目立项通过后，短时间内可能会出现需求集中在某个部门的现象，导致此部门排期困难。为了保障 P0 级项目的交付效率和质量，我们需要有灵活机动的资源借调机制来进行 B 端部门整体的资源借调和分配，这部分职责由立项评审委员会集体承担。

跨部门项目的资源借调机制遵循如下 5 个原则。

❑ 最小借调原则。三级部门内部应优先支持 P0 级项目，在 P0 级项目无法保障的情况下，不适宜开展 P1 级自建项目，保证向其他部门临时借调最少的资源，减少再学习成本。

❑ 集体认可原则。需要人员借调的项目的任务拆分工时预估颗粒度必须达到 5 人天以下，整体技术方案需要通过立项评审委员会以及参与团队技术负责人的评审。

❑ 风险一致性原则。三级部门内部的资源协调工作由部门负责人完成，执行原则参照最小借调原则。若立项的 P0 级项目过多，导致同部门资源耗尽，这些项目需提报立项评审委员会评审优先级。

❑ 影响最小化原则。人员借调时应优先从除能保障 P0 级项目完成，剩余资源最多、相关性最高的部门借调。同一时期，连续两个 OKR 周期内尽量避免向同一部门借调。借调的人数及时长由立项评审委员会共同讨论后决议，由三级部门执行，具体人选可由部门负责人自行斟酌。

❑ 承诺一致性原则。项目结束后需及时归还借调人员，项目延期时主技术人员需要给出合理的解释。主技术人员所负责项目出现两次以上延期，会影响其本季度的绩效考评。

（2）考核机制

所有跨团队立项通过的 P0 级项目，若项目周期超过 1 个月，原则上需采用实线加虚线的绩效考核方式。实线考核管理由原组织考核方式决定，虚线考核管理由项目制项目考核方式决定。借调人员在单项目中的参与工作量权重不得低于 20%，若同一个研发人员承担了多个项目职能，总体项目参与工作量权重不得超过 60%，具体分摊比例由各项目负责人协商决定。

其中，考核人与被考核人的关系如表 6-3 所示。

表 6-3　考核人和被考核人的关系

考核人	被考核人	说明
立项评审委员会	项目负责人	项目负责人的职级必须是三级部门负责人及以上级别
项目负责人	主产品、主技术、主测试	考核结果直接影响项目负责人的职级晋升
主产品	子产品	若主产品、主技术人员的管理经验有限，可将直接打绩效的方式改为绩效反馈方式，发送给被考核人的直接主管
主技术	子技术	同上
主技术	子测试	同上
主产品、主技术	被借调人	同上

为了加强项目制的作用和影响力，技术中心要求所有晋升高职级的被考核人，必须参与并承担过项目制项目执行范围内 P0 级项目的负责人或主负责人，并取得良好的成果以及业务评价。

6.4.3 通过各职能职责让项目制项目运转起来

1. 立项委员会

立项评审委员会委员由业务、技术、产品、项目经理、效能 5 个职能代表组成，委员会成员人数控制在 12 人以内，尽量保持稳定。其中，委员长 1 名，负责主持会议流程。

项目制对立项评审委员会成员的要求如下。

❑ 立项评审委员会成员可半年轮换一次，业务成员必须覆盖 B 端所有业务部门。

❑ 立项评审委员会成员必须由各部门高职级骨干担任，工作期间曾担任多个大型项目的业务负责人、主技术或主产品人员，职级原则上不低于 T_n。

❑ 为鼓励技术骨干积极参与公司级项目管理，加强其对横向部门业务的理解和贡献，专业线晋升 T_n+1 及以上职级的提名候选人必须担任过立项评审委员会委员。

立项评审委员会负责根据公司战略和项目投入产出比，结合各部门人力资源情况，评估产品技术方案的合理性，进行产研资源的协调、分配和调度，并定期公示和总结项目成果。

2. 流程环节中的各职能职责

（1）项目立项准备阶段

项目立项准备阶段，所有参与角色需积极配合整合一份项目立项书，主要目的是让各角色在项目进入研发阶段前，提前调研、思考和规划好项目的业务价值、投入产出、产品和技术方案等。过程中，各角色要尽职尽责。此阶段各职能职责如图 6-19 所示。

主业务人员
背景调研
业务执行计划
项目收益分析等

主产品人员
产品框架
大概分工

主技术人员
功能模块
工作量技术框架

项目经理
初步推进计划
阶段性交付成果

图 6-19　项目立项准备阶段各职能职责

主负责人一般来自业务发起部门的业务负责人以及对应技术部门的技术负责人和产品负责人。这些角色在整合项目立项书过程中的职能职责如下。

❑ 主业务人员组织相关业务方调研并填写项目背景、业务痛点、项目收益分析以及业务执行计划（项目上线后，各业务部门的行动计划）。

- ❑ 主产品人员负责组织各部门产品经理讨论并初步确定产品框架和分工。
- ❑ 主技术人员负责组织各部门技术负责人讨论并初步确定技术框架、功能模块拆分以及工作量。（每个模块工作量需在 5 人天以下，允许有 20% 的估算偏差。）
- ❑ 项目经理负责根据全局方案制订项目初步推进计划、项目阶段性交付成果等。

最终，项目经理组织以上角色讨论汇总后的立项书，初步评审达成一致意见后，通过平台工单提交项目立项申请。

项目立项申请提交后，立项评审委员会成员需提前飞阅项目立项书内容，并直接给出改进建议。工单会签通过人数超过一半，代表此项目具备立项评审条件，工单会自动流转到委员长。委员长会根据当前立项申请项目情况，合理安排项目立项的评审时间，并通过工单通知到项目经理。

项目收益尽量量化，这也是难以整理的部分。下面整理出 6 类项目的度量指标。

- ❑ 增长类：度量指标必须有明确的口径及定义，比如 GMV、毛利率、新用户 UV 等。
- ❑ 降本类：度量指标必须有明确的口径及定义，比如履约成本、仓库拣货成本等。
- ❑ 提效类：如针对效率类指标（如仓库内作业生产效率），需注明统计口径和度量方式。
- ❑ 止损类：包括历史发生类似状况的频率、单量影响及金额损失。
- ❑ 客户体验提升类：包括但不限于履约效率、客诉量、好评率等。
- ❑ 产品系统性能提升类：包括库存数据准确率等。

（2）项目立项评审阶段

项目立项评审会议固定每周三举行。如果本周没有新项目立项，取消立项评审会议。本周立项申请截止时间为周一 17:00。周一 17:00 后提交的立项申请安排到下周周三评审。

委员长在每周一 17:00 前，通过工单通知相关主业务人员和项目成员立项评审的时间和地点。主业务人员收到审批通知后，需通过工单反馈是否有时间参与项目评审，如果时间无法协调，可单独与委员长沟通是否延期到下周。

在项目立项评审阶段，各职能职责如下。

- ❑ 主业务、主产品和主技术人员必须到场参与评审，一般由主业务人员进行立项申请阐述，后续各环节由各技术负责人进行相关阐述。在阐述过程中，立项评审委员会委员可随时提出质疑，相关负责人需给出合理解释。
- ❑ 立项评审委员会委员讨论后，当场表决项目立项是否通过。若有超过 60% 的委员同意通过则立项通过，并评定项目优先级。若立项不通过，委员给出原因。

项目立项评审结束后，委员长通知项目立项结论：立项通过；立项不通过，需进一步整理；立项不通过，项目降级。结论是"立项不通过，需进一步整理"，说明本次项目立项准备不充分或者部分方案得不到认可，需进行再次评审。原则上项目立项评审连续 2 次未通过，项目优先级需进行降级处理。

（3）项目推进和交付阶段

项目经理主要负责项目过程管理、进度跟进以及风险识别，同时负责组织项目交付后的业务验收、项目复盘等活动。项目经理可以承担项目负责人、委员长等角色职责。效能团队承担项目经理职责负责技术架构类项目交付。项目负责人一般是技术部门负责人，负责全局技术和产品方案的落地和资源协调，配合项目经理按时交付项目。

在项目推进和交付阶段，各职能职责如下。

- ❑ 项目经理需通过周会、周报等形式向相关部门（团队）同步进展、风险等情况；委员长需以双周报形式向各部门负责人同步十大项目进展及资源利用情况。
- ❑ 主业务和主产品人员必须参与上线后功能走查验收以及实单验证，并且需给出书面验收结果。验收结果在一定程度上决定了业务部门对技术部门各角色的认可度。

（4）项目复盘和评价阶段

每半年，委员长需组织所有已交付项目的复盘，盘点整体项目资源投入产出，分析项目过程管理和资源调配等方面的问题，随后需评选出优秀项目以及需进一步改进的项目。针对优秀项目，技术中心对相关项目成员进行额外奖励。

同时，委员长需组织业务侧和产研侧项目成员之间的多维度互评，主要包含两个过程。

1）委员长向业务侧项目成员发调研表，收集对技术团队的评价，将反馈结果及时同步给各项目负责人和项目经理，并将项目主技术、主产品人员的相关反馈及时同步到相应部门负责人。业务方反馈内容如表 6-4 所示。

表 6-4　业务方反馈内容

评分项	权重	指标	评分
交付产品满意度	40%	1）交付产品完成业务方预期需求 2）产品质量可靠，功能运转顺畅 3）操作手册完善，有必要的人员培训	
项目满意度	40%	1）项目按计划有序执行 2）项目风险预警及处理 3）项目过程反馈及沟通 4）项目过程规范性	
主动性、反馈响应	20%	1）服务意识，响应速度 2）主动反馈项目过程中问题，并进行有效改进 3）责任心：对项目规范，质量、进度及交付负责	

2）委员长向产研侧项目成员发调研表，收集对业务团队的评价以及项目执行过程中的问题的反馈，如表 6-5 所示。

表 6-5　产研侧反馈内容

评分项	权重	指标	评分
业务方满意度	30%	1）业务规则清晰，业务价值明确，并得到验证 2）在项目推进过程中，能够及时响应和决策 3）上线后能够及时验收，并按照业务计划执行	

（续）

评分项	权重	指标	评分
技术专业能力	20%	1）技术方案具有一定前瞻性，匹配当前资源 2）考虑项目兼容性，能够复用已有组件和服务 3）代码质量无性能瓶颈、无安全漏洞	
产品专业能力	20%	1）深刻理解业务，并能够帮助业务方完善需求 2）需求范围以及项目目标明确 3）项目过程中能够进行合理、有效的沟通和反馈	
项目管理专业能力	20%	1）项目计划清晰明确，并能够有效执行 2）项目管理流程规范明确，并严格遵守 3）能够有效沟通项目变更，有效协调资源	
主动性、反馈响应	10%	1）服务意识、响应速度 2）主动反馈项目过程中的问题，并进行有效改进 3）责任心：对项目规范、质量、进度及交付负责	

其实，项目复盘和评价无法避免主观因素，而增加项目复盘和评价环节主要是为了进一步让技术部门和业务部门对业务价值达到共同认知，一定程度上拉齐两个部门的阶段性目标，也让技术部门深入了解项目价值，并能够参与并认识到自身的价值。另外，该环节也可增强业务部门与技术部门间的沟通与协作，拉近业务与技术人员之间的距离，让他们各自能够站在对方的视角去思考问题，为下一个项目积累经验。

不过，项目有效运转还需要做到如下 3 方面。

1）项目必须在 CEO 和 CTO 层面得到认可和反馈，因为涉及业务部门和技术部门的协作和资源协调。

2）PMO 需要通过平台的量化指标客观地反馈项目运转效果以及给技术中心带来的价值。

3）当 B 端项目试行取得一定成果后，其他部门需尽快复制，进一步扩大项目制的影响力。

6.5　深度思考

6.5.1　全栈式敏捷思考

全栈式敏捷不仅注重思维的转变，还注重执行、措施和文化的转变。

1. 静态规划到动态规划的转变

静态规划的目标基本是长期的并保持不变。公司的目标和文化由部分人掌控，战略按照年度制定，战术以瀑布模式进行管理。面对未来的不确定性和不可预测性，动态规划假定市场条件和计划本身会发生改变。动态规划强调建立以企业目标为核心的自治体系，战略由数据驱动，战术基于短周期迭代反馈调整。

2. 使用 OKR 打造价值驱动团队

全栈式敏捷的关键在于价值。打造价值驱动团队的挑战是如何对管理层的任务计划通过目标管理系统进行优化，将完成的定义牵引到价值交付上。敏捷管理和 OKR 可以结合：使用 OKR 制定和对齐团队间的价值交付标准，通过敏捷管理快速迭代验证计划的可行性并及时动态调整 OKR。

3. 搭建高内聚、低耦合的组织环境

调整好组织结构（特性团队小而精致、灵活）、制定需求规划（包括准则、故事地图、影响地图）、搭建架构模型和能力图谱（包括技术图表、用户交互流程图、领域图和变更流程图）、选择好工程实践方法和工具（包括测试左移、持续构建）、布置好办公环境。

4. 团队自组织、自检

鼓励团队自建公约，自发思考，建立团队成绩墙和错误集，总结经验，沉淀知识。

5. 推崇敏捷的规模化

推崇敏捷的规模化而不是规模化敏捷，让敏捷管理在多团队开花结果，对齐团队间业务需求优先级，推动业务敏捷为先，同时提高研发效率。

6. 自动化测试到测试自动化思维的转变

自动化测试强调提高测试执行过程效率。测试自动化强调测试领域任何角色都可通过自动化方式和手段来提高测试效率，保证测试质量，缩短软件交付周期。这也是敏捷和 DevOps 的理念，将角色泛化，共担职责和风险。

7. 平台自动化认知的转变

DevOps 的重要理念就是自动化。自动化是为了提高效率，而不是为了减少环节。若平台的某环节实现了自动化，却导致出现了某职能职责"逃逸"，该环节的管理就需从线上转到线下，过程的流转需从自动化转变为手动。

数字化转型已是常态，不再是创新的标签。

6.5.2 有关 VSM 的思考

1. 两个流程

信息流程，即价值信息的流入过程，有价值的信息流入对于整个价值周期至关重要；实物流程，即承载价值流的载体和媒介。不断提升两个流程的流转效率、改善工程实践方法、可视化度量是我们改进的方向。

2. 交付物件

交付功能点可能是团队机械地接收指令去实现；交付用户价值可能需和业务方讨价还价，量化用户价值和投入，让团队了解其交付价值并兑现。

3. 以用户为中心

组织结构的调整要灵活和高效，以用户为中心，让业务和研发人员深入协作，缩短反馈链路，让组织更靠近用户，减少产品研发团队的内耗。

4. 数字化链路

各行各业都在推进数字化转型，从产研敏捷到业务敏捷，从打破开发运维部门墙全栈式敏捷到 DevOps，都是数字化转型的动力。

5. 变革型领导力

变革型领导力通过改变下属的态度、信仰和价值观来激励下属达成超出预期的业绩。不过，成功还取决于有效的技术和产品管理实践。

6. C-Level 心态

高管更渴望成功，不过也更容易焦虑。要坚持和 C-Level 沟通，若想得到他们的支持，必须让他们知道做这件事的好处。多关注管理方式，注重价值导向。

7. J 形曲线

团队改变无论在工程实践、协作方式还是管理方式方面都会呈 J 形曲线，但不要在意一两次的失败，因为做出改变就是你的价值。

8. 中立心态

让团队做选择，不要有偏向性引导，坚信当前的选择是最好的，而不是说服大家选择自己想要的。这是变革推进者需保持的心态。

9. 最小遗憾框架

要有终局者思维，并坚信可用结果是对的，同时不要给自己设限。

任何一点改变都需要时间，我们生来本不完美，所以要用一生的时间缝缝补补。

6.6　本章小结

本章以协助 PMO 解决项目管理过程中的问题为出发点，首先统一了技术中心项目管理方式，整理出平台工作项关系模型和工作流模型，结合技术团队不同阶段的管理实践，搭建了可进行分层管理和度量的在线协作平台，进而让不同角色可通过平台进行协作，以此改善产研协作关系。

其次，通过平台自动化提高项目管理效率、提升价值交付有效性、降低产研人员操作成本。而当底层数据能够客观反映项目过程管理中的问题时，平台便可影响人们的行为。

最后，通过项目制提高项目的准入标准，一定程度上减少无价值项目的交付，极大地缓解了技术团队的交付压力。通过项目立项准备、项目立项评审、项目推进和交付、项目复盘和评价，强化业务侧和产研侧对项目价值的探索过程，提升技术团队的交付信心，也进一步提升项目价值交付的有效性。

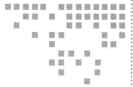

如何向团队引入 DevOps

其身正，不令而行；其身不正，虽令不从。

—— 孔子

本书的前几章都在讲解如何通过"工程实践 + 平台 + 培训赋能"相结合的方法，通过项目周期性运营体系，协同其他部门一起改进提升的故事。本章将重点阐述效能团队如何通过做好自身管理，提升团队影响力，以此构建技术中心的 DevOps 文化。

在此过程中，我们始终坚持一个理念：在做好任何事情之前，必须身体力行地去验证事情的可行性。读者可将重点放在作为转型变革引导者如何全方位地帮助自身团队打开局面，并逐步影响技术中心的行为。

7.1　故事升华

我们坚信只有透明化效能团队的一切，才能取得其他团队的信任；只有通过实际行动帮助其他团队提升，才能取得他们的认可；只有让一线产研人员积极参与进来，才能做好积极的体系运营。

为什么会得出这样的结论？因为一般的工具团队在技术中心缺乏凝聚力，无法充分发挥其价值。首先，团队自身的管理缺乏实战力和即战力，没有统一有效的管理模式；其次，团队对外缺少有效的落地抓手顺其需求而生，缺乏有趣的"灵魂"；最后，团队管理者对上畏手畏脚，无法及时对齐技术中心全局目标，更不愿主动拉齐水平合作部门的目标。

7.1.1 工具团队的问题

1. 工具团队和技术中心的凝聚力差

一般来看，平台在技术中心常以如下 3 种形式存在。

1）分散在各技术部门，各部门单独维护。大部分公司采用这种模式，因为公司在成立之初不可能单独设置一个维护平台的团队。

在此情形下，同类型平台可能存在多个。比如项目管理平台，有的团队可能使用配置复杂度较高的 JIRA 平台进行自定义管理；有的团队可能使用 Worktile 平台进行简单的可视化任务看板管理。

2）由各技术部门选择运维团队维护运营。在这种模式下，平台一般是公司采购的三方平台或开源平台，通过简单的配置即可使用。技术部门向技术中心提出平台采购需求；采购部门负责平台采购；运维部门主要负责平台的常规巡检，保证可用。

在此情形下，很多平台可能闲置，导致资源浪费。因为各平台看似都有负责人和使用者，但各平台看似也都没有负责人和使用者，因为技术团队不关注平台的使用价值，平台的使用缺乏驱动力。

3）由单独的工具团队负责公司全量平台的生命周期管理。在这种模式下，大部分平台可能是自研的，需要工具团队负责管理；也可能是随着公司规模扩大，为统一平台的选型，提高平台的使用效率，需要成立独立的工具团队进行维护。当然，从人力成本角度来看，这也是比较合理的。

在此情形下，工具团队既可能成为技术团队的需求中心，也可能成为技术团队的成本中心。因为当没有工具团队时，没有团队愿意持续维护平台，技术团队也不会频繁地提改进需求；当有了工具团队时，平台可能成为技术团队"内卷"的目标，它们会不断提需求，导致工具团队只能通过不断招人来缓解现状，但增加了人力成本。工具团队也因此成为最有可能被优化的对象。

由此可见，三种形式下的工具团队都有局限性。平台不管是分散管理的，还是统一管理的，都没有让其价值最大化。

2. 团队的管理形式不统一

我们曾调研多家头部互联网公司（约 10000 人规模）的工具团队，由于公司事业部较多，每个事业部内可能都有专职的工具团队。大部分工具团队的职责范围不相同，负责管理的平台各有差异，这也导致了各事业部管理形式差异化。使用平台和管理形式的不统一，会增加团队管理成本和人力成本，对于大公司可以忽略不计，但对于中小型公司来说就是一定的成本压力。

3. 团队缺乏有效的落地手段

工具团队还有一个很大的局限性：缺乏有效的落地手段。也就是说，工具团队研发出来的平台，技术团队不使用或者不知道如何用。

针对采购的三方平台以及开源平台来说，工具团队大部分情况下只负责平台的维护以及平台使用手册的培训，很少针对技术团队特定的使用场景进行特殊配置（或整理最佳实践）。这样会导致技术团队需从全量功能中识别少量常用功能，极大地增加了技术团队的使用成本。针对自研平台，虽然是从 MVP 版本逐步迭代交付的，但工具团队始终以平台的工具属性为突破口，无法让技术团队知其功能设计的目的和管理理念。由此，技术团队很难理解平台，更不用提对平台价值的认可了。

由此可看出，平台不应仅具有工具属性，还必须承载技术体系的运作形式，承担团队协作模式的线上化和透明化管理，能够驱动团队的改进和反馈，能够结合现有的业务形态实现"线上 + 线下"闭环管理。同时，每个平台必须能落实一定的工程实践理念和管理方法，比如项目管理平台必须能够落实当前团队的管理方法和研发模式。只有这样，平台才能有效地落地。

7.1.2　如何做得不一样

发现了工具团队的问题，就要考虑如何去解决。对于工具团队这种特殊的工种来说，自然会被技术团队打上种种标签：无声、运维、工具、成本中心等。只有团队管理者能够运用好各平台之间的联动性，发挥出各平台的价值，提炼出团队使命，才能够实现团队价值。

团队管理者必须认识到只有团队的价值被认可，才能摆脱这些标签，才能够被其他团队重新认识。当然，这一切都基于团队有这样的愿景和目标，并愿意付诸努力去改变。团队管理者可以从如下 4 个维度着手团队规划。

1. 摆脱技术思维去招人

做成任何事，都需要先找到合适的人。工具团队也不例外，也需要做到人岗匹配。

工具团队在技术中心一般被认为是技术支撑角色，所以对招聘人选的职级和能力要求不能那么高，并且只招聘开发和测试角色。因为多数技术管理者认为公司内部的平台能用即可，易不易用不重要。所以，一些自研平台往往偏向于以技术思维实现。当平台推广到产品和业务角色使用时，他们会感觉特别不适应。

基于此，我们在组建工具团队时，逆其道而行，将重心放在招聘管理赋能角色——职责不局限于产品规划、平台设计、团队管理以及培训赋能，并且需要认同团队的价值和使命。在我们看来，管理赋能角色是工具团队的关键，决定团队能够走多远；而开发和测试角色是团队的核心，决定团队能够走多久。

招聘人数由业务涉及的领域和人员能力决定。但招聘人选必须具备如下 3 方面能力。

1）主动找干系人沟通；

2）主动推广自己的产品，并能够多层次认识到产品的价值；

3）主动化解团队间冲突和矛盾。

我们发现，每当新增一个职能角色时，上游职能就会默默降低自身的工作质量，这是一个普遍现象。所以，我们决定实施全员测试。当一次迭代开始时，全员必须开始准备测试，比如整理测试用例和自动化测试脚本；当一个迭代版本可以提测时，全员必须投入测试。版本开发过程中，开发人员必须进行充分的联调和自测。

而对于团队（小组）管理者，我们也有两方面要求。

1）团队（小组）管理者能够从技术团队自上而下寻找问题，并且能够在技术中心赢得一定的话语权或者通过深入分析逐步影响管理层。也就是说，管理者必须能够及时响应并解决特定人群在特定场景下的特定问题，并能够联动团队提出解决方案。

2）团队（小组）管理者能够深层次认识平台的价值。针对 DevOps 工具链平台，管理者需要能够认识到效率、质量、安全的价值；在一定的时间范围和时机下，能够明确产品的核心竞争力，梳理清楚产品设计的边界，随着产品价值的体现，再逐步扩大边界；需具备整合和调用技术中心底层技术资源的能力；能够针对产品进行抽象，屏蔽细节，将指导说明融入平台设计；能够站在用户视角看待问题，让用户感知到设计感和交互层次感，把控好用户体验。

2. 想改进什么就先做好什么

我们发现问题时，首先让技术团队沉下心来去梳理问题发生的根因，而不是当场指出问题，却没有解决方案。

因为每个问题的背后都有发生的背景和历史因素，很多技术团队的问题是长期积累才暴发出来的。我们发现问题后，首先会去收集证据，通过平台进一步印证，找出根因，并根据技术团队的现状，找出能够解决的问题（必须做）、能够改善的问题（努力做）以及非核心问题（不做）。

我们提出的解决方案的可行性和有效性一定是在本团队验证过的。

3. 以解决问题为出发点，透明化团队规划

团队间的信任感是基于每次问题解决、规划兑现以及信息互通逐步积累建立起来的。

我们若想打破工具团队的"孤岛"现状，就需要加强其与技术团队的沟通交流。

首先，我们每个季度初都会组织团队规划与目标通晒会，邀请各部门和团队的核心负责人参会。每次会议前，我们会找到核心干系人（问题提出者、问题解决协助者、制造麻烦者）沟通问题的严重性和紧迫程度，主要是对需求池中的需求进行优先级排序，为平台的整体规划做准备。

会议的主要目的是同步团队下季度的核心规划以及大致的时间安排，让各需求方了解兑现时间点。会议的核心目标是对齐团队与多方期望，让各方了解技术团队的现状和问题，分享过去一个季度的改进成果，以及将会变成什么样子，并告知兑现形式，比如哪些工程实践是全局改进，哪些工程实践是局部优化；哪些功能缺陷需要紧急修复；哪些技术短板

需要重点补齐。

对于我们来说，最重要的是获得资源支持，可罗列出哪些服务代码质量较差，需要哪些团队配合改造；表明哪个团队需要配合进行工程实践；说清楚不同层级管理者需要关注哪些改进指标，并需在在哪个环节配合监督执行等。

其次，在实施过程中，我们会持续细化规划，将每个迭代的规划提前发到核心群，保持固定的交付节奏。同时，在每个迭代上线前，我们会邀请相关干系人进行预验收；上线后，我们会发布上线通告，并跟进用户的使用反馈。为了不过于干涉技术团队日常的产研活动，每个迭代的需求评审仅邀请相关需求方参与，始终秉承业务研发第一位的理念。

最后，在每个季度临近结束前，我们会组织召开效能提升复盘会，邀请 CTO 以及部门核心负责人参与。该会议核心目的是兑现承诺，找到差距，为下个季度的规划积累经验，增强团队间的信任感。

4. 软硬实力兼施，营造氛围

如果协助技术部门改进提升以及负责平台演进是团队的硬实力，那通过运营手段实现团队目标就是团队软实力的体现。

团队软实力也是工具团队最容易忽略和不屑去实施的点。因为一提到软实力，对于自称为"程序猿"和"攻城狮"的这些钢铁直男直女来说，他们不知道如何去做，比如团队间沟通、寻求资源支持、组织分享培训以及打造组织文化等。其实，这也是自身能力欠缺的表现。

如何才能迈出技术圈和产研圈，站在技术体系视角，将已经构建出来的研发效能体系（或其中的部分）积极地运营起来，也是工具团队的核心目标之一。因为只有将研发效能体系运转起来，才能够让一线研发人员积极参与进来。只有通过有趣的活动吸引一线研发人员参与进来，才能够让研发效能体系运转得更久。所以，在实施策略中，我们一定要把最重要的两条加上：管理层只是手段，绝对不是目的；大众的才是根本。

只有软硬实力兼施，团队管理者才能够带领团队打开局面，从多维度弥补自身管理的不足。对于团队来说，其只有认可并掌握软硬实力兼施的方法，才能够从多层次去思考产品的规划和设计。

接下来，本书将介绍效能团队如何通过实施 Scrum 进行团队管理，以此改善工具团队与技术团队的关系；如何通过提升团队的影响力，以此打造 DevOps 文化。

7.2 如何通过实施 Scrum 进行团队管理

首先我们来分析一下，工具团队为什么不能采用传统的方法进行团队管理。传统的团队管理方法是根据接收的需求，安排产品人员进行设计，随后安排研发人员进行开发和测试，待功能上线后安排运维人员进行持续维护。我们认为有 3 方面原因。

1）工具团队的职责在发生改变。

比如，效能团队的职责正在从平台运维开发向研发效能提升转变，从推广平台向技术保障体系运营转变。工具团队自研的各平台蕴含着技术团队底层的管理逻辑和规范。换句话说，工具团队已经在逐步影响着各技术部门的绩效和改进方向。

2）需求交付形式在发生改变。

既然平台关乎技术团队的绩效，技术团队就会频繁提需求，尽可能让平台成为它们真正想要的样子。工具团队随之会成为技术团队的需求中心，而管理需求的多样性以及平台参与角色的多样性也就意味着需求的频繁变更性。所以，工具团队的交付形式应该为小范围验证、快速迭代，并逐步拓展。

3）平台更具专业性。

现在的工具团队不仅要实现各职能角色提出的需求，还要负责平台专业性建设和提升。比如，效能团队需要规划构建在线测试平台的自动化测试能力，并推进和赋能质量管理团队通过平台进行自动化测试。当然，此过程也是两个团队协作共建过程。也就是说，工具团队必须具有平台整体规划能力以及洞悉相关专业领域演进能力。

综合以上，工具团队的管理形式必须向更敏捷的交付形式转变。于是，我们结合Scrum进行了适量改进，逐步构建出一套能够满足工具团队与技术团队需求的管理框架。

7.2.1 让效能团队忘记Scrum的"3355"原则

不难发现，一些中小型互联网公司即使业务做得很好，其技术团队还采用比较粗犷的管理方式。它们为了向敏捷管理转变，可能会选择Scrum这种比较大众的过程管理方式，并让PMO或者技术负责人承担Scrum Master（简称SM）职责，负责Scrum管理框架的落地。

在转型前期，大部分SM基本是按照Scrum框架——执行，照葫芦画瓢，在行进过程中，可能会去除或改变某些环节，结合团队自身的业务、人员能力水平以及可支配资源等进行取舍，最终构建出一套符合技术团队自身的Scrum管理框架，并逐步向其他团队推广。

效能团队落地Scrum管理框架前的情形也是如此，团队成员基本没有任何Scrum实施经历，甚至多数人没有听说过Scrum管理框架。但我们认为这反而是一件好事，与其对着半瓶子醋"指手画脚"，不如在一张白纸上"勾勒梦想"。所以，我们在实施Scrum管理框架前，首先屏蔽一些复杂的敏捷开发流程，比如Scrum的"3355"原则。

下面从3个维度讲述效能团队如何让团队成员忘记Scrum的"3355"原则。

1）树立团队理念。

❑ 价值驱动：关注高优先级目标，要事第一。

❑ 适应变化：频繁交付可见成果，频繁确认，确保交付正确的结果。

❑ 团队一致：目标驱动、团队共享责任。

2）梳理符合实施 Scrum 的团队组织结构。

效能团队成员分为 3 组：管理平台组主要负责具有管理属性的平台和服务的全生命周期管理，比如在线协作平台、度量指标体系服务等的管理；自运维管理组主要负责团队和平台的自运维能力管理，比如自运维管理平台、事件管理平台、监控告警平台等的管理；自动化平台组主要负责自动化能力支撑服务和平台的管理，比如在线测试平台、CMDB、工单系统、工作流服务、图库、脑图服务等的管理。这样，团队各组的职能边界划分清楚。

每组有一个相关领域的技术专家（即开发负责人），主要负责平台技术架构、开发和日常研发过程活动的管理；每组有一个产品经理（自运维管理组的产品经理职责由开发负责人承担），负责多个平台的产品设计以及小组需求管理；管理者主要负责所有小组的目标规划、各平台产品设计审查以及团队日常阻碍点的解决。这样团队各角色的职责边界已经划分清晰。效能团队的组织结构如图 7-1 所示。

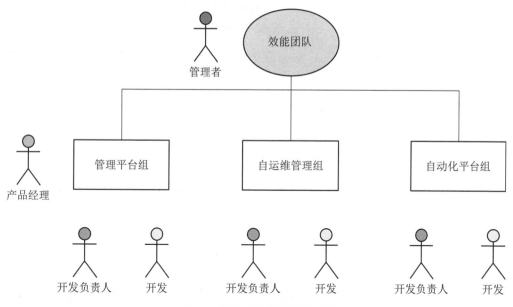

图 7-1　效能团队组织结构关系

基于团队组织结构，我们很自然地将团队分为 3 个冲刺小组。各组定期组织 3 个固定会议：开发负责人组织召开每日站会（前期由管理者组织，流程熟悉后，交由开发负责人组织），主要解决小组遇到的阻碍点和个人遇到的问题，小组全员参加；产品经理组织每个迭代前的评审会，主要澄清需求的优先级和重要性，对产品方案进行讨论并达成一致意见，小组全员参加；管理者组织每周周会，主要同步各组规划的进展和风险以及团队外部的重点事项，各组开发负责人和产品经理参加。这样，团队各组的日常管理活动基本可以运转起来。

3）加强小组间的联动管理。

为了加强小组间的联动关系，保障全链路平台技术架构开发的整体性，对齐团队内部研发进度等，各组开发负责人作为联络人参加其他小组的每日站会。3 个小组的每日站会时间从早上 9 点开始，每隔 15min 轮换一组介绍。

3 个小组的迭代规划会分别安排在周一早上、周三早上和周三下班前，这样可以让团队中更多人参与进来。

每半年，每组需至少选 1 名开发人员对调到其他小组，参与其他专业领域平台的开发，进行多方位锻炼和人才储备。

于是，效能团队经过 2 个月时间，构建出双周迭代研发模型，如图 7-2 所示。同时，团队各组的迭代交付节奏已经基本形成，与技术团队间的交付习惯也基本形成。

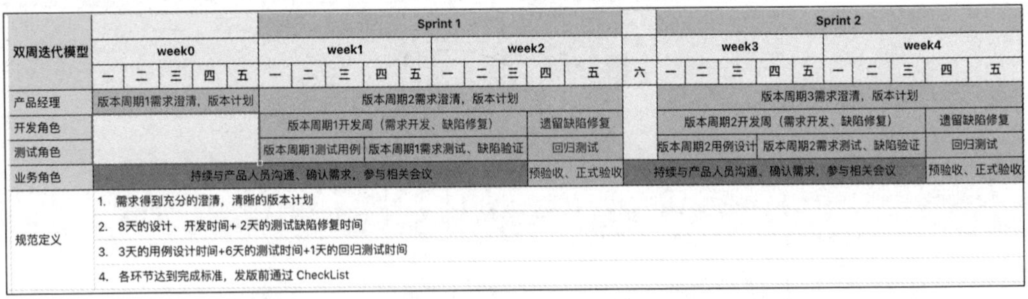

双周迭代模型	Sprint 1			Sprint 2	
	week0	week1	week2	week3	week4
	一 二 三 四 五	一 二 三 四 五	一 二 三 四 五 六	一 二 三 四 五	一 二 三 四 五 六
产品经理	版本周期1需求澄清、版本计划	版本周期2需求澄清、版本计划		版本周期3需求澄清、版本计划	
开发角色		版本周期1开发周（需求开发、缺陷修复）	遗留缺陷修复	版本周期2开发周（需求开发、缺陷修复）	遗留缺陷修复
测试角色	版本周期1测试用例	版本周期1需求测试、缺陷验证	回归测试	版本周期2用例设计 / 版本周期2需求测试、缺陷验证	回归测试
业务角色	持续与产品人员沟通、确认需求，参与相关会议		预验收、正式验收	持续与产品人员沟通、确认需求，参与相关会议	预验收、正式验收
规范定义	1. 需求得到充分的澄清，清晰的版本计划 2. 8天的设计、开发时间+2天的测试缺陷修复时间 3. 3天的用例设计时间+6天的测试时间+1天的回归测试时间 4. 各环节达到完成标准，发版前通过 CheckList				

图 7-2　双周迭代研发模型

此过程中，我们完全没有让团队成员去熟悉和了解 Scrum，也没有刻意灌输"3355"原则，只是通过周期性运转，慢慢培养团队成员研发习惯。

不过一定要记住，一切不是一成不变的。比如，当各小组负责人还不能熟练运用站会形式，不知道每次站会要达到什么目的时，团队管理者要先组织起来，之后再慢慢退出。另外，在实施 Scrum 前期，站会必须每天开，因为对于管理者来说，这是了解团队的唯一渠道，也是及时帮助团队改进的机会。不过，随着业务的稳定，站会频率可以降低。

7.2.2　守住 WIP 上限和完成标准

在管理过程中，我们经常会遇到紧急加需求或临时调整需求优先级的情况，完全打乱各小组的工作节奏。当迭代中需求安排不是非常紧凑的时候或者临时加的紧急需求工作量不是很大的时候，各小组基本可应对。若遇到紧急需求工作量大，各小组无法应对时，团队管理者可以使用如下 3 个策略去协调解决。

1）找到需求方了解需求的实际情况，了解其真实目的。一些需求可能通过平台的功能组合即可满足。一些定制并且不通用的需求，可先降低优先级放入 Backlog。大部分情况下，通过沟通用另一种思路可以解决。

2）做到需求替换或需求降级。通过沟通，我们可以将一些已有的低优先级需求移出需求池，替换一些高优先级需求，或者协调其他小组成员支持，再或者降低需求实现的完整度，比如一个大需求可以先实现其中核心的部分，实现需求降级。

3）保证已经进入开发和测试环节的需求不受干扰。为了保证小组迭代的交付节奏不受干扰，我们必须与需求方沟通已经进入开发和测试环节的需求不被替换或暂停，除非政策改变等不可抗力因素影响导致该需求不能再做下去。

如上 3 个策略基本可保证整个团队活动不受外界干扰，或将干扰降到最低，实现团队降噪。

当外界干扰被屏蔽后，团队管理问题基本分布在各小组迭代过程管理中。而这些问题的解决需要团队管理者赋能各小组负责人守住 WIP 上限和完成标准。

1）通过频繁试错找到各小组 WIP 上限。

当小组任务的拆分粒度基本相当以及各成员能力水平被开发负责人熟知时，WIP 上限意味着团队在一定时间范围内最大的多任务并行处理能力。起初可以先设置 WIP = $2n-1$（n 是小组成员数，减 1 是为了给小组留有一定的缓冲和协作时间），经过多个迭代后，进行中的任务量逐渐逼近小组的承受能力，此时小组 WIP 上限值便找到了。

2）协助开发负责人守住 WIP 上限。

"慢开始，快启动"是研发过程管理成功的关键。"慢开始"意味着研发过程中产品方案设计、技术方案设计、技术故事澄清、任务拆分、开发测试方法以及估算的合理性和充分性；"快启动"意味着研发过程中问题的迅速解决、阻碍点的集中解决以及欢快的研发氛围，让小组全员只聚焦完成研发一件事。

开发负责人要能够抽身出来把控整体的研发节奏，当有紧急新增任务时，需溢出低优先级或未开始的任务；当进行中的任务遇到阻碍时，需即刻组织团队成员集中解决，或者升级问题的严重级别并传给团队管理者。开发负责人在研发过程中核心要把控的就是保证团队在 WIP 上限内工作。

3）协助开发负责人制定和验收每个迭代研发过程中各环节的完成标准。

开发负责人负责制定和验收每个迭代研发过程中各环节的完成标准，比如技术故事澄清后需要产品经理补充哪些逻辑检查和规则才能进入开发，开发产品要达到什么程度才能提测，代码质量要达到什么程度才能部署等。

在每个迭代管理过程中，无论每日站会、阻碍性问题集中讨论还是迭代复盘，效能团队各小组都会围绕迭代看板进行，如图 7-3 所示。

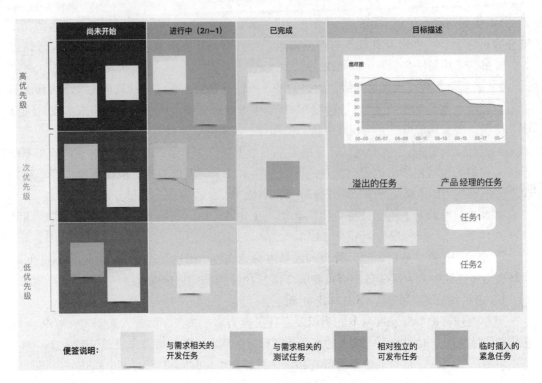

图 7-3　迭代看板

从迭代看板中，大家可以看到不同状态下的任务列、不同优先级的任务行、小组进行中任务的 WIP 值、燃尽图、溢出的任务和产品经理的任务。我们通过燃尽图可观察分析小组任务的交付速度、研发进展和阻碍点等；通过溢出的任务可观察小组额外的压力；通过产品经理的任务可观察到小组遇到的严重问题。溢出的任务和产品经理的任务也可设置上限数量，比如当产品经理任务达到 2 个时，团队管理者必须立即停止手中的工作，协助团队解决问题。

其实，以上这些过程主要是为了培养团队自管理和自我进化能力，因为效能团队有这样的共识：团队的自我组织和成长对于组织可持续发展很重要。另外，培养团队成员说 "NO" 的魄力，做有价值的工作，这点至关重要。并非所有管理者能够做到，也并非所有团队都能够做到。

7.2.3　做好估算，不纠结故事点

说起估算，每次在给各技术部门负责人培训估算方法时，他们都觉得非常简单。因为对于他们来说，估算就是了解开发或测试一个任务需要花费多长时间而已，而没有掌握估算背后的真正用意。在我们认为，估算包含 3 个过程和 2 个目的：3 个过程分别为讨论技术

方案、预估工时和预排期过程；2 个目的为稳定团队迭代节奏以及促进团队成员成长。我们认为估算非常重要，值得花费时间去做。我们在估算过程中要注意如下 3 点。

1）估算应该单独组织会议进行，但不需要复杂的仪式。

估算会议可以不那么正式，但这个过程必须有，时间约束在 45min 以内。会议最好能够在一个相对安静、封闭的空间进行，这样团队能完全投入估算。估算过程中不需要复杂的仪式，比如玩斐波那契算法等，因为我们认为这些会消磨团队成员的耐性。当然，这些因人而异，团队基因很重要。

2）选择一个适合团队的估算方法。

我们经常采用的估算方法为"专家估算 + 轮换评审"。估算一般会在技术评审后直接进行，因为在技术评审前，开发负责人已经和团队管理者确认了技术架构方案的可行性。接下来，开发负责人只需引导小组成员以技术架构方案为起点，把技术故事拆分成任务并进行估算。

小组的估算过程如下。

- ❑ 开发负责人现场指派任务。过程中，小组成员可以与开发负责人讨论任务分配的合理性以及实现方法等，持续时间为 5 ~ 10min。
- ❑ 当任务认领完毕后，各成员需根据个人能力初步评估任务的完成工时和计划开始时间。同时，开发负责人根据小组成员的能力估算一个完成工时，而开发负责人的估时在估算过程中不会公开，持续时间为 5 ~ 10min。
- ❑ 开发负责人主要针对估时偏差超过 50% 的任务，与对应负责人讨论其使用的技术和方法。讨论后，开发负责人和任务负责人再进行一次工时评估，持续时间为 10 ~ 20min。
- ❑ 开发负责人将估算偏差超过 20% 的任务拿出来与小组全员讨论，完成最后一次估算确认。此次估算允许不做修改，因为允许个别任务出现认知分歧（这也是团队成员磨合的过程），持续时间为 10 ~ 20min。

最后，小组负责人根据估算结果，在任务估算看板上分析和调整迭代的排期。

3）估算需趋于一个合适的平衡点。

既然是估算就要允许有偏差，团队经过多轮迭代复盘，可逐步纠偏。估算只进行一次，研发过程中不允许再进行估算以及修改已估算的工时，不过相关计划时间允许变更。

第 6 章中有介绍，当估算完成后，小组负责人可以将任务以及任务间的依赖信息录入在线协作平台。随后，开发负责人可根据任务看板的甘特图视图查看任务的整体情况，如图 7-4 所示。

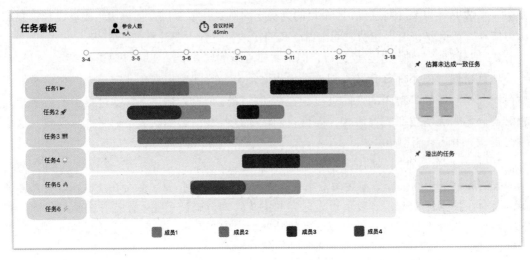

图 7-4　任务看板

其实，从整个估算过程不难发现，团队各小组都在学习最优的实现方法和解决方案（技术方案选型、编码实现方式、估算方法等），提高了团队内的沟通和协作效率；同时，也形成专家带成员的氛围，加速了团队成长。最终，在估算结果逐渐逼近实际执行情况时，团队整体的交付节奏会越来越稳定。

不要纠结于故事点。故事点估算和人时估算是一个无休止的话题，没有对错。执行过程中，我们发现无论采用哪种方式，小组成员都会换算成人时。与其纠结符不符合主流，不如顺其自然，注重团队的柔性管理。

7.2.4　过程管理一定要度量

有关度量的话题本书已经讨论很多，也说明了度量的重要性和必要性。但从管理的角度去思考一个问题：若过程管理比较细致，发现的问题都能及时解决，是否还需要度量？若末端团队规模就很小，管理者对每个人的方方面面，都非常清楚，是否还需要度量？

在我们看来，在小组式管理情况下，保留底层逻辑问题的度量即可。首先，当末端团队规模小到可把控的程度并且团队管理方式成熟到一定程度时，团队无须进行多层次、多层级的度量，只需将管理过程下沉到各小组内即可；其次，开发负责人仍需关注小组的过程性指标，比如代码坏味道，只有检测出哪个路径下哪个文件中的哪几行代码有坏味道，开发人员才能有针对性地去解决。

我们再思考一个问题：当团队已经形成良性的自管理模式时，还需要管理者吗？其实，这是一个管理者进阶的过程，正在从"任务规划、优先级确认"的阶段迈向"改进想法"的分析和反馈阶段。而在这个阶段，你需要转变团队的管理思路，将核心放到对外期望管理上，而对内管理只需通过看板、燃尽图花费较少的时间做决定即可。此过程管理当然也需要度量，但团队管理者需要的更多关注结果性指标。

我们通过改进的 Scrum 管理框架，基本确定了团队迭代研发的交付模式；通过估算过程解决了排期问题；通过守住 WIP 上限和完成标准提升了团队对外的交付质量；通过度量帮助团队分析问题。当团队内的迭代节奏稳定时，效能团队与技术部门间的交付节奏也基本稳定下来了。

经过 2 个季度的努力，团队中无论产品还是开发人员都敢于直面相关干系人，敢于对无法完成的事情说"NO"，开始坚持过程质量，敢于把低优先级任务移除，各小组基本形成了自管理模式。而团队管理者也可将工作重心转移到与其他部门的目标管理上。

当团队管理已经不再是瓶颈时，如何持续提升团队影响力，如何打造 DevOps 文化将是我们面临的挑战。

7.3　如何持续提升团队影响力

提升团队影响力的过程也是对外期望管理的过程。只有先了解外部对团队的期待，团队才能做到因地制宜。效能团队对外期望管理的过程主要经历 4 个阶段：主动轮询、水平对齐、过程消化和结果反馈。

1）主动轮询阶段：首先团队管理者主动与所在部门负责人以及 CTO 沟通目标，掌握团队发力方向；其次团队管理者与协助部门负责人沟通目标，掌握团队能够发力的范围。此阶段结束后，项目目标已经基本确定。

2）水平对齐阶段：主要是团队管理者与团队产品经理、各技术部门的目标对齐过程，沟通各部门的特殊问题（或者称"非共性"问题）以及对平台的特殊要求，主要目的是协助各部门（或者部门中某个团队）负责人发现各团队当前最严重的问题，并提供解决方法协助他们跟进解决。此阶段结束后，项目关键成果基本确定，并且可实现。

3）过程消化阶段：技术团队成员了解效能团队和平台的过程。首先，通过底层技术的通俗讲解，各技术部门可了解新技术和新知识，比如 Kubernetes 和 Docker 技术等，同时了解平台基础功能的运行原理，掌握关联性问题的排查和解决方法；其次，通过介绍平台最佳实践，各技术团队可深入掌握平台的有效使用方法，同时提升团队自发的知识分享能力。

4）结果反馈阶段：团队管理者将效能团队核心 OKR 拆分之后，协同各小组负责人跟进并解决各技术部门（团队）发现的问题的过程，同时关注其他部门反馈的问题，持续激发团队改进的动力。

经过前 2 个阶段，我们会将团队的核心目标推广出去，每周通过周报同步团队 OKR 进展、风险和所需的支持资源。同时，根据后 2 个阶段的结果反馈，持续调整团队 OKR。

7.3.1 通过团队规划和目标通晒让技术团队知其然

在团队规划与目标通晒会上，我们会将团队核心 OKR 展示给全员，同时将重点放在关联团队的目标对齐上。该会议重点不是讨论，而是透明化团队间的共同目标，让技术团队了解要做什么、做到什么程度、何时能够完成以及需要哪些支持资源等。有关团队规划与目标通晒会内容，感兴趣的读者可到"参考资源"中第 7 章的"方法实践"寻找答案。

表 7-1 为效能团队在平台功能补齐阶段的 OKR，团队进行了核心目标拆分，并与各关联团队进行了目标对齐。

表 7-1 效能团队在平台功能补齐阶段的 OKR

效能团队 7 ～ 8 月 OKR 工作表		
OKR 重点	平台易用性、易度量、核心功能补齐	
目标 1：结合正向和逆向工单补齐 CMDB 资源管控范围，为监控告警平台做元数据支持	KR 拆解	对齐部门
关键成果 1	CMDB 配合监控告警平台，实现基于服务的精准化告警和分析	7 月中，技术调研全部完成，完成 CMDB 规划迭代	架构运维团队
关键成果 2	能力补充：实现全量逆向工单、组合工单	7 月底，逆向工单、资源纳管完成；8 月中，实现组合工单	
关键成果 3	数据校准：CMDB 资源校准，数据准确率达到 100%	8 月底，实现 CMDB 资源校准、配合监控告警平台实现精准告警分析	
目标 2：提升自运维管理平台服务部署能力，提升研发自运维能力	KR 拆解	对齐部门
关键成果 1	可观察：可视化构建部署全过程和各阶段指标	7 月中，完成技术调研可行性分析、平台迭代规划	技术部门、技术支撑部门
关键成果 2	可控制：平台以 CMDB 的服务为基础进行权限控制，实现以服务视角进行流水线管理	7 月底，实现可控制，并给三级以上部门负责人宣贯	
关键成果 3	可配置：迁移基于虚拟机的构建部署流程、对三方包进行管理、支持多模块项目部署	8 月中，实现可观察、可度量	
关键成果 4	可度量：支持以团队、服务视角进行构建部署过程度量	8 月底，实现可配置，所有类型服务线上部署均通过平台进行	

（续）

效能团队 7 ~ 8 月 OKR 工作表		
目标 3：UCP、OTP 交互优化，提供更友好、更简化、更易用的操作体验		KR 拆解	对齐部门
关键成果 1	易度量：UCP 实现基于 BI 思路的查询能力，基于团队、项目、需求维度的报表	7 月中，UCP、OTP 整体交互优化稿确认，BI 技术调研完成	PMO、质量管理部门
关键成果 3	易用：调研 OTP 使用上的问题，主要集中在用例管理、测试计划管理、接口管理模块	8 月底，实现易操作、易使用，完成 UCP 场景实践	
备注（风险和阻碍）	前端、产品人力缺乏		人事部门

　　效能团队通过 OKR 目标管理过程，既做到了向上目标对齐管理，也做到了水平部门间目标对齐管理；同时向下拉齐了团队内各小组的目标规划。最后，管理者通过团队规划与目标通晒会将核心 OKR 同步出去，从而让技术团队做到知其然。

7.3.2　通过 DevOps 技术沙龙让技术团队知其因

　　虽然平台的核心使命是让研发人员进行日常研发活动。但是，研发人员在排查问题时需要深入了解在服务全生命周期中发生的事件，包括将本地的静态代码迁移到运转正常的 Pod 的过程。所以，无论如何，研发人员仍需掌握一些云原生等相关领域的基础知识和运行原理。

　　我们需要做 DevOps 领域相关基础知识分享，一是让技术团队掌握一些基础概念；二是可以与技术团队有更高效的沟通语言；三是进一步加强技术团队对 DevOps 全链路平台的认知。

　　在做领域知识分享时，不要直接使用 DevOps、敏捷、研发效能等比较晦涩的标题去宣传，因为新概念会让技术团队产生距离感。我们可以结合实际的产品研发场景与具体的工程实践方法，并以具体的场景案例进行佐证，这样的分享可能会取得更好的效果。感兴趣的读者可到"参考资源"中第 7 章的"场景案例"寻找相关案例。

　　对于我们来说，难点可能不是做技术分享，而是如何打开分享的局面，如何组织这种会议以及如何激发技术团队持续参会，防止出现"热心组织会议，却无人问津"的现象。基于多年组织分享会的实践经验，我们将其总结为一句话：一拉二推三馈四助。

　　1）一拉，指的是拉那些能够帮助你实现目标的角色。我们在研发核心例会上同步了效能团队将要做技术分享的想法，前期以效能团队分享为主，以技术团队不了解但必须要掌握的新技术为突破点，让技术团队能够更有效地利用平台。我想作为技术团队的管理者，没有任何拒绝的理由。

2）二推，指的是主动推动自己的团队成员和辅助角色协助完成目标。分享会不像平台功能那样，能够立竿见影地帮助研发人员解决问题，而是一个持续的过程，并且可能成为团队成员额外的压力，所以需要提前规划。当 DevOps 全链路平台的基础功能补齐后，效能团队有充足的时间去做技术输出。所以，我们提前一个季度在团队内设置了分享型 OKR，并列出了分享主题，为技术沙龙举办打下了基础。当分享的局面打开时，我们会寻找团队内的积极分子进行相关主题的分享，以实际场景案例的解决方案为主。

3）三馈，指的是让讲师和积极分子得到正面反馈，针对每次分享会做总结反馈，通过某种手段收集产研人员的反馈。为了提升产研人员持续参会的动力，会议需要增加一些激励环节，比如为讲师颁发证书、现场提问有礼、线下反馈积分赢奖励等，目的是让产研人员在学到新知识的同时，还能体会到技术沙龙的乐趣。每次分享会后的总结反馈很重要，可供没来参会人员做参考，也可强化管理者对分享价值的认可。

4）四助，指的是要能够找到推动分享会上升层次的助力点：关键组织（人）、晋升、奖品、名誉。我们借助技术团队培训组的力量，一同完成培训和分享目标；承诺技术沙龙分享讲师可参与技术中心"金牌讲师"的评选，并可获得奖金和证书；额外申请了技术沙龙举办经费，组织了"爱码仕"和"为神码"两个专属奖项的评审活动。

每个季度初，我们都会制订技术沙龙计划，以邮件形式同步给技术团队全员。每次会议开始的前一天，我们会以邮件形式同步参会人员本次分享的主题、关键学习点以及 PPT 等；会议结束后，我们会以邮件形式反馈会议整体的参与情况、核心内容等，同时联合培训组安排奖品的颁发。每个季度，我们会组织专属奖项的评审，并邀请 CTO 等前来颁奖。

7.3.3　通过平台最佳实践让技术团队知其所以然

前几章讲过各平台使用的最佳实践，主要从各职能角色、研发协作等维度进行场景案例梳理，并通过培训方式让产研人员掌握平台的使用方法。而掌握平台的使用方法还有其他途径，比如通过平台上的帮助文档以及常见问题的解决方法等。

不过我们发现，研发人员遇到问题时，第一时间还是直接在飞书群里咨询，而不会去翻阅帮助文档。所以，我们整理了每个平台使用中的常见问题，当研发人员提到关联问题时，直接将相关文档链接发给他，这样便省去了研发人员逐个翻阅帮助文档去找解决方法的过程。

当针对每个平台积累了一定数量的共性问题解决方法时，我们基于飞书的机器人功能，设置了一些"问题关键词"和对应"解决方法链接"。当研发人员在群里输入具体平台名称及问题关键词时，机器人会引导或直接提供解决方法链接。若机器人回答 3 次后，研发人员还在提问，机器人会自动呼叫相应负责人来跟进解决。这种方式在一定程度上解决了研发人员提出的问题，但可能因无法精准匹配解决方法，打击了研发人员提问的积极性。

所以，我们重新回到平台本身，从设计维度进行了思考和总结。经过一段时间的沉淀，我们认为平台最好的设计就是没有专门的帮助文档。换句话说就是，将帮助文档和问题解决方法设计到平台中。比如，产研人员在创建需求时，不知道选择哪个需求类型（特别是比较模糊的研发场景），此时平台不是直接指引产研人员去帮助文档查询各类型需求的使用场景，而是在创建需求页面提供了每种需求的使用场景和介绍，如图 7-5 所示。

图 7-5　需求类型选择指引

再比如，流水线中各环节的参数配置过程。若所有参数都堆积到一个页面去设置，研发人员可能会非常头疼；若研发人员还需要通过查询培训文档逐个理解参数的含义，研发人员会遇到很多障碍。所以，平台在设计上按照工作流的形式由左到右引导研发人员逐个环节进行配置，由上到下引导研发人员逐个环境进行配置，如图 7-6 所示。同时，每个配置参数都有详细的解释。

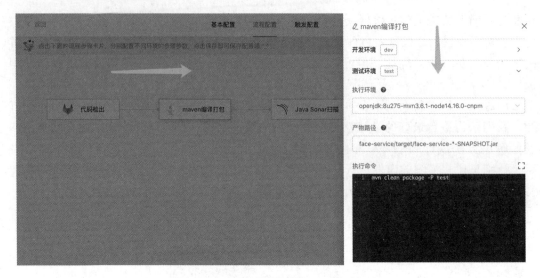

图 7-6　流水线参数配置过程

当然，我们仍在有意识、有目的地在各平台尝试这种设计思路。通过平台设计降低产研人员以及新入职人员的使用门槛和理解成本，将是效能团队后续实施最佳实践的主要方向。

7.4　如何打造 DevOps 文化

若想进一步提高用户（技术团队）黏度，在做好用户留存的情况下，我们需要持续吸引更多的新用户（特别是刚毕业新入职的员工）参与到工程实践、平台建设以及技术沙龙等活动中来。所以，我们逐步营造一种能够促进工程实践落地、平台最佳实践、前沿技术分享、精益敏捷等理念宣贯的氛围，并希望从效能团队内部逐步影响到整个技术团队，以此打造技术中心的 DevOps 文化。

感兴趣的读者可到"参考资源"中第 7 章的"方法实践和场景案例"寻找答案。

7.4.1　共创团队阶段性目标

我们在每个阶段要达成的目标一定是具体的、可见的。同时我们发现，只有树立目标里程碑，才能一直提醒团队现状与目标的距离；同时激发团队斗志。

效能团队以半年为一个目标里程碑时间节点，结合技术团队现状，初步规划了 4 个阶段性目标。而每个阶段结束后，我们会和技术团队共同制定下一阶段的目标，逐步细化团队目标和使命。其实，这个过程也是目标对齐的过程。

1. 工程实践阶段

团队使命：提高代码质量与自动化测试能力。

团队目标：技术团队黄金流程的代码质量达到 A 级，核心链路实现自动化测试。为实现团队价值打开局面，找准团队定位。

2. 平台完善阶段

团队使命：需求全链路过程管理可视化。

团队目标：通过平台实现需求全生命周期管理、规范产研协作流程、制定度量体系。向各部门赋能平台核心理念，充分发挥全链路平台的价值，进一步沉淀。

3. 思维转变阶段

团队使命：完成从效率到效能的思维转变。

团队目标：实现需求全链路价值的可视化管理与服务自运维管理。重点将技术团队研发效能提升从局部转移到全局。

4. 团队转型阶段

团队使命：培养技术团队持续交付能力。

团队目标：每个研发人员每天至少构建一次流水线，一次性发布成功率超 90%，当天问题待办完成率超过 90%。所有 10 人以下规模团队实现双周迭代交付模式。聚焦技术团队研发模式的转型以及交付模式的转变。

为了进一步加强效能团队实现目标的决心，我们将效能团队的使命和目标内容印在公司的文化墙上，以时刻提醒技术团队要做好改进与转变。

7.4.2　打造团队符号

若想让技术、业务等团队记住效能团队，我们就必须能通过团队符号给他们留下深刻的印象，让他们见到符号就想到我们。

效能团队符号的打造来自如下 3 方面。

1）我们为各平台设计了独有的图标，同时在平台设计上，统一了排版风格、基础色调等。我们始终认为，效能团队的第一印象来自产研人员操作平台的体验。

2）我们设计了效能团队的 Logo，如图 7-7 所示。效能团队 Logo 结合了团队不同阶段的使命和目标。同时，效能团队颁发的专属奖项、奖品以及证书上都印有效能团队的 Logo。

效能团队 Logo 形似一个无限加速旋转的风火轮，在不断影响和改变着周围的世界。当获奖者拿出奖品时，既是一种骄傲，也是对其他成员的一种无形影响力。

图 7-7　效能团队 Logo

3）让团队符号"走动"起来。我们定制了文化衫，并印有团队 Logo，赠送给一些具有影响力的团队以及比较优秀的个人。

7.4.3　共建工程实践社区

为了充分发挥平台的价值以及推广工程实践方法，效能团队组建了多个工程实践社区，为有主动学习和奉献精神的人员提供一个交流的场所。我们也会周期性地组织一些相关话题和文章的讨论、结合工程实践方法以及一些常见问题解答，主要以在线会议或线下茶话会的形式进行。

为了扩大效能团队的影响力，我们面向公司集团下其他子公司的技术团队招募社区共建者，进一步推广工程实践方法以及平台理念，同时交流一些实践心得。此举也为公司集团统一使用在线协作平台与自运维管理平台进行产研管理打下了基础。

每个工程实践社区都是自运营的。社区成立后，社区委员和区长公开选举产生，社区运营经费可按季度申请报销。目前，公司已经有 4 个 50 人以上规模的工程实践社区，每周都有线下活动，极大地丰富了工程师的生活，也为工程师提供了一个自由开放的交流学习空间。

7.4.4　引进来，走出去

为了提高团队专业能力，拓展团队认知边界，我们主张团队主动引进先进思想。我们主动联系 DevOps、精益敏捷、云原生等相关领域的公司和专家一同交流学习，陆续邀请华为云、DevCloud、JFrog、Coding、Ones 以及云加速等平台团队一同交流学习，主要向他们学习平台的设计理念、工程实践方法以及底层实现技术等，为团队自身能力升维打下坚实的基础。

同时，我们主张团队走出去，一是敢于走出去分享，提升自身对外输出能力（可以先从技术沙龙分享开始，可以是演讲分享，也可以是文字输出），同时提升公司影响力；二是勤于走出去学习，每半年组织团队参加 1～2 次相关领域峰会，比如阿里巴巴研发效能峰会、中国 DevOps 峰会、PMI、CNBPS、GOPS 大会等。

"引进来，走出去"方针的核心目的是向行业标杆学习，了解行业发展现状，提升团队对平台理念和实践的认知，进一步摆脱"工具团队"思维。

"文化"打造说起来可大可小，但它肯定不是一蹴而就的，需要用心去经营。其打造过程很容易受到外界环境的影响，比如公司的业务发展、组织关系、管理氛围、对待技术的态度等，需要多方持续发力，通过逐步提升影响力来沉淀。所以，DevOps 文化的打造除了顺势而为的努力外，还需要有合适的土壤。

7.5　深度思考

7.5.1　思考碎片

下面是一些笔者 2020 年参加中国 DevOps 社区北京站的记录与思考。

1. 数字化转型

敏捷和 DevOps 最多能算得上助力数字化转型。转型首先要转变的是公司文化、组织架构和业务形态，而最核心的转变是人。

2. 融合与连接共生

工程实践、协作流程、管理规范和文化需要融合，但要让文化走在科技的前面。DevOps 终究是为了响应变化、快速验证和快速交付。我们需要先做加法，再做减法，连接共生，要想清楚是技术服务于业务，还是技术部门服务于业务部门。

3. BART

科技的管理也是业务。我们要认清团队的边界、角色、任务。将业务术语转换为指标，技术和业务人员才能共享可见的目标，提升交付质量。

4. 思考的延续性

调整思维模式适应变化，将传统的中庸思维、形象思维转化成辩证思维和多向思维。

悲观主义者从机遇中看到困难，乐观主义者从困难中看到机遇。

7.5.2 利用 DevOps 模式快速上云

2021 年，效能团队面向技术中心解决了三大难题。

1）从传统 DevOps 解决方案过渡到基于云环境下的 DevOps 解决方案，并设计了一套基于云原生的 DevOps 解决方案。

2）协助技术团队顺利上云，基于 Dubbo2.0 微服务框架，围绕华为云和飞书打造了一套 DevOps 全链路平台，目前也在积极配合预研 Dubbo3.0 微服务框架，进一步迈向云原生。

3）辅助技术团队研发协作模式转型，从传统的瀑布式协作逐步向小步迭代交付模式转型，80% 团队达到双周迭代交付目标。

效能团队面向技术心实施的两大措施如下。

（1）主导工程落地

1）自研自运维管理平台，完全达到研发自运维，服务部署过程无须任何运维人员操作，释放很多人力。

❑ 构建端到端 DevOps 研发体系：研发流程标准化、敏捷化；严格区分构建、部署和发布流程，并进行版本化和自动化；实现自动化测试（单元测试、接口自动化测试）；利用云原生能力，实现代码、配置与环境严格分离，并进行版本化；构建微服务持续交付流水线。

❑ 研发运维一体化：运维和开发融合协同，共担职责；实现自动监控，持续可视化反馈，通过事件管理平台跟踪故障等事件解决进度；基本实现按需实时部署，支持基础的灰度发布。

2）自研云环境下以服务为核心的配置管理平台。相对传统 CMDB 更轻，其更易于服务部署管理、运维管理、性能管理的实施。

❑ 使用云化基础设施服务：以自服务的方式向研发团队提供基础设施；依赖底层云化基础设施的计算服务、存储服务、网络服务提供的基础运行资源；搭建监控告警系统监控服务的运行状态，包括资源使用情况、业务运行状态等，同时根据自身运行状态触发相应的运维事件，实现弹性伸缩等。

❑ 系统与环境、流程、配置解耦：与架构层面解耦相匹配，系统和环境、流程、配置解耦。

（2）辅助组织改进

1）组建全功能团队：团队职能以产品线维度细分，涵盖产品、开发、测试、发布、部署、运维等职能。

2）组建云化运维团队：基于云平台提供的监控告警等能力，成立专门的云化运维团队负责系统运行时的管理，保障系统可用性和业务无中断地升级、回滚。同时，赋能各技术团队（小组）负责人相关职能职责。

3）引入优秀工程实践：培养技术团队的研发习惯和打造 DevOps 文化。

7.6　本章小结

本章从效能团队维度进行了剖析，深入分析了团队固有的局限，并从团队管理者视角梳理了如何打破其他部门对效能团队的固有认知，进而从提升团队影响力，围绕全链路平台、工程实践、技术沙龙、团队符号等打造 DevOps 文化，并逐步提升团队影响力。

可以看到，作为团队管理者，一定要从团队内的日常管理工作中抽离出来，站在更高的角度进行团队管理以及对外期望管理。学会从团队内到团队外，先为团队逐层打开局面，再引领团队去实践的管理思路，并且能够赋能更多的人协助团队达成目标。

当然，这一切都需要先从团队自身实践的可行性开始，只有这样才能够最大限度地发挥团队的影响力，才能实现向技术中心引入 DevOps。

总结与行动

我们不一定知道正确的道路是什么，但不要在错误的道路上走得太远。

——奥姆威尔·格林绍

大多数组织希望通过引进先进的技术或者专家来解决软件交付问题，也有部分组织希望通过引进流行的 DevOps 全链路平台来提升研发效能，但多数情况下达不到预期。因为这些组织没有运用平台的理念、团队管理方法粗犷、变更流程杂乱无章、流程规范靠口口相传、团队拓扑结构与康威定律背道而驰、需求增长超出了团队能力范围等。

而这些问题都将影响团队研发效能的提升。因此本书强调：DevOps 的落地必须以解决技术团队实际场景问题为出发点；结合有效的团队管理模式和管理理念；围绕切实可行的技术工程实践方法，充分发挥平台自运维、自动化能力，提升研发的持续交付能力；通过多角度、多方位、多层次打造的 DevOps 文化，驱动团队持续反馈、学习和改进，敢于实验，勇于试错。

8.1 我们的研发效能提升之旅

本书的目的是通过实际场景案例，以故事演进的思路，展示 DevOps 的实施原则和实践方法，让读者可以从具体的实践方法中吸取问题的解决思路，复制我们团队取得的成果。同时，我们也希望读者能够灵活运用，通过切实可落地的方法去改变管理者对 DevOps 的看法和态度，降低 DevOps 转型的风险，进而实现自己团队的价值，为提升技术团队的研发效能助力。

接下来，让我们一起回顾本书故事的全过程，从全局视角帮助读者勾勒出研发效能提升的全景图。

1. 我们认为的 DevOps

到目前为止，我们也无法对 DevOps 做一个完美的定义。不过，我们可以从技术团队研发效能提升过程中"寻觅"出 DevOps 实施的原则和步骤。我们将其总结为 DevOps 实施三大原则：价值流动原则、快速反馈原则和自主进化原则。

1）价值流动原则，强调有效需求价值的交付以及快速流动。第 6 章通过项目制对齐了技术团队与业务团队对项目价值的认知，提升了需求价值的准入标准，并通过在线协作平台使得需求价值的实现过程可视化。第 7 章强调通过 WIP 限制在制品数量，通过"慢开始，快启动"原则进一步让团队思考需求价值和交付过程的合理性。前 3 章都在阐述如何通过有效的工程实践方法以及研发模式提升技术团队的研发质量、降低资源投入成本、提高研发效率，进而加速价值流动。

2）快速反馈原则，强调问题的快速反馈和解决过程放大。第 6 章和第 7 章主张减少批量交付，通过快节奏的研发迭代小步验证产品的有效性，持续通过市场的反馈找出产品的改进方向，同时，第 3 章介绍通过自运维管理平台持续反馈频繁构建流水线时的问题，通过消息平台驱动持续识别并解决研发过程中的阻碍点、职能间交接以及研发各环节等待问题；第 5 章介绍通过 APM 平台自动监控告警，并通过事件管理平台驱动事件的解决。我们主张从源头保障质量，让上游职能持续关注其工作对下游职能的影响。

3）自主进化原则，强调团队的自主学习、持续改进和勇于试错。第 3 章介绍构建度量指标体系，以通过全局性指标和过程性指标，分层次、分层级地驱动团队发现问题，通过度量运营体系推动问题的解决和复盘。第 7 章强调在 DevOps 文化氛围下，通过技术沙龙等建立学习型组织，将日常工作的改进制度化；同时协助推进技术团队研发模式演进，给他们留有一定时间偿还技术债，进行反思总结等，以此建立高信任的工程师文化，进而促进价值加速流动。

我们根据 DevOps 实施三大原则，结合各章中的技术工程实践方法和原则，实现了技术中心 B 端团队各末端小组下的持续交付。这也是一次由效能团队推动，从研发侧改进出发点，向其他团队推广 DevOps 模式的案例。

本书结合 DevOps 实施三大原则、工程实践方法以及高效能组织的四大基础能力，构建了 DevOps 落地实施的七巧板模型，为 DevOps 转型和研发效能提升提供了一幅参考全景图，如图 8-1 所示。（其中，数字代表关联章涉及的相关内容。）

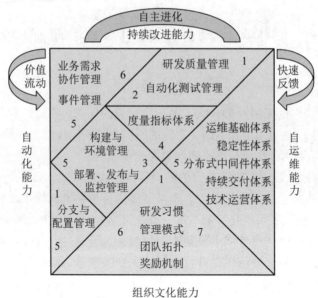

图 8-1 DevOps 落地实施的七巧板模型

2. 流动的工程实践

不难发现，效能团队所有活动的开展都伴随着工程实践方法的培训与执行。工程实践方法的落地为我们的研发效能提升之旅打开了局面。

本书将工程实践高效落地的方法和原则总结如下。

1）最了解问题的人通常是离问题最近的人。只有问题有条不紊地得到解决，工程实践方法才有持续推进的必要性。作为工程实践方法的推行者，一定要记住，问题的解决者一定是一线研发人员，要通过平台协助研发人员及时发现问题，建立机制帮助研发人员及时解决问题。当然，你可以借助团队或部门管理者的影响力去达成目标，但最重要的还是协助他们发现问题、解决问题，同时不断推广共性问题的解决方法。

2）自动化一切需要复杂的操作才能实现。只有让各职能聚焦到一件事上，工程实践体系才能持续地运营起来。环境的自动化搭建、测试自动化、让一切需要研发人员手工操作的烦琐、重复工作自动化，降低过程变更控制流程中的等待时间。但我们的目标绝不是自动化一切操作，这样会让管理失去人性。

3）在过程中保证质量，而不是事后检查。只有培养技术团队的测试左移思维，注重过程中的问题小批量解决，增强团队内和团队间上下游职能的协作，才能将团队的局部经验转化为全局的改进。

所以，我们在推广工程实践方法的过程中，时刻提醒各团队将问题的解决、方法的改进工作分布到日常，鼓励各团队为非功能性需求预留一定的时间，有意识地去偿还团队的存量技术债。通过这种方式，我们建立了稳固的群众基础，赢得了推广更多工程实践、平台、理念等的机会。

3. 统一的协作管理平台

切实可行的工程实践必须有一定的平台来承载其方法的实施、过程的可视化、多职能间的在线协作以及问题的反馈。而在各平台的建设过程中，我们应该注重平台的兼容性、联动性和关联性，是否能够贯穿需求生命周期。

我们针对任何一个平台应能够梳理出各职能职责、过程的完成标准、承载的流程规范。若聚焦到一个链路问题的解决，平台应能够让各角色只关注自身最核心的职能工作，让过程自动推进、结果自动产生、问题自动触达当事人，并能够通过消息周期性地驱动问题的解决。

通过 DevOps 全链路平台进行需求价值流动的闭环管理如图 8-2 所示。

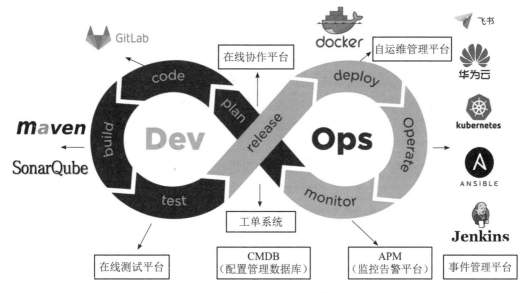

图 8-2　DevOps 全链路平台

其实，细化到技术团队日常的项目管理、需求规划、需求评审、代码编写、自动化测试以及应用运维等常规活动，无非就是通过 DevOps 全链路平台可视化展示各活动过程，通过度量、质量门禁、监控告警等手段进行研发过程中问题的诊断和预警，通过事件管理平台驱动问题的剖析、指挥、指派和解决，进而驱动技术团队各角色实现在没有协助的情况下，完成需求全生命周期管理。

4. 有效的管理方法

正如本书一直强调的，统一的管理框架以及研发交付模式能够引领技术团队研发步调一致，降低团队间的沟通成本。这成为能否规模化落地实施工程实践方法的关键。

在研发效能提升过程中，我们将实践有效的管理框架和研发交付模式，通过团队试点逐步推广到其他团队，以此进行 DevOps 转型，达到了事半功倍的效果。若流动的工程实践和统一的协作管理平台是技术团队的"经济基础"（底层支撑），那有效的管理方法就是技术团队的"上层建筑"（顶层建设）。

所以，若读者在推进 DevOps 转型过程中受阻但又找不到问题的根因，可以从"底层支撑"和"顶层建设"维度去思考，这样就可以发现是基础的技术架构拖累了团队，还是团队的管理方法和认知水平阻碍了团队进步。

前几章中都提到了一定的"套路"，这是读者需要特别留意的地方。既然是"套路"，也就意味着文中实践的框架体系、保障制度和管理方法等可复用。我们一直秉承着"万物皆项目"的理念，既然一个事务、一个事件活动，甚至一个体系，都可通过项目推进、落地和运营，那有效的项目管理方法就能够让你的团队发光发热。

8.2 持续探索星辰大海

无论在 DevOps、精益敏捷领域，还是在研发效能、技术管理领域，我们的实践始终只是冰山一角，还有广阔的空间值得尝试和探索。而技术团队在不同发展阶段也会遇到不同的阻碍点，结合 DevOps 去解决这些阻碍点将是我们存在的意义，也是我们持续进化的动力。

1）利用 DevOps 进一步促进公司发挥组织级敏捷的作用，做到从点到面的效能提升。我们在尝试推进敏捷管理规模化，方法是从各部门内部的敏捷管理扩展到整个组织的敏捷管理。这必将是一场持久战，需要硬实力也需要软实力，需要团队的齐心协力，更需要高层管理者的支持。

2）继续业务端到技术端价值流的探索。VSM（价值流管理）是 DevOps 实施的关键，在使能企业数字化转型中发挥着关键作用，能够让组织始终聚焦于价值交付以客户为中心，做正确的事以及正确地做事。如何将业务形态各异的商业价值进行逻辑抽象并平台化，一直是我们探索的问题。

3）注重软件研发底层逻辑的改变。曾经历公司因某种技术的改进而裁员三分之一，因为这种技术可以改变软件研发的底层逻辑，深度影响组织的研发模式、交付模式以及协作模式，进而影响终端用户的产品体验、业务价值的验证周期以及商业模式的探索周期。我们团队在探索低代码和零代码平台，并且已经引入像明道云的 SaaS 平台以及 AirPaaS 的 aPaaS 平台，协助业务人员快速且低成本地进行新业务的试错。

4）随时随地搭建开发环境。对于研发工作者这类人群而言，他们需要在不安装任何工具（比如 IDE、SDK、调试器、编译器等）的前提下，能随时搭建一个开发环境进行编译、调试和沟通协作。我们正在结合 SmartIDE 探索一种可随时随地搭建开发环境的工作模式，帮助研发人员一键构建本地开发的环境。

研发效能以及组织效能的提升涉及方方面面。如何利用好 DevOps 进一步打通端到端业务，实现业务价值流动的闭环管理，将是效能团队持续探索的方向。

8.3　做正确的事

我们知道多层级嵌套的组织结构、故步自封的团队管理方法、集中交付的研发模式已经是组织推进 DevOps 的拦路虎，也清晰地认识到实施 DevOps 对业务的影响，清楚 DevOps 可能也只是一时的"风气"，也会被其他新的理念取代。

而我们在这里再一次呼吁大家坚信：当你所在的团队遇到问题时，或者你想为所在团队打开某种局面时，DevOps 可以帮助解决技术以外的问题。而你所需要做的就是即刻去寻找有共同志向的同事，并不断影响身边的关键角色加入你们的联盟。

当然过程肯定不可能一帆风顺，甚至会受到百般阻挠和不理解。但这些都是所有改革者必然经历的，既然走上了这条道路，就需要先将"面子"放到一边，将关注点放到不断实践尝试上，因为切身的实践可以鼓励他人参与进来。若过程中一直没有管理者找你争论指标和数据，说明你们的变革力度还不够；若还没有让管理者坐立不安，说明你们的努力还不够。不要因为组织一时不重视或团队一时受阻，而停下你们运作的脚步，进而导致自己的团队气馁，甚至放弃。

对于管理层来说，他们更看重改进后的结果。若你们能够带来好的结果，被认可都是顺理成章的。

所以，还等什么？放松心态，开干吧！

8.4　站在巨人的肩膀上行动起来

作为变革者，我们要学会总结前人经验，并结合团队现状制定行动方案。

1）识别当前所在团队的问题。思考团队的问题是什么，比如：成为一个高效能团队，是专注满足业务方需求，还是降低团队的认知负荷，改变团队的研发模式？因为只有自己团队的问题得到了解决，你提出的观点才能够有机会被采纳，即使你是团队的管理者。另外，不要将过多的精力放在改变其他保守团队的态度上，应该集中精力去协助愿意试错并承担风险的团队，并以此逐步扩大团队的影响范围，潜移默化地影响其他团队的行为。

2）识别组织整体工作流中的问题。每个组织都有一组工作流，它们约束着各角色职能在什么环节干什么事、做到程度、什么时间范围内完成以及实现什么价值，并通过可视化视图引导重要变更向下流动。而组织内共同的目标致力于直接或间接地提高工作效率。所以，工作流中问题的识别和解决决定了组织的成败，当然也成为变革者行动的切入点。

3）搭建最小可行性平台。我们在明确了组织中最核心的工作流，并解决了工作流中的问题，同时验证了工程实践方法后，接下来就需要搭建支持快速变更流程以及实施工程实践方法的平台。

4）持续反馈各团队中的短板，发挥团队教练作用，加强实践。在职责范围内，协助解决各团队短板问题，特别是团队间的共性问题，将是变革者行动的核心目标，也是变革者对外期望管理的关键。要充分发挥团队教练作用，通过周期性的工程实践，基于平台引导各团队进行自管理，将测试、运维、信息安全以及故障管理等融入日常工作，培养团队良好的研发习惯。

5）共享高效的实践成果，解释新工作方法背后的运行原理。当某种实践取得一定成果后，我们需借助所有媒介进行共享，增强改进者的信心，并通过培训、分享的手段让关注者了解其背后的运行原理。

这些既是变革者制定行动方案的思路，也是引导组织进行 DevOps 转型的"套路"。

最后，真诚希望本书能够给你带来改变，帮助你实现组织的转型或改进，打造出充满激情并持续进步的学习型组织（团队），并能通过创新的方式让团队具有竞争力。